工学一体化企业新型学徒制培训教材
国家职业教育医药类规划教材

药物

YAOWU

制剂

ZHIJI

生产

SHENGCHAN

张晓军 张雅阁 宋新焕 主编

U0392057

化学工业出版社

·北京·

内容简介

本书根据药物制剂工作中的需求，内容涉及制剂生产、制剂设备维护、验证与生产工艺优化、生产管理与培训4个模块，涵盖10个项目、42个任务。

本书适合高职高专医药类院校师生、药店工作人员阅读。

图书在版编目（CIP）数据

药物制剂生产 / 张晓军，张雅阁，宋新焕主编 . —北京：化学工业出版社，2024.4
ISBN 978-7-122-44918-4

Ⅰ.①药… Ⅱ.①张… ②张… ③宋… Ⅲ.①药物-制剂-生产工艺 Ⅳ.①TQ460.6

中国国家版本馆CIP数据核字（2024）第051704号

责任编辑：张　蕾　　　　　　　　文字编辑：翟　珂　张晓锦
责任校对：杜杏然　　　　　　　　装帧设计：史利平

出版发行：化学工业出版社
　　　　　（北京市东城区青年湖南街13号　邮政编码100011）
印　　装：中煤（北京）印务有限公司
710mm×1000mm　1/16　印张16¼　字数311千字
2024年8月北京第1版第1次印刷

购书咨询：010-64518888　　　　　售后服务：010-64518899
网　　址：http://www.cip.com.cn
凡购买本书，如有缺损质量问题，本社销售中心负责调换。

定　　价：69.80元

编写人员名单

主　编　张晓军　张雅阁　宋新焕

副主编　黄晟盛　郭择邻　史迎柳　杨维祯

编　者

　　　　帅玉环（杭州第一技师学院）

　　　　史迎柳（杭州第一技师学院）

　　　　吴旭萍（杭州第一技师学院）

　　　　李修琴（河南医药健康技师学院）

　　　　张晓军（杭州第一技师学院）

　　　　杨维祯（杭州第一技师学院）

　　　　张雅阁（河南医药健康技师学院）

　　　　沈国芳（杭州市食品药品检验研究院）

　　　　宋新焕（杭州第一技师学院）

　　　　郭择邻（河南医药健康技师学院）

　　　　耿胜男（河南医药健康技师学院）

　　　　黄晟盛（杭州第一技师学院）

　　　　韩萌萌（河南医药健康技师学院）

主　审　徐秀卉

前言 ▶▶▶▶▶▶

　　为深入贯彻落实《国家职业教育改革实施方案》（国发〔2019〕4号）、《推进技工院校工学一体化技能人才培养模式实施方案》（人社部函〔2022〕20号），关于建设校企双元合作开发教材的要求，倡导使用新型活页式、工作手册式教材的要求，本教材依托国家级康养实训基地建设单位杭州第一技师学院和杭州康恩贝制药有限公司共同开发。

　　本教材以培养学生综合能力为目标，主要从药物制剂生产岗位群中提取了4个工作领域，涵盖10个项目和42个任务。其中4个工作领域包括制剂生产、制剂设备维护、验证与生产工艺优化、生产管理与培训，每个能力点围绕着核心概念、学习目标、基本知识、能力训练、学习结果评价和课后作业六个方面展开，其中能力训练包括操作条件、安全及注意事项、操作过程三部分内容。

　　本教材以立德树人，培养学生责任意识、法规意识、创新意识和以学生为核心的理念，致力于开发新型活页式教材和工作手册式教材。配套信息化教学资源包，为个性化学习和"工学一体化"提供信息支持。本教材通过校企双元合作共同开发，促进产教融合、工学一体、共同构建服务于技工教育的现代职业教育教材体系。教材融会贯通课程标准、岗位需求、技能比赛、药物制剂工等级证书，将工作岗位群与课程中的典型工作任务相统一，使学校培养的技能人才与企业岗位所需实现零对接。

　　由于活页式、工作手册式教材为新生事物，需深入探索的领域还有很多，加之编者精力、学识、时间有限，内容不足之处在所难免，望读者不吝指正。

编者

2024年1月

模块A

制剂生产

项目A-1　颗粒剂的生产

任务A-1-1　能完成高速搅拌制粒工艺制剂生产

一、核心概念

1. 颗粒剂

原料药与适宜的辅料混合制成具有一定粒度的干燥颗粒状制剂，颗粒剂可分散或溶解在水中或其他适宜的液体中服用，也可直接吞服。

2. 湿法制粒

将润湿剂或液态黏合剂加入混合均匀的物料中进行制粒的方法，在药品生产中应用广泛。

3. 黏合剂

本身具有黏性的固体粉末或黏稠的液体，可以增加无黏性或黏性不足的物料的黏性，便于物料聚集凝结成软材以便于制粒。

4. 高速搅拌制粒

通过控制混合筒内制粒刀和搅拌桨的旋转速度、旋转时间，完成原辅料的干混、制软材、制湿颗粒的操作过程。

二、学习目标

1. 能正确解读板蓝根颗粒剂制备任务单，具备自主学习、信息检索与分析能力。

2. 能按照板蓝根颗粒剂的生产，完成分工，具备统筹协调能力和效率意识。

3. 能按照板蓝根颗粒剂的操作规程，完成生产前的准备工作，具备责任意识。

4. 能按照要求和各岗位标准操作规程，完成板蓝根颗粒剂的生产，具有交往与合作能力、自我管理能力、解决问题能力、环保意识、药品生产质量管理规范（GMP）意识、安全意识、"6S"管理意识。

5. 能按照标准操作规程，完成生产过程中的在线抽检，具备理解与表达能力、交往与合作能力、诚实守信意识。

6. 能按照药品生产工艺规程，完成合格品的交付，具有效率意识。

7. 具备社会主义核心价值观、工匠精神、劳动精神和劳模精神等思政素养。

三、基本知识

1. 湿法制粒的常用辅料

（1）填充剂　常用填充剂的品种有淀粉、预胶化淀粉、糖粉、糊精、乳糖等。

① 淀粉：稳定、吸水膨胀、不溶于水、可压缩性差、色泽好、美观。

② 糊精：为淀粉不完全水解的产物，使用不当会影响药物的溶出度。

（2）润湿剂　是指本身无黏性、能启发药物黏性的物料。

（3）黏合剂　是指本身具有黏性，而且可以增强药物黏性的辅料。

（4）矫味剂　系指药品中用以改善或屏蔽药物不良气味或味道，使患者难以察觉药物的强烈苦味等的药用辅料。主要包括天然矫味剂（葡萄糖、果糖、蔗糖、淀粉糖、木糖醇、单糖浆）和合成甜味剂（阿斯巴甜、糖精、甜蜜素、天冬甜素、阿利甜）。

2. 粉碎

粉碎是借助机械力将大块物料破碎成适宜大小的颗粒或细粉的操作过程。

粉碎方法：可根据物料的性质、状态、组成、粉碎度要求以及设备条件等，选择不同的粉碎方法，常见的粉碎方法有干法粉碎、湿法粉碎、低温粉碎、超微粉碎。

3. 过筛

过筛是指粉碎后的药料粉末通过网孔性的工具使不同粒度的粉末分离的操作。

4. 混合

混合是指两种或两种以上的物料混合均匀的操作。混合的目的是使处方组成成分均匀地混合，色泽一致，以保证剂量的准确，用药安全。混合是药物制剂生产的基本操作。

5. 称量

称量操作的准确性对保证药品质量具有重要影响，常用的称量工具为电子秤。

6. 制粒的目的

粉末制成颗粒以后，粒径增大，减少了粒子间的黏附性、凝集性，从而大大地改善颗粒的流动性。

（1）调整堆密度，改善溶解性能。

（2）避免复合成分分层，保证含量均匀。

（3）避免细粉飞扬以及在器壁上黏附。通过制粒克服粉末飞扬及其黏附性，防止环境污染及原料的损失，达到 GMP 的要求。

7. 颗粒剂的特点

（1）体积小，表面致密光滑，便于吞服，不易吸潮，有利于保管贮存。

（2）制备时可根据药物性质、气味等分层泛入，掩盖不良气味，防止其芳香成分挥发。

（3）因赋形剂为水溶性的，服后较易溶散、吸收，显效较快。

（4）设备简单，但操作较为繁复。

（5）不易控制成品的主药含量和溶散时限。

四、能力训练

（一）操作条件

① 人员：操作员需要经过生产区更衣程序和净化区后进入操作间。

② 设备、器具：粉碎机、振荡筛、槽型混合机、自动料斗提升混合机、三维运动混合机、高速搅拌混合制粒机、摇摆式制粒机、热风循环烘箱、整粒机、袋包机、外包装生产线、多媒体设备等。

③ 原辅料：板蓝根浸膏粉、糊精、蔗糖等。

④ 资料：《中华人民共和国药典》[简称《中国药典》（2020 年版）]、《药品生产质量管理规范》、生产工艺、操作方法、生产操作规程、附件 1 学习任务书、附件 2 板蓝根颗粒剂的批生产指令单、附件 3 板蓝根颗粒剂的制备方案、附件 4 板蓝根颗粒剂批生产记录等。

⑤ 环境：D 级洁净区，温度 18 ～ 26℃，相对湿度 45% ～ 65%，一般照明的照明值不低于 300lx，药物制剂一体化工作站。

（二）安全及注意事项

1. 颗粒剂生产岗位应加强通风，尽量降低粉尘浓度。

2. 生产过程中所有物料均应有标识，防止发生混药。

3. 穿戴洁净服进入相应洁净区。

4. 按设备清洁要求进行清洁。

5. 设备操作安全、水电安全、消防安全。

工作环节	工作内容	操作方法及说明	质量标准
下达生产指令	任务书解读	现场交流法，填写批生产指令单	（1）正确解读任务书的剂型、数量、工期和质量要求等 （2）具有交往与合作的能力
制订岗位工作计划	板蓝根颗粒剂生产流程和要点及所需的设备材料	资料查阅法；岗位工作计划的编制	（1）岗位工作计划全面合理，明确制备流程和质量标准 （2）具有自主学习、自我管理、信息检索能力和实践意识
生产前工作环境、设备情况、工器具状态的确认	生产前工作环境确认	检查温度、湿度、压差。生产前工作环境要求（温度、湿度、压差）：D级洁净区，温度18～26℃，相对湿度45%～65%，压差应不低于10Pa 检查清场合格证，检查操作室地面，工具是否干净、卫生、齐全；确保生产区域没有上批遗留的产品、文件或与本批生产无关的物料	（1）温、湿度符合颗粒剂生产要求 （2）具有交往与合作能力
	生产前设备情况确认	检查粉碎机、振荡筛、槽型混合机、自动料斗提升混合机、三维运动混合机、高速混合制粒机、摇摆式制粒机、热风循环烘箱、整粒机、袋包机、外包装生产线的状态标识牌、清场合格证；检查电子天平、快速水分测定仪、减压干燥器的校验有效期	（1）能按照板蓝根颗粒剂的操作规程，完成生产所需设备的准备，达到实施生产的环境设备要求 （2）具备交往与合作能力和安全意识
	生产前工器具状态确认	运输车、无菌手套、物料铲、物料桶、物料袋、标准筛、扳手、螺丝刀、清洁工具、清洁毛巾、称量勺、取样器、称量瓶、电子秤、负压称量罩、标准筛的状态标识确认	工器具状态标识牌
实施计划	原辅料的准确称量	（1）人员净化 （2）器具准备 ①板蓝根颗粒剂的基本知识（如原辅料种类、生产工艺配方比例、包装材料等） ②板蓝根浸膏粉的质量判断	（1）根据板蓝根颗粒剂处方称量 （2）具有GMP管理意识
	原辅料的粉碎、过筛、混合	（1）粉碎机、振荡筛、混合机的主要类型、结构及工作原理 （2）粉碎机、振荡筛、混合机技巧和标准操作规程 （3）预处理操作岗位标准操作规程 （4）蔗糖粉的粒度要求 （5）蔗糖的粉碎、过筛 （6）蔗糖粉与板蓝根浸膏粉的混合 （7）判断蔗糖粉与板蓝根浸膏	（1）经预处理后满足板蓝根颗粒剂的生产要求 （2）具有质量为本意识

続表

工作环节	工作内容	操作方法及说明	质量标准
实施计划	颗粒剂的制粒、干燥、整粒、总混、包装	高速搅拌制粒机进行制粒	(1)按板蓝根颗粒剂生产要求的物料进行制粒、干燥、整粒、总混,中间体达到规定 (2)颗粒剂粒度符合工艺规程要求 (3)具有质量为本意识
	清洁清场	(1)清洁和清场的基本知识(清洁剂、消毒剂、清场程序) (2)"6S"概念 (3)清洁标准操作规程 (4)清场记录的填写	(1)场地清洁 (2)工具和设备清洁及摆放合理 (3)具有GMP管理意识
	质检	(1)经验判断法(软材质量判定、颗粒质量判定) (2)水分控制法 (3)颗粒剂袋装差异限度的概念与判别法 (4)颗粒剂质量检验标准操作规程 (5)清洁标准操作规程	(1)颗粒粒径、圆整度、水分、装量差异应符合工艺规程要求 (2)具有质量危机意识
合格品的交付	交付合格品	(1)交接合格品 (2)填写交接记录	(1)合格品应符合质量要求 (2)完成合格品的交接,确保成品的产量,具有成本意识

(三)操作过程

【问题情境一】

在使用高速搅拌混合制粒机的过程中,出现报警声,应该如何操作?

解答：应检查设备的锁紧螺丝是否都锁紧;检查压缩空气、冷凝水供水是否正常,如无气压偏低或无水等情况,应报检修部门检修。

【问题情境二】

高速搅拌混合制粒机在正常运行中各项参数指标显示正常,操作也正确,但是制粒的效果不好,应该如何处理?

解答：出现这种情况一般是高速搅拌制粒机中的搅拌桨、切割刀的安装不当,或者是上面黏附的物料太多,以及物料中有其他异物造成的制粒效果差。可以取出锅内物料或异物,重新安装搅拌桨、切割刀,必要时清洗搅拌桨、切割刀,重新安装调整或进行更换。

【问题情境三】

在使用高速搅拌混合制粒机制粒过程中,物料会存在局部成坨,应如何处理?

解答： 如果是物料本身的黏性较强，可以采用"先加乙醇进行润湿分散后，再加黏合剂"的方法，这样制粒时成粒效果更好，避免成坨；如果是软材已经局部成坨，必要时可以使用摇摆式制粒机再进行加工，确保产品质量和产量。

五、学习结果评价

序号	评价内容	评价标准	评价结果（是/否）
1	任务书解读	（1）能解读任务书,解读任务的剂型、数量、工期和质量要求等 （2）具有信息分析和自主学习能力	
2	板蓝根颗粒剂生产流程、要点及所需的设备材料	（1）能编制板蓝根颗粒剂的制备方案,明确制备流程和质量标准,画出板蓝根颗粒剂的工艺流程图 （2）具有信息检索和信息处理能力	
3	生产前工作环境确认	（1）能确认生产前工作环境 （2）具有语言表达能力	
4	生产前设备情况确认	（1）能正确确认设备的情况 （2）具有质量为本意识	
5	生产前工器具状态确认	（1）能正确识别生产前工器具的状态 （2）具有 GMP 管理意识和质量为本意识	
6	原辅料的准确称量	（1）能正确进行物料的粉碎过筛操作 （2）能正确判断药粉粒度是否合格 （3）具有质量为本意识	
7	原辅料的粉碎、过筛、混合	（1）能正确使用粉碎机进行粉碎操作 （2）能正确使用振荡筛进行过筛操作 （3）能正确使用混合机进行混合操作 （4）具有规范生产意识	
8	颗粒剂的制粒、干燥、整粒、总混、包装	（1）能使用高速搅拌混合制粒机进行制粒操作 （2）能使用整粒机进行整粒操作 （3）能使用槽型混合机进行总混 （4）能使用外包生产线对颗粒进行包装 （5）具有质量危机意识	
9	清洁清场	（1）能对容器、工具和设备进行清洗、清洁、消毒 （2）能对一体化工作站进行清场 （3）具有 GMP 管理意识	
10	质检	（1）能正确对颗粒剂进行质量检测 （2）具有质量为本意识	
11	交付合格品	（1）能准确交付合格品 （2）具有质量为本意识	

六、课后作业

1. 试分析哪些物料适合使用高速搅拌混合制粒机进行制粒。
2. 制粒出现"花粒"工艺问题，应如何解决？

二维码A-1-1

任务A-1-2　能完成一步制粒工艺制剂生产

一、核心概念

一步制粒

将原辅料混合、喷加黏合剂搅拌，使黏合剂呈雾状与原辅料相遇使之成粒，同时进行干燥等操作连在一起，在一台设备中完成故称一步制粒法。

二、学习目标

1. 能正确解读冬菀止咳颗粒剂制备任务单，具备自主学习、信息检索与分析能力。
2. 能按照冬菀止咳颗粒剂的生产，完成分工，具备统筹协调能力和效率意识。
3. 能按照冬菀止咳颗粒剂的操作规程，完成生产前的准备工作，具备责任意识。
4. 能按照要求和各岗位标准操作规程，完成冬菀止咳颗粒剂的生产，具有交往与合作能力、自我管理能力、解决问题能力、环保意识、GMP意识、安全意识、"6S"管理意识。
5. 能按照标准操作规程，完成生产过程中的在线抽检，具备理解与表达能力、交往与合作能力、诚实守信意识。
6. 能按照药品生产工艺规程，完成合格品的交付，具有效率意识。
7. 具备社会主义核心价值观、工匠精神、劳动精神和劳模精神等思政素养。

三、基本知识

1. 一步制粒的原理

需要制粒的单一或多种粉体原料在沸腾床内建立流化态过程，同时混合，黏合剂经特制喷枪雾化喷至流化界面，物料凝聚成粒并干燥，挥发水分由风机排出。

2. 一步制粒的优缺点

（1）优点

① 物料的干混、湿混、搅拌、颗粒成型、干燥都在同一台流化床设备内完成，减少了大量的操作环节，节约了生产时间。

② 使生产在密封环境中进行，不但可防止外界对药物的污染，而且可减少操作人员与具有刺激性或毒性药物和辅料接触的机会，更符合 GMP 规范要求。

③ 制得的颗粒粒度均匀、流动性、压缩成形性好。

④ 可使在组分中含量非常低的药物在制得的颗粒中分布更均匀。

（2）缺点 该制粒方法动力消耗大，当处方中含有密度差别较大的多种组分时，可能会造成含量不均匀。

四、能力训练

（一）操作条件

① 人员：操作员需要经过生产区更衣程序和净化区后进入操作间。

② 设备、器具：粉碎机、振荡筛、流化床制粒机、整粒机、袋包机、外包装生产线、多媒体设备等。

③ 原辅料：冬菀止咳颗粒浸膏液、糊精、蔗糖。

④ 资料：《中华人民共和国药典》（2020 年版）、《药品生产质量管理规范》、生产工艺、操作方法、生产操作规程、附件 1 学习任务书、附件 2 冬菀止咳颗粒剂的批生产指令单、附件 3 冬菀止咳颗粒剂的制备方案、附件 4 冬菀止咳颗粒剂批生产记录等。

⑤ 环境：D 级洁净区，温度 18 ~ 26℃，相对湿度 45% ~ 65%，一般照明的照明值不低于 300lx，药物制剂一体化工作站。

（二）安全及注意事项

1. 颗粒剂生产岗位应加强通风，尽量降低粉尘浓度。

2. 生产过程中所有物料均应有标识，防止发生混药。

3. 穿戴洁净服进入相应洁净区。

4. 按设备清洁要求进行清洁。

5. 设备操作安全、水电安全、消防安全。

（三）操作过程

工作环节	工作内容	操作方法及说明	质量标准
下达生产指令	任务书解读	现场交流法，填写批生产指令单	（1）正确解读任务书的剂型、数量、工期和质量要求等 （2）具有交往与合作的能力
制订岗位工作计划	冬菀止咳颗粒剂的生产流程、要点及所需的设备材料	资料查阅法；岗位工作计划的编制	（1）岗位工作计划全面合理，明确制备流程和质量标准 （2）具有自主学习、自我管理、信息检索能力和实践意识
生产前工作环境、设备情况、工器具状态的确认	生产前工作环境确认	检查温度、湿度、压差。生产前工作环境要求（温度、湿度、压差）：D级洁净区，温度18～26℃，相对湿度45%～65%，压差应不低于10Pa 检查清场合格证，检查操作室地面，工具是否干净、卫生、齐全；确保生产区域没有上批遗留的产品、文件或与本批生产无关的物料	（1）温、湿度符合颗粒剂生产要求 （2）具有交往与合作能力
	生产前设备情况确认	检查粉碎机、振荡筛、流化床制粒机、整粒机、袋包机、外包装生产线的状态标识牌、清场合格证；检查电子天平、快速水分测定仪、减压干燥器的校验有效期	（1）能按照冬菀止咳颗粒剂的操作规程，完成生产所需设备的准备，达到实施生产的环境设备要求 （2）具备交往与合作能力和安全意识
	生产前工器具状态确认	运输车、无菌手套、物料铲、物料桶、物料袋、标准筛、扳手、螺丝刀、清洁工具、清洁毛巾、称量勺、取样器、称量瓶、电子秤、负压称量罩、标准筛的状态标识确认	工器具状态标识牌
实施计划	原辅料的准确称量	（1）人员净化 （2）器具准备	（1）根据冬菀止咳颗粒剂的处方准确称量 （2）具有GMP管理意识
	原辅料的粉碎、过筛	（1）粉碎机、振荡筛的主要类型、结构及工作原理 （2）粉碎机、振荡筛技巧和标准操作规程 （3）预处理操作岗位标准操作规程 （4）蔗糖粉的粒度要求 （5）蔗糖的粉碎、过筛	（1）经预处理后满足冬菀止咳颗粒剂的生产要求 （2）具有质量为本意识
	颗粒剂的混合、制粒、干燥、整粒、总混、包装	（1）一步制粒的工艺规程 （2）批生产记录的填写	（1）预处理后冬菀止咳颗粒剂生产要求的物料进行制粒、干燥、整粒、总混中间体达到规定 （2）颗粒剂粒度符合工艺规程要求 （3）具有质量为本意识

工作环节	工作内容	操作方法及说明	质量标准
实施计划	清洁清场	(1)清洁和清场的基本知识(清洁剂、消毒剂、清场程序) (2)"6S"概念 (3)清洁标准操作规程 (4)清场记录的填写	(1)场地清洁 (2)工具和设备清洁及摆放合理 (3)具有GMP管理意识
	质检	(1)经验判断法(喷枪雾化面的判定颗粒质量判定) (2)水分控制法 (3)颗粒剂袋装差异限度的概念与判别法 (4)颗粒剂质量检验标准操作规程 (5)清洁标准操作规程	(1)颗粒粒径、圆整度、水分、装量差异应符合工艺规程要求 (2)具有质量危机意识
合格品的交付	交付合格品	(1)交接合格品 (2)填写交接记录	(1)合格品应符合质量要求 (2)完成合格品的交接,确保成品的产量,具有成本意识

【问题情境一】

在使用流化床制粒机的过程中,出现物料"黏壁"现象,应该如何操作?

解答: 出现物料黏壁的现象,是多功能流化床里的物料没有及时干燥,物料湿度较大,具有一定的黏性,黏附在壁上。应通过可视窗观察物料黏壁的位置,用橡胶锤及时敲打物料黏壁位置的锅体外壁,或者在一定范围内增加进风量,适当减慢喷入黏合剂的流速。

【问题情境二】

某操作工在使用一步制粒机干燥物料时发现易出现静电贴壁现象,应如何解决?

解答:

(1)捕集袋采用防静电纤维材料制成,及时消除进入袋中粉体上的静电,避免粉体聚集成块脱落时产生的剥离起电。

(2)采用导体材料作送风管道及各连接部件的连接件,并将系统接地处理,物料推车也应接地或与导体连接。

(3)增大管道直径、减少弯头、定期清灰和出料、操作人员穿戴防静电服操作等,对抑制、减少和消除粉体沸腾过程中的静电也是有效的。

【问题情境三】

在使用流化床制粒机制粒过程中,物料会出现抱团、结块,情况严重会导致"塌床",应如何处理?

解答: 可能是物料本身的黏性较强,一般情况下控制好物料温度、雾化扇面大小、喷液流量等工艺参数便可避免类似情况发生。

五、学习结果评价

序号	评价内容	评价标准	评价结果（是／否）
1	任务书解读	（1）能解读任务书，解读任务的剂型、数量、工期和质量要求等 （2）具有信息分析和自主学习能力	
2	冬菀止咳颗粒剂的生产流程、要点及所需的设备材料	（1）能编制冬菀止咳颗粒剂的制备方案，明确制备流程和质量标准，画出冬菀止咳颗粒剂的工艺流程图 （2）具有信息检索和信息处理能力	
3	生产前工作环境确认	（1）能确认生产前工作环境 （2）具有语言表达能力	
4	生产前设备情况确认	（1）能正确确认设备的情况 （2）具有质量为本意识	
5	生产前工器具状态确认	（1）能正确识别生产前工器具的状态 （2）具有 GMP 管理意识和质量为本意识	
6	原辅料的准确称量	（1）能正确进行物料的粉碎过筛操作 （2）能正确判断药粉粒度是否合格 （3）具有质量为本意识	
7	原辅料的粉碎、过筛	（1）能正确使用粉碎机进行粉碎操作 （2）能正确使用振荡筛进行过筛操作 （3）具有规范生产意识	
8	颗粒剂的制粒、干燥、整粒、总混、包装	（1）能使用流化床制粒机进行制粒操作 （2）能使用整粒机进行整粒操作 （3）能使用槽型混合机进行总混 （4）能使用外包生产线对颗粒进行包装 （5）具有质量危机意识	
9	清洁清场	（1）能对容器、工具和设备进行清洗、清洁、消毒 （2）能对一体化工作站进行清场 （3）具有 GMP 管理意识	
10	质检	（1）能正确对颗粒剂进行质量检测 （2）具有质量为本意识	
11	交付合格品	（1）能准确交付合格品 （2）具有质量为本意识	

六、课后作业

1. 试分析哪些物料适合使用流化床制粒机进行制粒。
2. 制粒过程中出现"塌床"现象的原因有哪些？

二维码A-1-2

任务A-1-3　能完成喷雾制粒工艺制剂生产

一、核心概念

1. 喷雾制粒

将原辅料与黏合剂混合，不断搅拌制成含固体量为 50% ～ 60% 的药物溶液或混悬液，再用泵通过高压喷雾器喷雾于干燥室内的热气流中，使水分迅速蒸发以直接制成球形干燥细颗粒的方法。

2. 固含量

在某一溶液或混合物中，固体所占的比例。固含量是一个重要的物理化学参数，它可以用来描述溶液或混合物的浓度，评估某些物质的纯度，控制产品的质量和稳定性。

二、学习目标

1. 能正确解读维生素 C 颗粒剂制备任务单，具备自主学习、信息检索与分析能力。

2. 能按照维生素 C 颗粒剂的生产，完成分工，具备统筹协调能力和效率意识。

3. 能按照维生素 C 颗粒剂的操作规程，完成生产前的准备工作，具备责任意识。

4. 能按照要求和各岗位标准操作规程，完成维生素 C 颗粒剂的生产，具有交往与合作能力、自我管理能力、解决问题能力、环保意识、GMP 意识、安全意识、"6S" 管理意识。

5. 能按照标准操作规程，完成生产过程中的在线抽检，具备理解与表达能力、交往与合作能力、诚实守信意识。

6. 能按照药品生产工艺规程，完成合格品的交付，具有效率意识。

7. 具备社会主义核心价值观、工匠精神、劳动精神和劳模精神等思政素养。

三、基本知识

1. 喷雾制粒适用范围

该法由液体直接得到固体粉状颗粒，雾滴比表面积大，热风温度高，干燥速度非常快，物粒的受热时间极短，干燥物料的温度相对较低，适合于热敏性物料的处理。近年来在抗生素粉针的生产、微型胶囊的制备、固体分散体的研究以及中药提取液的干燥中都利用了喷雾干燥制粒技术。

2. 喷雾制粒的优缺点

（1）优点　进一步简化操作，成粒过程只有几秒到几十秒，速度较快、效率较高。

（2）缺点　设备费用高、能量消耗大、操作费用高；黏性较大的料液易黏壁。

3. 喷雾制粒的原理

空气经过过滤和加热，进入干燥器顶部热风分配器，热空气呈螺旋状均匀地进入干燥室。料液经干燥室顶部的高速离心雾化器，（旋转）离心喷雾成极细微的雾状液珠，与热空气并流接触，在极短的时间内干燥为成品并下落。成品连续地由干燥塔底部和旋风分离器中输出，废气经除尘器由引风机排空。

喷雾制粒是集喷雾干燥、流化制粒于一体，实现液态物料一步法制粒。

四、能力训练

（一）操作条件

① 人员：操作员需要经过生产区更衣程序和净化区后进入操作间。

② 设备、器具：粉碎机、振荡筛、喷雾制粒机、袋包机、外包装生产线、多媒体设备等。

③ 原辅料：维生素 C、羟丙纤维素、预胶化淀粉、纯化水等。

④ 资料：《中华人民共和国药典》（2020 年版）、《药品生产质量管理规范》、生产工艺、操作方法、生产操作规程、附件 1 学习任务书、附件 2 维生素 C 颗粒剂的批生产指令单、附件 3 维生素 C 颗粒剂的制备方案、附件 4 维生素 C 颗粒剂批生产记录等。

⑤ 环境：D 级洁净区，温度 18 ～ 26℃，相对湿度 45% ～ 65%，一般照明的照明值不低于 300lx，药物制剂一体化工作站。

（二）安全及注意事项

1. 颗粒剂生产岗位应加强通风，尽量降低粉尘浓度。

2. 生产过程中所有物料均应有标识，防止发生混药。

3. 穿戴洁净服进入相应洁净区。

4. 按设备清洁要求进行清洁。

5. 设备操作安全、水电安全、消防安全。

（三）操作过程

工作环节	工作内容	操作方法及说明	质量标准
下达生产指令	任务书解读	现场交流法，填写批生产指令单	(1)正确解读任务书的剂型、数量、工期和质量要求等 (2)具有交往与合作的能力
制订岗位工作计划	维生素C颗粒剂生产流程、要点及所需的设备材料	资料查阅法；岗位工作计划的编制	(1)岗位工作计划全面合理，明确制备流程和质量标准 (2)具有自主学习、自我管理、信息检索能力和实践意识
生产前工作环境、设备情况、工器具状态的确认	生产前工作环境确认	检查温度、湿度、压差。生产前工作环境要求(温度、湿度、压差)：D级洁净区，温度18~26℃，相对湿度45%~65%，压差应不低于10Pa 检查清场合格证，检查操作室地面，工具是否干净、卫生、齐全；确保生产区没有上批遗留的产品、文件或与本批生产无关的物料	(1)温、湿度符合颗粒剂生产要求 (2)具有交往与合作能力
	生产前设备情况确认	检查粉碎机、振荡筛、喷雾制粒机、袋包机、外包装生产线的状态标识牌、清场合格证；检查电子天平、快速水分测定仪、减压干燥器的校验有效期	(1)能按照维生素C颗粒剂的操作规程，完成生产所需设备的准备，达到实施生产的环境设备要求 (2)具备交往与合作能力和安全意识
	生产前工器具状态确认	运输车、无菌手套、物料铲、物料桶、物料袋、标准筛、扳手、螺丝刀、清洁工具、清洁毛巾、称量勺、取样器、称量瓶、电子秤、负压称量罩、标准筛的状态标识确认	工器具状态标识牌
实施计划	原辅料的准确称量	(1)人员净化 (2)器具准备 ① 维生素C颗粒剂的基本知识(如原辅料种类、生产工艺配方比例、包装材料等) ② 维生素C、羟丙纤维素、预胶化淀粉	(1)根据维生素C颗粒剂处方准确称量 (2)具有GMP管理意识
	原辅料的粉碎、过筛、混合	(1)粉碎机、振荡筛的操作技巧标准操作规程 (2)预处理操作岗位标准操作规程 (3)维生素C的粒度要求	(1)经预处理后满足维生素C颗粒剂生产要求 (2)具有质量为本意识
	喷雾制粒、干燥、整粒、总混、包装	(1)喷雾制粒的生产工艺规程 (2)喷雾制粒机、袋包机、外包装生产线的操作要点和标准操作 (3)判断生产过程中维生素C颗粒的状态 (4)维生素C颗粒剂的包装要求及操作要点 (5)批生产记录、批包装记录的填写要求	(1)预处理后维生素C颗粒剂生产要求的物料进行制粒、干燥、整粒、总混中间体达到规定 (2)颗粒剂粒度符合工艺规程要求 (3)具有质量为本意识

工作环节	工作内容	操作方法及说明	质量标准
实施计划	清洁清场	(1)清洁和清场的基本知识(清洁剂、消毒剂、清场程序) (2)"6S"概念 (3)清洁标准操作规程 (4)清场记录的填写	(1)场地清洁 (2)工具和设备清洁及摆放合理 (3)具有 GMP 管理意识
	质检	(1)经验判断法(喷雾制粒的参数控制、颗粒质量判定) (2)水分控制法 (3)颗粒剂袋装差异限度的概念与判别法 (4)颗粒剂质量检验标准操作规程 (5)清洁标准操作规程	(1)颗粒粒径、圆整度、水分、装量差异应符合工艺规程要求 (2)具有质量危机意识
合格品的交付	交付合格品	(1)交接合格品 (2)填写交接记录	(1)合格品应符合质量要求 (2)完成合格品的交接,确保成品的产量,具有成本意识

【问题情境一】

在使用喷雾制粒机的过程中,出现报警声,应该如何操作?

解答: 应检查设备的锁紧螺丝是否都锁紧,检查设备的密封圈是否都安装;检查压缩空气是否正常,如无气压偏低等情况,应报检修部门检修。

【问题情境二】

黏壁现象仍然是妨碍喷雾制粒机正常操作的一个突出问题,如何防止"黏壁"问题?

解答:

(1)采用夹壁干燥塔,其间用空气冷却,使壁温保持在 50℃ 以下,黏结性较强的物料宜采用平底塔。

(2)通过塔壁旋气片切向引入二次空气冷却塔壁。

(3)塔内近壁处安装由一排喷嘴组成的气扫帚,并使之沿壁缓慢转动。

五、学习结果评价

序号	评价内容	评价标准	评价结果(是/否)
1	任务书解读	(1)能解读任务书,解读任务的剂型、数量、工期和质量要求等 (2)具有信息分析和自主学习能力	
2	维生素 C 颗粒剂生产流程、要点及所需的设备材料	(1)能编制维生素 C 颗粒剂的制备方案,明确制备流程和质量标准,画出维生素 C 颗粒剂的工艺流程图 (2)具有信息检索和信息处理能力	

序号	评价内容	评价标准	评价结果（是/否）
3	生产前工作环境确认	（1）能确认生产前工作环境 （2）具有语言表达能力	
4	生产前设备情况确认	（1）能正确确认设备的情况 （2）具有质量为本意识	
5	生产前工器具状态确认	（1）能正确识别生产前工器具的状态 （2）具有 GMP 管理意识和质量为本意识	
6	原辅料的准确称量	（1）能正确进行物料的粉碎过筛操作 （2）能正确判断药粉粒度是否合格 （3）具有质量为本意识	
7	原辅料的粉碎、过筛、混合	（1）能正确使用粉碎机进行粉碎操作 （2）能正确使用振荡筛进行过筛操作 （3）能正确进行混合操作 （4）具有规范生产意识	
8	颗粒剂的制粒、干燥、整粒、总混、包装	（1）能使用喷雾制粒机进行制粒操作 （2）能使用外包生产线对颗粒进行包装 （3）具有质量危机意识	
9	清洁清场	（1）能对容器、工具和设备进行清洗、清洁、消毒 （2）能对一体化工作站进行清场 （3）具有 GMP 管理意识	
10	质检	（1）能正确对颗粒剂进行质量检测 （2）具有质量为本意识	
11	交付合格品	（1）能准确交付合格品 （2）具有质量为本意识	

六、课后作业

1. 试分析哪些物料适合使用喷雾制粒机进行制粒？
2. 喷雾制粒设备在医药行业的适用范围？

二维码A-1-3

任务A-1-4 能完成泡腾颗粒工艺制剂生产

一、核心概念

泡腾颗粒

泡腾颗粒是指含有碳酸氢钠和有机酸，遇水放出大量气体而呈泡腾状的颗粒剂。泡腾颗粒中的药物应是易溶性的，加水产生气泡后应能溶解，有机酸一般是枸橼酸、酒石酸。泡腾颗粒应溶解或分散于水中后服用。泡腾颗粒一般不得直接吞服。

二、学习目标

1. 能正确解读盐酸雷尼替丁泡腾颗粒剂制备任务单，具备自主学习、信息检索与分析能力。

2. 能按照盐酸雷尼替丁泡腾颗粒剂的生产，完成分工，具备统筹协调能力和效率意识。

3. 能按照盐酸雷尼替丁泡腾颗粒剂的操作规程，完成生产前的准备工作，具备责任意识。

4. 能按照要求和各岗位标准操作规程，完成盐酸雷尼替丁泡腾颗粒剂的生产，具有交往与合作能力、自我管理能力、解决问题能力、环保意识、GMP 意识、安全意识、"6S" 管理意识。

5. 能按照标准操作规程，完成生产过程中的在线抽检，具备理解与表达能力、交往与合作能力、诚实守信意识。

6. 能按照药品生产工艺规程，完成合格品的交付，具有效率意识。

7. 具备社会主义核心价值观、工匠精神、劳动精神和劳模精神等思政素养。

三、基本知识

1. 泡腾颗粒剂

泡腾颗粒剂中的药物应是易溶性的，加水产生气泡后应能溶解。有机酸一般用枸橼酸、酒石酸等。注意泡腾颗粒剂是不可以直接口服的，因为泡腾颗粒剂里面含有碳酸氢钠和有机酸，遇到水后会产生大量的二氧化碳气体，直接服用会引起身体的不适，轻者可能会出现胃肠不适，严重者可能会危及生命，一定要在水中完全溶解或分散于水中后服用。

2. 泡腾颗粒剂与普通颗粒剂的区别

与普通颗粒剂相比，泡腾颗粒剂具有极佳的溶解性，即使在冷水中也能迅速溶解，并且保持药物均匀分散，更有利于吸收。泡腾颗粒剂工艺复杂一些，价格会高一些。

3. 泡腾颗粒剂制备原理

泡腾颗粒剂的制备方法是将处方中药材按水溶性颗粒剂制法提取、精制、浓缩成稠膏或干浸膏粉，分成 2 份，其中一份加入有机酸制成酸性颗粒，干燥，备用；另一份加入弱碱制成碱性颗粒，干燥，备用；然后将酸性颗粒与碱性颗粒混匀，包装。

四、能力训练

（一）操作条件

① 人员：操作员需要经过生产区更衣程序和净化区后进入操作间。

② 设备、器具：粉碎机、振荡筛、湿法制粒机、摇摆式制粒机、沸腾干燥制粒机、整粒机、袋包机、外包装生产线、多媒体设备等。

③ 原辅料：盐酸雷尼替丁、枸橼酸、碳酸氢钠、糖粉、羟丙基纤维素等。

④ 资料：《中华人民共和国药典》（2020 年版）、《药品生产质量管理规范》、生产工艺、操作方法、生产操作规程、附件 1 学习任务书、附件 2 盐酸雷尼替丁泡腾颗粒剂批生产指令单、附件 3 盐酸雷尼替丁泡腾颗粒剂制备方案、附件 4 盐酸雷尼替丁泡腾颗粒剂批生产记录等。

⑤ 环境：D 级洁净区，温度 18～26℃，相对湿度 45%～65%，一般照明的照明值不低于 300lx，药物制剂一体化工作站。

（二）安全及注意事项

1. 颗粒剂生产岗位应加强通风，尽量降低粉尘浓度。

2. 生产过程中所有物料均应有标识，防止发生混药。

3. 穿戴洁净服进入相应洁净区。

4. 按设备清洁要求进行清洁。

5. 设备操作安全、水电安全、消防安全。

（三）操作过程

工作环节	工作内容	操作方法及说明	质量标准
下达生产指令	任务书解读	现场交流法，填写批生产指令单	（1）正确解读任务书的剂型、数量、工期和质量要求等 （2）具有交往与合作的能力
制订岗位工作计划	泡腾颗粒剂生产流程、要点及所需的设备材料	资料查阅法；岗位工作计划的编制	（1）岗位工作计划全面合理，明确制备流程和质量标准 （2）具有自主学习、自我管理、信息检索能力和实践意识
生产前工作环境、设备情况、工器具状态的确认	生产前工作环境确认	检查温度、湿度、压差。生产前工作环境要求（温度、湿度、压差）：D 级洁净区，温度 18～26℃，相对湿度 45%～65%，压差应不低于 10Pa 检查清场合格证，检查操作室地面，工具是否干净、卫生、齐全；确保生产区域没有上批遗留的产品、文件或与本批生产无关的物料	（1）温、湿度符合颗粒剂生产要求 （2）具有交往与合作能力

工作环节	工作内容	操作方法及说明	质量标准
生产前工作环境、设备情况、工器具状态的确认	生产前设备情况确认	检查粉碎机、振荡筛、湿法制粒机、摇摆式制粒机、沸腾干燥机、整粒机、袋包机、外包装生产线的状态标识牌、清场合格证；检查电子天平、快速水分测定仪、减压干燥器的校验有效期	(1)能按照泡腾颗粒剂的操作规程，完成生产所需设备的准备，达到实施生产的环境设备要求 (2)具备交往与合作能力和安全意识
	生产前工器具状态确认	运输车、无菌手套、物料铲、物料桶、物料袋、标准筛、扳手、螺丝刀、清洁工具、清洁毛巾、称量勺、取样器、称量瓶、电子秤、负压称量罩、标准筛的状态标识确认	工器具状态标识牌
实施计划	原辅料的准确称量	(1)人员净化 (2)器具准备 ①泡腾颗粒剂的基本知识(如原辅料种类、生产工艺配方比例、包装材料等) ②盐酸雷尼替丁、枸橼酸、碳酸氢钠、糖粉、羟丙基纤维素	(1)根据泡腾颗粒剂 (2)具有GMP管理意识
	原辅料的粉碎、过筛	(1)粉碎机、振荡筛、混合机的主要类型、结构及工作原理 (2)湿法制粒机、沸腾干燥机标准操作规程 (3)预处理操作岗位标准操作规程 (4)盐酸雷尼替丁的粒度要求	(1)经预处理后满足盐酸雷尼替丁泡腾颗粒剂生产要求 (2)具有质量为本意识
	泡腾颗粒剂的混合、制粒、干燥、整粒、总混、包装	(1)湿法制粒机、沸腾干燥机、整粒机、袋包机、外包装生产线的主要结构及工作原理 (2)湿法制粒机、热风循环烘箱、整粒机、袋包机、外包装生产线的操作要点和标准操作规程 (3)制粒、干燥、整粒、总混、包装岗位标准操作规程 (4)泡腾颗粒剂的制粒、干燥、总混要求 (5)判断泡腾颗粒剂的状态 (6)泡腾颗粒剂的包装要求及操作要点 (7)"生产记录、批包装记录的填写要求	(1)预处理后物料进行制粒、干燥、整粒、总混中间体达到规定 (2)颗粒剂粒度符合工艺规程要求 (3)具有质量为本意识
	清洁清场	(1)清洁和清场的基本知识(清洁剂、消毒剂、清场程序) (2)"6S"概念 (3)清洁标准操作规程 (4)清场记录的填写	(1)场地清洁 (2)工具和设备清洁及摆放合理 (3)具有GMP管理意识
	质检	(1)经验判断法(软材质量判定、颗粒质量判定) (2)水分控制法 (3)颗粒剂袋装差异限度的概念与判别法 (4)颗粒剂质量检验标准操作规程 (5)清洁标准操作规程	(1)颗粒粒径、圆整度、水分、装量差异应符合工艺规程要求 (2)具有质量危机意识
合格品的交付	交付合格品	(1)交接合格品 (2)填写交接记录	(1)合格品应符合质量要求 (2)完成合格品的交接，确保成品的产量，具有成本意识

【问题情境一】

在使用湿法制粒机的过程中，如果出现物料黏切割刀或搅拌桨的现象，该如何解决？

解答：如果出现物料黏切割刀或搅拌桨的现象，要及时调整黏合剂的用量以及黏合剂的浓度。

【问题情境二】

在使用湿法制粒机，如果获得的湿颗粒细粉比较多，该如何解决？

解答：在使用湿法制粒机过程中，如果出现细粉量过大的情况，首先应考虑增加搅拌时间，随着搅拌时间的延长，物料的温度会升高，软材黏性会增加，便于制粒，细粉便会减少。其次考虑增加黏合剂的浓度和用量，随着黏合剂质量分数的增加，大颗粒会增加，小颗粒会减少，即颗粒度增加，需要根据实际生产情况，控制黏合剂的用量，也不是越多越好，如果上述方法都不行，最后需要考虑调整处方。

【问题情境三】

在使用湿法制粒机制粒过程中，如何确定黏合剂的用量？

解答：湿法混合制粒设备混合能力较强，对于混合物料按照原先的工艺加入黏合剂，适当减少黏合剂投入量，第一次加入的要少于原工艺要求的黏合剂进行试验，观察湿混效果，如果效果不太理想，以少量多次的方法调整黏合剂的用量，这样便于获得适宜的颗粒。

五、学习结果评价

序号	评价内容	评价标准	评价结果（是/否）
1	任务书解读	（1）能解读任务书，解读任务的剂型、数量、工期和质量要求等 （2）具有信息分析和自主学习能力	
2	泡腾颗粒剂生产流程、要点及所需的设备材料	（1）能编制泡腾颗粒剂的制备方案，明确制备流程和质量标准，画出泡腾颗粒剂的工艺流程图 （2）具有信息检索和信息处理能力	
3	生产前工作环境确认	（1）能确认生产前工作环境 （2）具有语言表达能力	
4	生产前设备情况确认	（1）能正确确认设备的情况 （2）具有质量为本意识	
5	生产前工器具状态确认	（1）能正确识别生产前工器具的状态 （2）具有GMP管理意识和质量为本意识	
6	原辅料的准确称量	（1）能正确进行物料的粉碎过筛操作 （2）能正确判断药粉粒度是否合格 （3）具有质量为本意识	

序号	评价内容	评价标准	评价结果(是/否)
7	原辅料的粉碎、过筛、混合	(1)能使用粉碎机进行粉碎操作 (2)能使用振荡筛进行过筛操作正确 (3)具有规范生产意识	
8	泡腾颗粒剂的混合、制粒、干燥、整粒、总混、包装	(1)能使用湿法制粒机进行混合、制粒操作 (2)能使用整粒机进行整粒操作 (3)能使用沸腾干燥机进行干燥操作 (4)能使用槽型混合机进行总混 (5)能使用外包生产线对泡腾颗粒进行包装 (6)具有质量危机意识	
9	清洁清场	(1)能对容器、工具和设备进行清洗、清洁、消毒 (2)能对一体化工作站进行清场 (3)具有GMP管理意识	
10	质检	(1)能正确对泡腾颗粒剂进行质量检测 (2)具有质量为本意识	
11	交付合格品	(1)能准确交付合格品 (2)具有质量为本意识	

六、课后作业

1. 试分析哪些物料适合使用沸腾干燥机进行干燥。

2. 泡腾颗粒剂的特点?

二维码A-1-4

任务A-1-5　能正确判断颗粒剂的质量

一、核心概念

1.粒度

粒度系指颗粒的粗细程度及粗细颗粒的分布,用于测定药物制剂的粒子大小或限度。除另有规定外,按照粒度和粒度分布测定法的第二法的双筛分法[《中国药典》(现行版)四部通则]测定,应符合规定。

2.干燥失重

待测物品在规定的条件下,经干燥至恒重后所减少的重量,通常以百分率表示。

3.溶化性

可溶颗粒剂和泡腾颗粒剂要按照一定的方法进行溶化性检查,并符合相关规定,含中药原粉的颗粒剂不进行溶化性检查,混悬颗粒剂以及已规定检查溶出度或释放度的颗粒剂可不进行溶化性检查。

4. 装量差异

按规定的称量方法测得每袋（瓶）装量与标示装量之间的差异程度。

二、学习目标

1. 能对不同颗粒剂成品的质量进行判断，具有质量危机意识和 GMP 管理意识。

2. 能对不同颗粒剂成品进行验收交付，具有良好的沟通交流能力。

3. 能完善规范填写颗粒剂质量评价表，整理、存档相关操作记录，具有良好的信息处理能力。

4. 具备社会主义核心价值观、工匠精神、劳动精神和劳模精神等思政素养。

三、基本知识

1. 粒度检查

取单剂量包装的颗粒剂 5 袋或多剂量包装的颗粒剂 1 袋，称定重量，置五号筛中（一号筛下配有密合的接收器），保持水平状态过筛，左右往返，边筛动边拍打 3min。不能通过一号筛与能通过五号筛的总和不得超过 15%。

2. 水分测定

中药颗粒剂按照水分测定法（通则 0832）测定，除另有规定外，水分不得超过 8%。

3. 干燥失重

化学药品和生物制品颗粒剂按照干燥失重测定法〔《中国药典》（2020 年版）四部通则〕测定，于 105℃干燥（含糖颗粒剂应在 80℃减压干燥）至恒重，减失重量不得超过 2.0%。中药颗粒剂按照水分测定法〔《中国药典》（2020 年版）四部通则〕测定，水分不得超过 8.0%。

供试品干燥时，应平铺在扁形称量瓶中，厚度不可超过 5mm，如为疏松物质，厚度不可超过 10mm。放入烘箱或干燥器进行干燥时，应将瓶盖取下，置称量瓶旁，或将瓶盖半开进行干燥；取出时，须将称量瓶盖好。置烘箱内干燥的供试品，应在干燥后取出置干燥器中放冷，然后称定重量。

供试品如未达规定的干燥温度即融化时，应先将供试品于较低温度下干燥至大部分水分除去后，再按规定条件干燥。

当用减压干燥器或恒温减压干燥器时，除另有规定外，压力应在 2.67kPa（20mmHg）以下；干燥器中常用的干燥剂为无水氯化钙、硅胶或五氧化二磷；恒温减压干燥器中常用的干燥剂为五氧化二磷，干燥剂应保持在有效状态。

4. 溶化性

（1）可溶颗粒检查法　取供试品 10g（中药单剂量包装取 1 袋），加热水

200mL，搅拌 5min，立即观察，应全部溶化或轻微浑浊。

（2）泡腾颗粒剂检查法　取供试品 3 袋，将内容物分别转移至盛有 200mL 水的烧杯中，水温为 15 ～ 25℃，应迅速产生气体而呈泡腾状，5min 内颗粒均应全部分散或溶解在水中。

5. 装量差异

多剂量包装的颗粒剂按照最低装量检查法《中国药典》（2020 年版）四部通则检查，应符合规定。单剂量颗粒剂的检查方法同散剂。

单剂量包装的颗粒剂按照下述方法检查，应符合规定。

取供试品 10 袋（瓶），除去包装，分别精密称定每袋（瓶）内容物的重量，求出每袋（瓶）内容物的装量与平均装量。每袋（瓶）装量与平均装量相比较［凡无含量测定的颗粒剂，每袋（瓶）装量应与标示装量比较］，超出装量差异限度的颗粒剂不得多于 2 袋（瓶），并不得有 1 袋（瓶）超出装量差异限度 1 倍。装量差异限度应符合表 A-1-5-1 的规定。

表 A-1-5-1　颗粒剂的装量差异限度

平均装量或标示装量	装量差异限度	平均装量或标示装量	装量差异限度
1.0g 及 1.0g 以下	±10%	1.5g 以上至 6g	±7%
1.0g 以上至 1.5g	±8%	6g 以上	±5%

6. 装量

多剂量包装的颗粒剂，按照最低装量检查法《中国药典》（2020 年版）四部通则检查，装量检查结果应符合表 A-1-5-2 的有关规定。如有 1 个容器装量不符合规定，则另取 5 个（或 3 个）复试，应全部符合规定。

表 A-1-5-2　装量检查要求

标示装量	平均装量	每个容器装量
20g 以下	不少于标示装量	不少于标示装量的 93%
20g 至 50g	不少于标示装量	不少于标示装量的 95%
50g 以上	不少于标示装量	不少于标示装量的 97%

7. 微生物限度

以动物、植物、矿物来源的非单体成分制成的颗粒剂、生物制品颗粒剂，按照非无菌产品微生物限度检查，应符合规定。

8. 颗粒剂的包装与贮存

颗粒剂易吸潮，一般塑料包装材料有透湿、透气性，可选用质地较厚的塑料薄膜袋包装，或铝塑复合膜袋包装。为了解决颗粒剂易吸潮的问题，也可先包衣后包装。颗粒剂宜密封、置干燥处贮存，防止受潮。

四、能力训练

（一）操作条件

① 人员：操作员需要经过生产区更衣程序和净化区后进入操作间。

② 设备、器具：一号筛、五号筛、电子天平（万分之一）、恒温干燥器或烘箱、扁形称量瓶、托盘天平、500mL 烧杯、玻璃棒、计算器、计时器、称量纸、白纸、包装袋、标签纸、签字笔、劳保用品等。

③ 资料：电子天平操作规程、粒度仪操作规程、包装机操作规程、重量检查记录、溶散时限检查记录、包装记录、装量差异检查记录、验收记录等。

④ 环境：D 级洁净区，温度 18 ~ 26℃，相对湿度 45% ~ 65%，一般照明的照明值不低于 300lx，药物制剂一体化工作站。

（二）安全及注意事项

1. 检查电子天平、粒度仪、快速水分仪、包装机设备检验合格证是否有效。

2. 包装材料领用时，须认真核对标签、说明书的产品名称、规格与"包装记录 - 包装指令单"一致。

3. 贴标签前，根据"包装记录 - 包装指令单"核对待包装品和所用包装材料的名称、规格、数量是否一致，质量状态是否合格。

4. 机器运行过程中，禁止用手或拿清洁用品伸入压合、冲切等运动部件中清洁异物，以免发生安全事故。

（三）操作过程

工作环节	步骤	操作方法及说明	质量标准
质检	外观判断	（1）随机抽取适量制备完成的颗粒剂，置于水平桌面的白纸上 （2）用颗粒剂质量评价法，观察外观性状、色泽等 （3）填写记录	（1）抽样的随机化原则 （2）颗粒剂应干燥，颗粒均匀、色泽一致，无吸潮、软化、结块、潮解等现象 （3）及时记录 （4）具有质量危机意识
	粒度	（1）校准和检查电子天平 （2）除另有规定外，按照粒度和粒度分布测定法检查。取单剂量包装的 5 包(瓶)或多剂量包装颗粒剂 1 包(瓶)，称定重量，置上层小号筛中(下层的筛下配有密合的接收容器)，保持水平状态过筛，左右往返、边筛动边拍打 3min。取不能通过小号筛和能通过大号筛的颗粒及粉末，称定重量，计算其所占比例(%) （3）用质量标准判断颗粒剂的粒度是否符合要求 （4）填写记录 （5）清场	（1）零点、量程、水平 （2）精密称重，精确至千分之一 （3）严格按照 SOP 完成操作 （4）不能通过一号筛和能通过五号筛的总和不得超过供试量的15% （5）及时记录、准确 （6）符合 GMP 清场与清洁要求 （7）具有质量危机意识

工作环节	步骤	操作方法及说明	质量标准
质检	干燥失重	（1）校准和检查电子天平 （2）将干燥器或烘箱的温度设定为105℃，至温度稳定 （3）将扁形称量瓶在与供试品相同的条件下干燥至恒重 （4）取供试品，混合均匀（如为较大结晶，应先迅速捣碎使成2mm以下的小粒），取约1g或各品种项下规定的重量，置于供试品相同条件下干燥至恒重的扁形称量瓶中，精密称定，除另有规定外，在105℃干燥至恒重，含糖颗粒剂应在80℃减压干燥。由减失的重量和取样量计算供试品的干燥失重。用减重法称量每包重量 （5）用质量标准判断颗粒剂干燥失重是否符合要求 （6）填写记录 （7）清场	（1）零点、量程、水平 （2）精密称重，精确至千分之一 （3）严格按照SOP完成操作 （4）减失重量不得过2.0% （5）及时记录、准确 （6）符合GMP清场与清洁要求 （7）具有质量危机意识
	溶化性	（1）检查溶化性 （2）取供试品10g，加热水200mL，搅拌5min，立即观察，可溶性颗粒剂应全部溶化或轻微浑浊（泡腾颗粒剂，取供试品3袋，将内容物分别转移至盛有200mL水的烧杯中，水温为15～25℃，应迅速产生气体而呈泡腾状，5min内颗粒剂应完全分散或溶解在水中） （3）填写记录 （4）用质量标准判断该批颗粒剂的溶化性是否合格 （5）清场	（1）严格按照SOP完成操作 （2）及时记录、准确 （3）颗粒剂应在1h内全部溶散 （4）符合GMP清场与清洁要求 （5）具有质量危机意识
	水分	（1）电子天平称取3～5g颗粒剂置于快速水分仪测量盘中 （2）按照快速水分仪SOP进行操作 （3）填写记录	
	装量差异	（1）校准和检查电子天平 （2）取供试品10袋，精密称定总重量，求平均袋重 （3）用减重法称量单袋重量 （4）用质量标准判断该批颗粒剂的重量差异是否合格 （5）填写记录 （6）清场	（1）零点、量程、水平 （2）精密称重，精确至千分之一 （3）严格按照SOP完成操作 （4）超出重量差异限度的不得多于2份，并不得有1份超出限度1倍 （5）及时记录、准确 （6）符合GMP清场与清洁要求 （7）具有质量危机意识

工作环节	步骤	操作方法及说明	质量标准
质检	包装	(1)准备生产：QA 开工检查,设备调试,领料备料 (2)开始包装：领料,开动机器,分包装(每包 6g)、贴标签、印字、关闭机器 (3)填写记录 (4)清场	(1)检查设备清洁度与运转情况;设置包装参数;领取颗粒剂,安放包装袋 (2)严格按照 SOP 完成操作 (3)及时记录、准确 (4)符合 GMP 清场与清洁要求 (5)具有规范生产意识
成品交付	验收交付	(1)核对颗粒剂成品信息 (2)填写验收记录	(1)品种、剂型、数量、工期和质量要求等无误;记录填写及时、准确 (2)具有良好的沟通交流能力
	整理存档	(1)收集学习任务书、批生产指令单、制备方案、批生产记录单等 (2)将整理后的所有单据交给指导老师审核后归档保存,档案保存注明人员、时间等信息,保存时间为 2 年	(1)单据收集整理齐全,单据内容真实,无涂改,字迹清晰 (2)档案信息正确,保存规范 (3)具有良好的信息处理能力

【问题情境一】

小张在使用袋包装机包装维生素 C 颗粒剂后,发现成品封口不严。试分析可能的原因有哪些?

解答: 从设备和物料与包装材料两个方面思考问题。首先设备方面,设备的一般故障可由包装岗位操作员通过调节温度、速度、压力等参数可以解决。其次物料与包装材料的问题需要与采购人员沟通,更换包装材料。

【问题情境二】

质检员小王做盐酸雷尼替丁泡腾颗粒剂装量差异检查时对 10 袋颗粒剂逐袋检查,发现超过限度只有 1 袋,是否判定本批次颗粒剂重量差异合格? 为什么?

解答: 根据《中国药典》(2020 年版)重量差异检查中,每袋重量与平均袋重相比较,超出重量差异限度的不得多于 2 袋,并不得有 1 袋超出限度 1 倍。需要对超出限度的 1 袋进行分析,如未超出限度 1 倍,判断本批次合格;如超出限度 1 倍,判断本批次不合格。

【问题情境三】

在颗粒剂生产过程中,如何快速地测量颗粒剂的水分是否符合要求?

解答: 先对快速水分测定仪进行校准,把空的样品盘放入盘托架,然后按下"去皮",去除样品盘的重量,放入样品(样品必须大于 0.5g)并且确保样品均匀分散在样品盘中,关上加热罩,按"开始"键开始测试,当测试结束时,会发出嘀嘀声,并且屏幕上显示所测定的结果。

五、学习结果评价

序号	评价内容	评价标准	评价结果（是/否）
1	外观判断	（1）能正确取颗粒剂 （2）能使用质量评价法判断颗粒剂的性状是否符合要求 （3）能规范如实填写记录 （4）具有质量危机意识	
2	粒度检查	（1）能正确使用粒度仪或筛网 （2）能规范如实填写记录 （3）具有质量危机意识	
3	干燥失重判断	（1）能确认生产前工作环境 （2）能正确使用烘箱和干燥器 （3）具有质量意识	
4	溶化性检查	（1）能正确抽取颗粒剂 （2）具有质量为本意识	
5	水分测定	（1）能校准和使用快速水分测定仪 （2）具有 GMP 管理意识和质量为本意识	
6	装量差异	（1）能校准和检查电子天平 （2）能使用电子天平进行重量差异检测 （3）能正确判别装量差异是否符合要求 （4）能按照实际过程规范如实填写记录 （5）能对场地、设备、用具进行清洁消毒 （6）具有质量危机意识和 GMP 清场管理意识	
7	包装检查	（1）能完成包装前的准备 （2）能按照规程完成颗粒剂的包装检修 （3）能按照实际过程规范如实填写记录 （4）能对场地、设备、用具进行清洁消毒 （5）具有规范生产意识和 GMP 清场管理意识	
8	验收交付	（1）能完成颗粒剂成品的验收 （2）能完成颗粒剂成品的交付 （3）具有良好的沟通交流能力	
9	文件存档	（1）能按照规程完成资料的收集整理 （2）能按照规程完成资料的存档 （3）具有良好的信息处理能力	

六、课后作业

1. 如何对颗粒剂的装量差异进行检查。

2. 颗粒剂的粒度要求有哪些？

本节相关记录表单如下（表 A-1-5-3 ～表 A-1-5-7）。

表 A-1-5-3　电子天平使用记录

型号及规格：　　　　　　　　　　　　计量部门校正日期：
　　　　　　年　月　日

使用日期	使用时间	温、湿度情况	被称样品名称	称取重量	天平情况	使用者签名	备注

维护保管员：

表 A-1-5-4　颗粒剂粒度检查记录

样品名称		规格	
来源		检验员	
样品批号		复核人	
检验依据		检验日期	
所用仪器			
样品总重量 /g			
不能通过一号筛和能通过五号筛的颗粒及粉末重量 /g			
计算			
结果			
结论			

表 A-1-5-5　烘箱、干燥器使用记录

型号及规格：　　　　　　　　　　　　计量部门校正日期：
　　　　　　年　月　日

使用日期	使用时间	使用温度	使用压力	样品名称	仪器情况	使用者签名	备注

维护保管员：

表 A-1-5-6　颗粒剂干燥失重检查记录

样品名称		规格	
来源		检验员	
样品批号		复核人	
检验依据		检验日期	
所用仪器			
样品重量 /g			
样品 - 称量瓶干燥前总重量 /g		样品 - 称量瓶干燥后总重量 /g	
计算			
结果			
结论			

表 A-1-5-7　颗粒剂溶化性检查记录

样品名称		规格	
来源		检验员	
样品批号		复核人	
检验依据		检验日期	
所用仪器			
样品取用量		水温 /℃	
结果			
结论			

项目A-2 片剂的生产

任务A-2-1 能按照直接混合压片工艺要求完成片剂生产

一、核心概念

1. 片剂

药物与适宜辅料均匀混合后通过制剂技术压制而成的圆形片状或异形片状制剂。

2. 多冲旋转式压片机

一种在企业大量生产中广泛使用的压片机，在其转台上均匀分布有多副冲模，这些冲模按一定轨道做圆周升降运动，通过上下压轮使上下冲头做挤压运动，将物料压制成片剂。

3. 辅料

片剂中除药物以外一切辅助物质，也被称为赋形剂，它们赋予片剂一定的形态和结构，大多为非治疗性物质。

4. 粉末直接压片法

药物与辅料混合后直接进行片剂压制的方法，该法不需要经过制粒、干燥等过程，工艺简单，节能省时。

二、学习目标

1. 能正确解读布洛芬片制备任务单，具备自主学习、信息检索与分析能力。

2. 能按照布洛芬片的生产任务，完成分工，具备统筹协调能力和效率意识。

3. 能按照布洛芬片的操作规程，完成生产前的准备工作，具备责任意识。

4. 能按照要求和各岗位标准操作规程，完成布洛芬片的生产，具有交往与合作能力、自我管理能力、解决问题能力、环保意识、GMP 意识、安全意识、"6S"

管理意识。

5. 能按照标准操作规程，完成生产过程中的在线抽检，具备理解与表达能力、交往与合作能力、诚实守信意识。

6. 能按照药品生产工艺规程，完成合格品的交付，具有效率意识。

7. 具备社会主义核心价值观、工匠精神、劳动精神和劳模精神等思政素养。

三、基本知识

1. 片剂的类别

片剂一般采用压片机压制而成，按给药途径和作用不同分为以下几种。

（1）口服片剂　系指口服通过胃肠道吸收而发挥作用的一类应用最广泛的片剂，包括普通片（素片）、包衣片、咀嚼片、缓释片、控释片、分散片、泡腾片、多层片、包芯片等。

（2）口腔用片剂　包括舌下片和口含片。

（3）外用片剂　包括溶液片和阴道片。

（4）其他用途片剂　包括植入片和注射用片。

2. 片剂的特点

（1）优点　①产量大，成本较低，生产机械自动化程度高。②质量稳定。③分剂量准确，体积小，便于服用、运输和携带。④价廉，应用广，可通过各种制剂技术制成各种类型的片剂（缓释片、控释片、包衣片等）。

（2）缺点　①婴幼儿和昏迷患者不易吞服。②有些片剂加入的辅料不当会影响药物的崩解度、溶出度和生物利用度。③某些含挥发性组分的片剂，长时间储存含量会有所下降。

3. 多冲旋转压片机

多冲旋转压片机是片剂大量生产中广泛使用的压片机，由均匀分布于转台的多副冲模按一定轨道做圆周升降运动，通过上、下压轮挤压将颗粒状物料压制成片剂，压片过程分为填料、压片、出片三个步骤。压片机的冲和模是压片机的重要工作部件，应用优质钢材制成，以具备足够的机械强度和耐磨性能，冲和模一般为圆形，端部具有不同的弧度，此外还有压制异形片的冲模，如三角形、椭圆形等。

多冲旋转压片机主要由动力部分、传动部分及工作部分组成。

（1）动力部分　由电动机、无级变速轮构成。

（2）传动部分　以皮带轮和蜗杆、蜗轮组成的传动部分，带动压片机的机台（亦称中盘）。

（3）工作部分　由装有冲头和模圈的机台、上压轮、下压轮、片重调节器、压力调节器、推片调节器、加料斗、饲粉器、刮粉器、吸尘器和防护装置等部件构成。

采用粉末直接压片法进行片剂生产时，需要对传统压片机进行改进，方法如下。

（1）改善饲粉装置　压片时，粉体由于密度不同，在饲粉器内可能分层。直接压片设备的饲粉器应加振荡装置，实施强制饲粉，使粉末能均匀流入模孔。

（2）增加预压机构　有利于粉末中空气的排出，减少裂片。

（3）改进除尘设施　应有吸粉捕尘装置，防止粉尘飞扬。

4. 直接混合压片常用辅料

辅料的加入是为了满足片剂制备工艺和产品质量的要求。片剂的辅料可分为稀释剂、吸收剂、润湿剂、黏合剂、崩解剂、润滑剂和其他附加剂等。粉末直接混合压片工艺需要物料具有良好的流动性和可压性，当药物本身不具有良好的流动性和可压性时，直接混合压片会产生一定困难，这时就需要添加具有良好流动性和可压性的辅料，常用的辅料有微晶纤维素、微粉硅胶、可压性淀粉、喷雾干燥乳糖、磷酸氢钙二水合物、甘露醇、山梨醇等，微粉硅胶是粉末直接压片常用的优良助流剂。

5. 直接混合压片工艺

直接混合压片不需要经过制粒过程，工艺简单，可用于对湿热不稳定药物的压片。直接混合压片工艺流程如下。

四、能力训练

（一）操作条件

① 人员：操作员需要经过生产区更衣程序和净化区后进入操作间。

② 设备、器具：粉碎机、振荡筛、V型混合筒、三维运动混合机、压片机、铝塑泡罩包装机、多媒体设备等。

③ 原辅料：布洛芬原料药、淀粉、糊精、硬脂酸镁等。

④ 资料：《中华人民共和国药典》（2020年版）、《药品生产质量管理规范》、生产工艺、操作方法、生产操作规程、附件1学习任务书、附件2布洛芬片的批生产指令单、附件3布洛芬片的制备方案、附件4布洛芬片批生产记录等。

⑤ 环境：D级洁净区，温度18～26℃，相对湿度45%～65%，一般照明的照明值不低于300lx，药物制剂一体化工作站。

（二）安全及注意事项

1. 直接压片生产岗位应加强通风，尽量降低粉尘浓度。
2. 生产过程中所有物料均应有标识，防止发生混药。
3. 穿戴洁净服进入相应洁净区。
4. 按设备清洁要求进行清洁。
5. 设备操作安全、水电安全、消防安全。

（三）操作过程

工作环节	工作内容	操作方法及说明	质量标准
下达生产指令	任务书解读	现场交流法，填写批生产指令单	（1）正确解读任务书的剂型、数量、工期和质量要求等 （2）具有交往与合作的能力
制订岗位工作计划	布洛芬片生产流程及要点梳理，所需的设备材料	资料查阅法；岗位工作计划的编制	（1）岗位工作计划全面合理，明确制备流程和质量标准 （2）具有自主学习、自我管理、信息检索能力和效率意识
生产前工作环境、设备情况、工器具状态的确认	生产前工作环境确认	检查生产前工作环境要求（温度、湿度、压差）：D级洁净区，温度18~26℃，相对湿度45%~65%，压差应不低于10Pa 检查清场合格证，检查操作室地面是否清洁，工具是否干净、卫生、齐全；确保生产区域没有上批遗留的产品、文件或与本批生产无关的物料	（1）温、湿度符合片剂生产要求 （2）具有交往与合作能力
	生产前设备情况确认	检查粉碎机、振荡筛、V型混合筒、三维运动混合机、压片机、铝塑泡罩包装机的状态标识牌、清场合格证；电子天平、硬度仪的校验	（1）按照布洛芬片的操作规程，完成生产所需设备的准备，达到实施生产的环境设备要求 （2）具有交往与合作能力和安全意识
	生产前工器具状态确认	运输车、无菌手套、扳手、螺丝刀、清洁工具、清洁毛巾、标准筛、各类型号的不锈钢桶、包装袋、标签、硬度计、脆碎仪、万分之一分析天平的状态标识确认	工器具状态标识牌
实施计划	原辅料的准确称量	（1）人员净化 （2）器具准备 （3）按布洛芬片处方进行原辅料称量	（1）根据布洛芬片处方要求操作 （2）具有GMP管理意识
	原辅料的粉碎、过筛、混合	（1）粉碎机、振荡筛、混合机的主要类型、结构及工作原理 （2）粉碎机、振荡筛、混合机技巧和标准操作规程 （3）操作岗位标准操作规程 （4）原料药与辅料混合	（1）满足流动性和可压性要求 （2）具有质量意识

工作环节	工作内容	操作方法及说明	质量标准
实施计划	压片、包装	（1）压片机、铝塑泡罩包装机的主要结构及工作原理 （2）压片机、铝塑泡罩包装机的操作要点和标准操作规程 （3）压片、包装岗位标准操作规程 （4）判断布洛芬片的状态 （5）布洛芬片的包装要求及操作要点 （6）生产记录、批包装记录的填写要求	（1）布洛芬片外观、片重、硬度符合质量控制要求 （2）布洛芬片铝塑包装符合要求 （3）具有质量意识
	清洁清场	（1）片剂生产设备清场、清洁标准操作规程 （2）清场记录的填写	（1）场地清洁 （2）工具和设备清洁及摆放合理 （3）具有GMP管理意识
	质检	（1）经验判断法（硬度指压判定） （2）观察法（打底套色法、外观目测法） （3）差异限度判别法 （4）片剂质量检验标准操作规程	（1）片剂重量差异、硬度、脆碎度应符合工艺规程要求 （2）具有质量危机意识
合格品的交付	交付合格品	（1）交接合格品 （2）填写交接记录	（1）合格品应符合质量要求 （2）完成合格品的交接，确保成品的产量，具有成本意识

【问题情境一】

在使用多冲旋转压片机的过程中，出现机器不运转的情况，应该如何解决？

解答：首先应检查电源是否开启，确保机器通电，然后检查应急开关是否处于关闭状态，再检查机器是否卡住，排除操作问题，仍然不能解决的，应报检修部门检修。

【问题情境二】

在生产结束后，QA人员对生产现场进行检查，发现不合格，应如何处理？

解答：生产结束后应按照"6S"管理要求及时进行清场和清洁，经过QA检查合格取得"清场合格证"。若检查不合格，则应按照《压片岗位清洁标准操作规程》重新清场，做到细致、认真、到位，并通过检查，取得"清场合格证"。

【问题情境三】

企业想将某片剂压成三角形，那么冲模安装过程是否和圆形片相同？应如何操作？

解答：三角形片剂称为异形片，需要安装异形冲，操作时与圆形片有所不同，异形冲的上下冲和中模需要完全对应，在安装过程中，先全部安装上冲，再以上冲为基准,校正中模,安装好中模后再安装下冲,注意上冲与下冲的键槽对应,方可完成异形冲模的安装。

五、学习结果评价

序号	评价内容	评价标准	评价结果(是/否)
1	任务书解读	(1)能解读任务书,解读任务的剂型、数量、工期和质量要求等 (2)具有信息分析和自主学习能力	
2	布洛芬片生产流程、要点及所需的设备材料	(1)能编制布洛芬片的制备方案,明确制备流程和质量标准,画出直接混合压片的工艺流程图 (2)具有信息检索和信息处理能力	
3	生产前工作环境确认	(1)能确认生产前工作环境 (2)具有语言表达能力	
4	生产前设备情况确认	(1)能正确确认设备的情况 (2)具有质量意识	
5	生产前工器具状态确认	(1)能正确识别生产前工器具的状态 (2)具有GMP管理意识和质量意识	
6	原辅料的准确称量	(1)能正确进行物料的称量操作 (2)具有质量意识	
7	原辅料的粉碎、过筛、混合	(1)能使用粉碎机进行粉碎操作 (2)能使用振荡筛进行过筛操作 (3)能使用混合机进行混合操作 (4)具有规范生产意识	
8	压片、包装	(1)能使用压片机进行压片操作 (2)能使用铝塑泡罩包装机对片剂进行包装 (3)具有质量危机意识	
9	清洁清场	(1)能对容器、工具和设备进行清洗、清洁、消毒 (2)能对一体化工作站进行清场 (3)具有GMP管理意识	
10	质检	(1)能正确对片剂进行质量检测 (2)具有质量为本意识	
11	交付合格品	(1)能准确交付合格品 (2)具有质量为本意识	

六、课后作业

1. 试分析如何解决粉末直接压片工艺中物料流动性和可压性问题,使其能正常压片?

2. 生产过程中片重差异不符合要求,应如何解决?

二维码A-2-1

任务A-2-2 能按照配研法混合压片工艺要求完成片剂生产

一、核心概念

1. 配研法

配研法又称等量递加法，即量小的药物研细后，加入等体积其他细粉混匀，如此倍量增加混合至全部物料混匀的混合方法。

2. 湿法制粒压片

将药物和辅料粉末混合后加入黏合剂或润湿剂制成颗粒，经干燥后压制成片的工艺方法。该法可以较好地解决粉末流动性和可压性差的问题，常用于对湿热稳定的药物。

3. 含量均匀度

小剂量内服片剂中每片含量偏离标示量的程度。《中国药典》（2020年版）规定了每片标示量小于25mg或主药含量小于每片质量25%者均应检查含量均匀度。

二、学习目标

1. 能正确解读甲磺酸多沙唑嗪片制备任务单，具备自主学习、信息检索与分析能力。

2. 能按照甲磺酸多沙唑嗪片的生产任务，完成分工，具备统筹协调能力和效率意识。

3. 能按照甲磺酸多沙唑嗪片的操作规程，完成生产前的准备工作，具备责任意识。

4. 能按照要求和各岗位标准操作规程，完成甲磺酸多沙唑嗪片的生产，具有交往与合作能力、自我管理能力、解决问题能力、环保意识、GMP意识、安全意识、"6S"管理意识。

5. 能按照标准操作规程，完成生产过程中的在线抽检，具备理解与表达能力、交往与合作能力、诚实守信意识。

6. 能按照药品生产工艺规程，完成合格品的交付，具有效率意识。

7. 具备社会主义核心价值观、工匠精神、劳动精神和劳模精神等思政素养。

三、基本知识

1. 配研法的基本操作

配研法主要用于制剂组分比例相差悬殊的情况，当各组分的比例相差过大时，难以混合均匀，于是将量小的药物研细、过筛，加入等体积其他细粉混合均匀，再加入与此等体积的其他细粉混合均匀，依次操作，如1g主药与100g辅料混合时，先将1g主药与1g辅料混合均匀，再加入2g辅料混合均匀，再依次加入4g、8g……直到全部辅料都混合均匀。配研法可以放置少量的药物与辅料混合，确保物料充分混匀，尤其适用于含毒性药物、贵重药物和小剂量药物的混合。

2. 湿法制粒压片工艺

湿法制粒压片工艺比粉末直接压片工艺增加了制粒的过程，压片的原料是干燥后的颗粒，流动性和可压性较好，是常用的压片工艺。主药和辅料在投料前应进行质量检查，鉴别和含量测定合格的物料经干燥、粉碎后过80～100目筛，剧毒药、贵重药及有色药物宜更细（120目左右），然后按照处方规定量称取主药和辅料投料，本节工艺采用配研法混合，按照湿法制粒工艺制颗粒，压片前干颗粒的处理过程分为质量检查、整粒、总混三步，工艺流程如下。

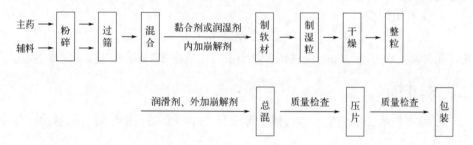

3. 片重计算

片重计算主要有以下两种方法。

（1）按颗粒中主药含量计算片重　压片前对干颗粒中主药的实际含量进行测定，然后按以下公式计算片重：

$$片重 = \frac{每片含主药量（标示量）}{颗粒中主药的百分含量（实测值）}$$

例：某片剂中每片含主药量为0.1g，测得颗粒中主药的百分含量为40%，应压片重范围为多少？

解：

$$片重 = \frac{0.1g}{40\%} = 0.25g$$

因片重为0.25g＜0.30g，按照《中国药典》（2020年版）四部规定，片剂的重量差异限度为±7.5%，本品应压的片重范围为0.2313～0.2688g。

（2）按干颗粒总重计算片重　在大量生产时，根据生产中主辅料的损耗，适当增加投料量，按以下公式计算片重：

$$片重 = \frac{干颗粒重 + 压片前加入的辅料重}{应压总片数}$$

例：制备每片含甲磺酸多沙唑嗪 0.001g 的片剂 50 万片，共制得干颗粒 178.9kg。压片前加入硬脂酸镁 2.2kg、干淀粉 0.3kg。求应压片重范围。

解：

$$片重 = \frac{(178.9 + 2.2 + 0.3) \times 1000}{50 \times 1000} = 0.36$$

因片重为 0.36g ＞ 0.30g，按照《中国药典》（2020 年版）四部规定，片剂的重量差异限度为 ±5%，本品应压的片重范围为 0.3420 ～ 0.3780g。

4. 湿法制粒压片常用辅料

（1）稀释剂　稀释剂是填充剂的一种，片剂剂量小于 100mg 必须加入一定量的稀释剂以增加片重，便于压片成型，常用的稀释剂有淀粉、糊精、乳糖等。

（2）润湿剂与黏合剂　润湿剂是一类本身无黏性的液体，加入某些具有黏性的药物和辅料中，可润湿片剂物料并诱发物料的黏性，使其能聚结成软材并制成颗粒，常用的润湿剂为水或不同浓度的乙醇。黏合剂是一类具有黏性的固体粉末或黏稠液体，可使无黏性或黏性不足的物料黏结成软材并制成颗粒或被压缩成型，常用黏合剂为淀粉浆、糖粉和糖浆等。

（3）崩解剂　崩解剂多为亲水性物质，具有良好的吸水性和膨胀性，可消除因黏合剂或高度压缩而产生的结合力，促使片剂在胃肠液中迅速崩解裂碎成细小颗粒或粉末。崩解剂的加入方法有内加法、外加法和内外加法三种。常用的崩解剂有淀粉及其衍生物、低取代羟丙基纤维素（L-HPC）、交联羧甲基纤维素钠（CCNa）等。

（4）润滑剂　润滑剂使压片时能顺利加料和出片，并减少黏冲及降低颗粒与颗粒、药片与模孔壁之间的摩擦力，使片剂表面光滑美观。常用的润滑剂有硬脂酸镁、滑石粉、微粉硅胶等，主要起助流、润滑、抗黏着的作用。

四、能力训练

（一）操作条件

① 人员：操作员需要经过生产区更衣程序和净化区后进入操作间。

② 设备、器具：粉碎机、振荡筛、V 型混合筒、三维运动混合机、湿法混合制粒机、热风循环烘箱、多冲旋转压片机、筛片机、铝塑泡罩包装机、多媒体设备等。

③ 原辅料：甲磺酸多沙唑嗪原料药、微晶纤维素、乳糖、羧甲基淀粉钠、硬脂酸镁、乙醇等。

④ 资料：《中华人民共和国药典》（2020 年版）、《药品生产质量管理规范》、

生产工艺、操作方法、生产操作规程、附件1学习任务书、附件2甲磺酸多沙唑嗪片的批生产指令单、附件3甲磺酸多沙唑嗪片的制备方案、附件4甲磺酸多沙唑嗪片批生产记录等。

⑤ 环境：D级洁净区，温度18～26℃，相对湿度45%～65%，一般照明的照明值不低于300lx，药物制剂一体化工作站。

（二）安全及注意事项

1. 配研法混合压片生产岗位应加强通风，尽量降低粉尘浓度。
2. 生产过程中所有物料均应有标识，防止发生混药。
3. 穿戴洁净服进入相应洁净区。
4. 按设备清洁要求进行清洁。
5. 设备操作安全、水电安全、消防安全。

（三）操作过程

工作环节	工作内容	操作方法及说明	质量标准
下达生产指令	任务书解读	现场交流法，填写批生产指令单	（1）正确解读任务书的剂型、数量、工期和质量要求等 （2）具有交往与合作的能力
制订岗位工作计划	甲磺酸多沙唑嗪片生产流程、要点梳理，所需的设备材料	资料查阅法；岗位工作计划的编制	（1）岗位工作计划全面合理，明确制备流程和质量标准 （2）具有自主学习、自我管理、信息检索能力和效率意识
生产前工作环境、设备情况、工器具状态的确认	生产前工作环境确认	检查生产前工作环境要求（温度、湿度、压差）：D级洁净区，温度18～26℃，相对湿度45%～65%，压差应不低于10Pa 检查清场合格证，检查操作室地面是否清洁，工具是否干净、卫生、齐全；确保生产区域没有上批遗留的产品、文件或与本批生产无关的物料	（1）温、湿度符合片剂生产要求 （2）具有交往与合作能力
	生产前设备情况确认	检查粉碎机、振荡筛、V型混合筒、三维运动混合机、湿法混合制粒机、热风循环烘箱、多冲旋转压片机、筛片机、铝塑泡罩包装机的状态标识牌、清场合格证；电子天平、硬度仪、脆碎仪的校验	（1）按照甲磺酸多沙唑嗪片的操作规程，完成生产所需设备的准备，达到实施生产的环境设备要求 （2）具有交往与合作能力和安全意识
	生产前工器具状态确认	运输车、无菌手套、扳手、螺丝刀、清洁工具、清洁毛巾、标准筛、各类型号的不锈钢桶、包装袋、标签、硬度计、脆碎仪、万分之一分析天平的状态标识确认	工器具状态标识牌
实施计划	原辅料的准确称量	（1）人员净化 （2）器具准备 （3）按甲磺酸多沙唑嗪片处方进行原辅料称量	（1）根据甲磺酸多沙唑嗪片处方要求操作 （2）具有GMP管理意识

工作环节	工作内容	操作方法及说明	质量标准
实施计划	原辅料的粉碎、过筛、混合	(1)粉碎机、振荡筛、混合机的主要类型、结构及工作原理 (2)粉碎机、振荡筛、混合机技巧和标准操作规程 (3)操作岗位标准操作规程 (4)原料药与辅料采用配研法混合	(1)满足流动性和可压性要求 (2)具有质量意识
	制粒、干燥、整粒、总混	(1)湿法制粒机、热风循环烘箱、整粒机、三维运动混合机主要结构及工作原理 (2)湿法制粒机、热风循环烘箱、整粒机、三维运动混合机的操作要点和标准操作规程 (3)制粒、干燥、整粒、总混岗位标准操作规程 (4)判断颗粒的质量	(1)物料混合均匀后进行制粒、干燥、整粒、总混,中间体达到规定 (2)干颗粒含水量、含细粉量、主药含量符合工艺规程要求 (3)具有质量为本意识
	压片、包装	(1)压片机、铝塑泡罩包装机的主要结构及工作原理 (2)压片机、铝塑泡罩包装机的操作要点和标准操作规程 (3)压片、包装岗位标准操作规程 (4)判断甲磺酸多沙唑嗪片的状态 (5)甲磺酸多沙唑嗪片的包装要求及操作要点 (6)生产记录、批包装记录的填写要求	(1)甲磺酸多沙唑嗪片外观、片重、硬度符合质量控制要求 (2)甲磺酸多沙唑嗪片铝塑包装符合要求 (3)具有质量意识
	清洁清场	(1)片剂生产设备清洁、清洁标准操作规程 (2)清场记录的填写	(1)场地清洁 (2)工具和设备清洁及摆放合理 (3)具有GMP管理意识
	质检	(1)经验判断法(硬度指压判定、软材质量判定) (2)观察法(外观目测法) (3)差异限度判别法 (4)片剂质量检验标准操作规程	(1)片剂重量差异、硬度、脆碎度应符合工艺规程要求 (2)具有质量危机意识
合格品的交付	交付合格品	(1)交接合格品 (2)填写交接记录	(1)合格品应符合质量要求 (2)完成合格品的交接,确保成品的产量,具有成本意识

【问题情境一】

压片工在对生产的片剂做片重差异检查中对 20 片逐片检查发现超过限度只有 1 片,是否判定本批次片剂重量差异合格?为什么?

解答: 根据《中国药典》(2020 年版)重量差异检查中每片重量与平均片重相比较,超出限度的不得多于 2 片,并不得有 1 片超出限度 1 倍。质检时发现 1 片超过限度,就需要对超出限度的 1 片进行分析,如未超出限度 1 倍,判断本批次合格;如超出限度 1 倍,判断本批次不合格。

【问题情境二】

质检人员在检测片剂含量均匀度时发现,某些片剂主药含量偏低,某些片剂主药含量偏高,试分析原因。

项目A-2 片剂的生产 **041**

解答： 片剂主药含量不符合规定，主要是混合不均匀导致。《中国药典》（2020年版）规定了每片标示量小于25mg或主药含量小于每片质量25%者均应检查含量均匀度。在主药和辅料混合过程中宜采用等量递加法，确保物料混合均匀，以保证后续工艺。

【问题情境三】

片剂生产过程中出现在线质检发现片剂重量差异超限，试分析原因。

解答： 导致片剂重量差异超限因素有：①颗粒粗细粉相差悬殊，流动性不好、大小不匀；②加料斗的装量时多时少；③冲头与模孔的吻合性不好等。

五、学习结果评价

序号	评价内容	评价标准	评价结果(是/否)
1	任务书解读	（1）能解读任务书，解读任务的剂型、数量、工期和质量要求等 （2）具有信息分析和自主学习能力	
2	甲磺酸多沙唑嗪片生产流程、要点及所需的设备材料	（1）能编制甲磺酸多沙唑嗪片的制备方案，明确制备流程和质量标准，画出配研法混合压片的工艺流程图 （2）具有信息检索和信息处理能力	
3	生产前工作环境确认	（1）能确认生产前工作环境 （2）具有语言表达能力	
4	生产前设备情况确认	（1）能正确确认设备的情况 （2）具有质量意识	
5	生产前工器具状态确认	（1）能正确识别生产前工器具的状态 （2）具有GMP管理意识和质量意识	
6	原辅料的准确称量	（1）能正确进行物料的称量操作 （2）具有质量意识	
7	原辅料的粉碎、过筛、混合	（1）能使用粉碎机进行粉碎操作 （2）能使用振荡筛进行过筛操作 （3）能采用配研法，使用混合机进行混合操作 （4）具有规范生产意识	
8	制粒、干燥、整粒、总混	（1）能使用湿法制粒机进行制粒操作 （2）能使用整粒机进行整粒操作 （3）能使用三维运动混合机进行总混 （4）具有质量危机意识	
9	压片、包装	（1）能使用压片机进行压片操作 （2）能使用铝塑泡罩包装机对片剂进行包装 （3）具有质量危机意识	
10	清洁清场	（1）能对容器、工具和设备进行清洗、清洁、消毒 （2）能对一体化工作站进行清场 （3）具有GMP管理意识	
11	质检	（1）能正确对片剂进行质量检测 （2）具有质量为本意识	
12	交付合格品	（1）能准确交付合格品 （2）具有质量为本意识	

六、课后作业

1. 简述湿法制粒压片工艺流程？
2. 什么是配研法，为何要用配研法进行混合？

二维码A-2-2

任务A-2-3　能按照快速搅拌制粒+沸腾干燥工艺完成片剂生产

一、核心概念

1. 快速搅拌制粒

利用快速搅拌制粒机完成的制粒技术，该法制成的颗粒均匀、圆整，辅料用量少，制粒过程密闭，快速。

2. 沸腾干燥

利用从流化床底部吹入的热气流使物料吹起悬浮，使得流化翻滚如"沸腾状"，在动态下进行热交换，带走水分进行物料干燥的方法，又名流化干燥。

3. 片剂包衣

在片剂表面包裹上适宜材料的衣层的操作。被包的压制片称"片芯"，包衣的材料称"衣料"，包成的片剂称"包衣片"。

二、学习目标

1. 能正确解读泮托拉唑钠肠溶片制备任务单，具备自主学习、信息检索与分析能力。

2. 能按照泮托拉唑钠肠溶片的生产任务，完成分工，具备统筹协调能力和效率意识。

3. 能按照泮托拉唑钠肠溶片的操作规程，完成生产前的准备工作，具备责任意识。

4. 能按照要求和各岗位标准操作规程，完成泮托拉唑钠肠溶片的生产，具有交往与合作能力、自我管理能力、解决问题能力、环保意识、GMP意识、安全意识、"6S"管理意识。

5. 能按照标准操作规程，完成生产过程中的在线抽检，具备理解与表达能力、交往与合作能力、诚实守信意识。

6. 能按照药品生产工艺规程，完成合格品的交付，具有效率意识。

7. 具备社会主义核心价值观、工匠精神、劳动精神和劳模精神等思政素养。

三、基本知识

1. 沸腾干燥工艺

（1）优点　热利用率较高，干燥速度快，产品质量好；物料在干燥床内的停留时间可调节，适用于热敏性物料的干燥；可在同一干燥器内进行连续或间歇操作，可自动出料，节省人力；物料处理量大，适于大规模生产。

（2）缺点　热能消耗大，设备清扫较麻烦；对被处理的物料有一定的限制，易黏结成团及易黏壁的物料处理困难，干燥后细粉较多。

（3）设备　沸腾干燥器主要由空气净化过滤器、电加热器、进风调节阀、沸腾器、搅拌器、干燥室、密封圈、捕集袋、旋风分离器和风机组成。

（4）操作方法　将湿物料输送到沸腾室，关闭观察窗和清洗门，用排风机将室内空气抽走，热气流经下部多孔板的小孔快速上升进入沸腾室，使湿颗粒在多孔板上不断跳动，快速进行热交换。干燥好的颗粒经出料口收集，进入扩大层上部的细粉通过拔风管到达旋风分离器，较粗的颗粒被分离器收集，更细的粉末进入细粉捕集室。

2. 片剂包衣的目的

（1）改善片剂外观、便于识别。

（2）掩盖药物的不良味道，增加患者顺应性。

（3）增加药物稳定性。衣层可防潮，避光，隔绝空气，防止药物挥发，如多酶片、硫酸亚铁片。

（4）防止药物配伍变化。可将有配伍禁忌的药物分别制粒包衣后再压片，也可将一种药物压制成片芯，片芯外包隔离层后再与另一种药物颗粒压制成包芯片。

（5）改变药物的释放部位。可将对胃有刺激或易受胃酸、胃酶破坏的药及肠道驱虫药等制成肠溶衣片，如阿司匹林肠溶片、胰酶片等。

（6）控制药物的释放速度。采用不同的包衣材料，调整包衣膜的厚度和通透性，可使药物达到缓释、控释作用。

3. 包衣方法与设备

常用的包衣方法有滚转包衣法、流化包衣法和压制包衣法。

（1）滚转包衣法按照所使用设备不同分为普通锅包衣法、埋管锅包衣法、高效锅包衣法。适用于糖衣片、薄膜衣片和肠溶衣片的制备。

（2）流化床包衣机可对片剂、颗粒和小丸包衣，一般采用底喷工艺。其原理是利用高速空气流使药片悬浮于空气中，上下翻滚，呈流化态。将包衣液喷入流化态的片床中，使片芯表面附着一层包衣材料，通入热空气使其干燥。

（3）压制包衣机是将两台旋转式压片机用单传动轴配成一套机器，执行包衣操作时，先用一台压片机将物料压成片芯后，内传动装置将片芯传递到另一台压片机的模孔中，在传递过程中由吸气泵将片外的余粉吸除，在片芯到达第二台压片机之前，模孔中已填入了部分包衣物料作为底层，然后片芯置于其上，再加入包衣物料填满模孔，进行第二次压制成包衣片。

4. 包衣工艺

常用片剂包衣包括糖衣和薄膜衣，薄膜衣片根据溶解性能不同，又可分为胃溶型、肠溶型及胃肠不溶型薄膜衣片 3 类。

（1）糖衣片　糖衣片是指以蔗糖为主要包衣物料的包衣片。糖衣工艺历史悠久，是目前国内广泛应用的一种包衣方法。包糖衣工艺较复杂，在相当程度上依赖于操作者的经验和技艺。糖衣片制备包括包隔离层、包粉衣层、包糖衣层、包有色糖衣层、打光、干燥、选片几个步骤。

（2）薄膜衣片　薄膜衣是指在片芯外面包上一层比较稳定的高分子成膜材料，膜层较薄，故称薄膜衣。目前国内主要采用滚转包衣法、高效包衣机或埋管喷雾包衣机进行包衣，生产效率高，环境污染少。薄膜衣片制备包括片芯润湿、干燥、固化、再干燥几个步骤。

5. 肠溶衣片包衣方法

凡药物易被胃液破坏、对胃有刺激性或要求在肠道吸收发挥特定疗效者，均宜制成肠溶衣片。肠溶衣片在胃酸条件下不溶，而在中性偏碱性肠液（pH 6～7.4）中能迅速溶解，常用包衣材料有醋酸纤维素酞酸酯（CAP）、羟丙甲纤维素酞酸酯（HPMCP）、聚丙烯酸树脂类等。包肠溶衣可用滚转包衣法、流化包衣法及压制包衣法。

（1）滚转包衣法　片芯先包粉衣层，到无棱角时，加入肠溶衣液包肠溶衣到适宜厚度，最后再包数层粉衣层及糖衣层，以免在包装运输过程中肠衣受到损坏。包衣液和撒粉操作最好采用喷雾法，以保证衣层均匀、厚薄一致。应用CAP和丙烯酸树脂类包肠溶衣时，也可不包粉衣层而直接包成透明的肠溶薄膜衣。

（2）流化包衣法　将肠溶衣液喷包于悬浮的片剂表面，成品光滑，包衣速度快，效果更好。

（3）压制包衣法　利用压制包衣机将肠溶衣物料的干颗粒压在片芯外而成干燥衣层。

四、能力训练

（一）操作条件

① 人员：操作员需要经过生产区更衣程序和净化区后进入操作间。

② 设备、器具：粉碎机、振荡筛、V 型混合筒、三维运动混合机、快速搅

拌制粒机、沸腾干燥机、多冲旋转压片机、筛片机、包衣机、铝塑泡罩包装机、多媒体设备等。

③ 原辅料：泮托拉唑钠原料药、碳酸钙、甘露醇、低取代羟丙基纤维素（L-HPC）、滑石粉、羟丙甲纤维素（HPMC）、丙烯酸树脂（Eudragit L30D-55）、乙醇等。

④ 资料：《中华人民共和国药典》（2020 年版）、《药品生产质量管理规范》、生产工艺、操作方法、生产操作规程、附件 1 学习任务书、附件 2 泮托拉唑钠肠溶片的批生产指令单、附件 3 泮托拉唑钠肠溶片的制备方案、附件 4 泮托拉唑钠肠溶片批生产记录等。

⑤ 环境：D 级洁净区，温度 18 ～ 26℃，相对湿度 45% ～ 65%，一般照明的照明值不低于 300lx，药物制剂一体化工作站。

（二）安全及注意事项

1. 快速搅拌制粒 + 沸腾干燥工艺生产岗位应加强通风，尽量降低粉尘浓度。
2. 生产过程中所有物料均应有标识，防止发生混药。
3. 穿戴洁净服进入相应洁净区。
4. 按设备清洁要求进行清洁。
5. 设备操作安全、水电安全、消防安全。

（三）操作过程

工作环节	工作内容	操作方法及说明	质量标准
下达生产指令	任务书解读	现场交流法，填写批生产指令单	（1）正确解读任务书的剂型、数量、工期和质量要求等 （2）具有交往与合作的能力
制订岗位工作计划	泮托拉唑钠肠溶片生产流程及要点梳理，所需的设备材料	资料查阅法；岗位工作计划的编制	（1）岗位工作计划全面合理，明确制备流程和质量标准 （2）具有自主学习、自我管理、信息检索能力和效率意识
生产前工作环境、设备情况、工器具状态的确认	生产前工作环境确认	检查生产前工作环境要求（温度、湿度、压差）：D 级洁净区，温度 18～26℃，相对湿度 45%～65%，压差应不低于 10Pa 检查清场合格证，检查操作室地面是否清洁，工具是否干净、卫生、齐全；确保生产区域没有上批遗留的产品、文件或与本批生产无关的物料	（1）温湿度符合片剂生产要求 （2）具有交往与合作能力
	生产前设备情况确认	检查粉粉碎机、振荡筛、V 型混合筒、三维运动混合机、快速搅拌制粒机、沸腾干燥机、多冲旋转压片机、筛片机、包衣机、铝塑泡罩包装机的状态标识牌、清场合格证；电子天平、硬度仪的校验	（1）按照泮托拉唑钠肠溶片的操作规程，完成生产所需设备的准备，达到实施生产的环境设备要求 （2）具有交往与合作能力和安全意识

工作环节	工作内容	操作方法及说明	质量标准
生产前工作环境、设备情况、工器具状态的确认	生产前工器具状态确认	运输车、无菌手套、扳手、螺丝刀、清洁工具、清洁毛巾、标准筛、各类型号的不锈钢桶、包装袋、标签、硬度计、万分之一分析天平的状态标识确认	工器具状态标识牌
实施计划	原辅料的准确称量	(1)人员净化 (2)器具准备 (3)按泮托拉唑钠肠溶片处方进行原辅料称量	(1)根据泮托拉唑钠肠溶片处方要求操作 (2)具有GMP管理意识
	原辅料的粉碎、过筛、混合	(1)粉碎机、振荡筛、混合机的主要类型、结构及工作原理 (2)粉碎机、振荡筛、混合机技巧和标准操作规程 (3)操作岗位标准操作规程 (4)原料药与辅料采用配研法混合	(1)满足流动性和可压性要求 (2)具有质量意识
	制粒、干燥、整粒、总混	(1)快速搅拌制粒机、沸腾干燥机、整粒机、三维运动混合机主要结构及工作原理 (2)湿法制粒机、热风循环烘箱、整粒机、三维运动混合机的操作要点和标准操作规程 (3)制粒、干燥、整粒、总混岗位标准操作规程 (4)判断颗粒的质量	(1)物料混合均匀后进行制粒、干燥、整粒、总混,中间体达到规定 (2)干颗粒含水量、含细粉量、主药含量符合工艺规程要求 (3)具有质量为本意识
	压片、包衣、包装	(1)压片机、包衣机、铝塑泡罩包装机的主要结构及工作原理 (2)压片机、包衣机、铝塑泡罩包装机的操作要点和标准操作规程 (3)压片、包衣、包装岗位标准操作规程 (4)判断泮托拉唑钠肠溶片的状态 (5)泮托拉唑钠肠溶片的包装要求及操作要点 (6)生产记录、批包装记录的填写要求	(1)泮托拉唑钠肠溶片外观、片重、硬度符合质量控制要求 (2)泮托拉唑钠肠溶片铝塑包装符合要求 (3)具有质量意识
	清洁清场	(1)片剂生产设备清场、清洁标准操作规程 (2)清场记录的填写	(1)场地清洁 (2)工具和设备清洁及摆放合理 (3)具有GMP管理意识
	质检	(1)经验判断法(硬度指压判定、软材质量判定) (2)观察法(外观目测法) (3)差异限度判别法 (4)片剂质量检验标准操作规程	(1)片剂重量差异、硬度应符合工艺规程要求 (2)具有质量危机意识
合格品的交付	交付合格品	(1)交接合格品 (2)填写交接记录	(1)合格品应符合质量要求 (2)完成合格品的交接,确保成品的产量,具有成本意识

【问题情境一】

在包衣液配制过程中，出现气泡过多的现象，请问应如何避免？

解答：为了减少气泡的产生可以降低包衣液搅拌速度，加入羟丙甲纤维素时应少量、多次，或者选择附着力优良的包衣液配方；为了消除产生的起泡可以加入适量消泡剂或延长包衣液静置的时间。

【问题情境二】

某压片工发现在泮托拉唑钠肠溶片素片压制过程中，有出片不畅的现象，请问是什么原因造成的？

解答：片子出片不畅可能是由于转台表面细粉过多，阻挡了片子，导致片子出片不畅；也可能是出片器安装不到位或者下冲磨损严重，出片高度不够，导致片子滞留在转台上。

【问题情境三】

包衣岗位工作人员在包衣时发现喷枪喷出的浆液一会大一会小，请分析原因并及时解决问题，避免影响包衣质量。

解答：喷枪喷出的浆液不均匀可能是喷枪堵塞或浆液管路中有未溶解的包衣液粉末，导致包衣液管堵塞，也可能是雾化压力值过低。为了解决此问题，首先应检查雾化压力是否过低，确保雾化压力值达到生产要求；其次检查确认喷枪及其管路是否有堵塞情况，若有堵塞，应清洗喷枪确保喷枪管路畅通，清洗包衣液管路，保证管路畅通。

五、学习结果评价

序号	评价内容	评价标准	评价结果(是/否)
1	任务书解读	(1)能解读任务书,解读任务的剂型、数量、工期和质量要求等 (2)具有信息分析和自主学习能力	
2	泮托拉唑钠肠溶片生产流程、要点及所需的设备材料	(1)能编制泮托拉唑钠肠溶片的制备方案,明确制备流程和质量标准,画出配研法混合压片的工艺流程图 (2)具有信息检索和信息处理能力	
3	生产前工作环境确认	(1)能确认生产前工作环境 (2)具有语言表达能力	
4	生产前设备情况确认	(1)能正确确认设备的情况 (2)具有质量意识	
5	生产前工器具状态确认	(1)能正确识别生产前工器具的状态 (2)具有GMP管理意识和质量意识	

序号	评价内容	评价标准	评价结果(是/否)
6	原辅料的准确称量	(1)能正确进行物料的称量操作 (2)具有质量意识	
7	原辅料的粉碎、过筛、混合	(1)能使用粉碎机进行粉碎操作 (2)能使用振荡筛进行过筛操作 (3)能使用混合机进行混合操作 (4)具有规范生产意识	
8	制粒、干燥、整粒、总混	(1)能使用快速搅拌制粒机进行制粒操作 (2)能使用沸腾干燥机进行干燥操作 (3)能使用整粒机进行整粒操作 (4)能使用三维运动混合机进行总混 (5)具有质量危机意识	
9	压片、包衣、包装	(1)能使用压片机进行压片操作 (2)能使用包衣机进行包肠溶衣操作 (3)能使用铝塑泡罩包装机对片剂进行包装 (4)具有质量危机意识	
10	清洁清场	(1)能对容器、工具和设备进行清洗、清洁、消毒 (2)能对一体化工作站进行清场 (3)具有GMP管理意识	
11	质检	(1)能正确对片剂进行质量检测 (2)具有质量为本意识	
12	交付合格品	(1)能准确交付合格品 (2)具有质量为本意识	

六、课后作业

1. 简述肠溶片的制备流程?
2. 简述沸腾干燥的特点?

二维码A-2-3

任务A-2-4　能正确判断片剂的质量

一、核心概念

1. 片重差异
按规定称量方法测的每片的重量与平均片重之间的差异。

2. 硬度
片剂抵抗硬物压入其表面的能力。

3. 脆碎度

片剂受到震动或摩擦之后容易引起碎片、顶裂、破裂等。片剂脆碎度反映片剂的抗磨损震动能力，也是片剂质量标准检查的重要项目。

二、学习目标

1. 能按照片剂质检的操作规程，完成质检前的准备工作，具备责任意识。

2. 能按照片剂质检岗位标准，判断片剂的质量，完成片剂质检任务，具有交往与合作能力，具备质量意识、GMP 意识、安全意识、"6S"管理意识。

3. 能及时反馈质检结果，控制片剂生产质量，具有效率意识。

4. 能完善规范填写片剂质检涉及的表格，整理、存档相关操作记录，具有规范意识。

5. 具备社会主义核心价值观、工匠精神、劳动精神和劳模精神等思政素养。

三、基本知识

《中国药典》（2020 年版）除对片剂的外观、硬度作了一般规定外，对片剂的重量差异和崩解时限也作了具体规定，同时还规定对小剂量片剂进行含量均匀度检查，某些片剂应做溶出度或释放度检查。

1. 片剂外观性状检查

片剂外观应完整光洁，色泽均匀，有适宜的硬度和耐磨性，以免包装、运输过程中发生磨损或破裂，除另有规定外，非包衣片剂应符合片剂脆碎度检查法的要求。

2. 片剂重量差异检查

为了把各种片剂的重量差异控制在最小限度内，《中国药典》（2020 年版）规定片剂重量差异限度应符合表 A-2-4-1 中的有关规定。

表 A-2-4-1　片剂重量差异限度表

平均片重或标示片重	重量差异限度
0.30g 以下	±7.5%
0.30g 或 0.30g 以下	±5%

检查方法：取 20 片药片，精密称定总重量，求得平均片重后，再分别精密称定每片的重量，每片重量与平均片重比较（凡无含量测定的片剂或有标示片重的中药片剂，每片重量应与标示片重比较），按表 A-2-4-1 中的规定，超过重量差异限度的不得多于 2 片，并不得有 1 片超出重量差异限度 1 倍。

糖衣片的片心应检查重量差异并符合规定，包糖衣后不再检查重量差异。薄膜衣片应在包薄膜衣后检查重量差异并符合规定。

凡《中国药典》（2020年版）规定检查含量均匀度的片剂，一般不再进行片重差异检查。

3. 片剂硬度检查

片剂应有适当的硬度，其不仅影响包装和运输时片剂的完整，而且对主药的崩解和溶出速率有影响。硬度过大则溶出迟缓，硬度过小对片剂的生产、运输和贮存带来不便。影响片剂硬度主要因素包括黏合剂的种类和用量、压片时压力的大小。生产中除采用经验检查法（指压法）外，常用硬度仪或片剂四用测定仪测定。一般承受30～40N压力的片剂认为合格，而企业内控硬度在45～75N。

4. 片剂脆碎度检查

根据《中国药典》（2020年版）规定，片重为0.65g或以下者取若干片，使其总重约为6.5g；片重大于0.65g者取10片。用吹风机吹去片剂脱落的粉末，精密称重，置圆筒中，转动100次。取出，同法除去粉末，精密称重，减失重量不得超过1%，且不得检出断裂、龟裂及粉碎的片。本试验一般仅作1次。如减失重量超过1%时，应复测2次，3次的平均减失重量不得超过1%，并不得检出断裂、龟裂及粉碎的片。

四、能力训练

（一）操作条件

① 人员：操作员需要经过生产区更衣程序和净化区后进入操作间。

② 设备、器具：电子天平、硬度仪、脆碎度仪、多媒体设备等。

③ 原辅料：压制成型的片剂等。

④ 资料：《中华人民共和国药典》（2020年版）、《药品生产质量管理规范》、操作方法、设备操作规程、附件1学习任务书、附件2赛克平片质检记录等。

⑤ 环境：D级洁净区，温度18～26℃，相对湿度45%～65%，一般照明的照明值不低于300lx，药物制剂一体化工作站。

（二）安全及注意事项

1. 检查电子天平、硬度仪、脆碎度仪检验合格证是否有效。

2. 生产过程中所有物料均应有标识，防止发生混药。

3. 穿戴洁净服进入相应洁净区。

4. 按设备清洁要求进行清洁。

5. 设备操作安全、水电安全、消防安全。

（三）操作过程

工作环节	工作内容	操作方法及说明	质量标准
质检前准备	设备情况确认	检查电子天平、硬度仪、脆碎度仪的状态标识牌、清场合格证；电子天平、硬度仪、脆碎度仪的校验	（1）按照电子天平、硬度仪、脆碎度仪的操作规程，完成设备的准备，达到实施生产的环境设备要求 （2）具有交往与合作能力和安全意识
	工器具状态确认	无菌手套、镊子、称量瓶、毛刷、吹风机、清洁工具、清洁毛巾、包装袋、标签的状态标识确认	工器具状态标识牌
质检	外观性状判断	（1）随机抽取适量制备完成的片剂，观察外观性状、色泽等 （2）填写记录	（1）抽样的随机化原则 （2）片剂外观光洁完整、色泽均匀 （3）具有质量危机意识
	片重差异	（1）电子天平校准和检查 （2）取供试品20片，精密称定总重量，求平均片重 （3）用减重法称量单片片重 （4）用质量标准判断该批片剂的重量差异是否合格 （5）填写记录 （6）清场清洁	（1）精密称重，精确至千分之一 （2）严格按照SOP完成操作 （3）符合片差异企业内控要求 （4）符合GMP清场与清洁要求 （5）具有质量意识
	硬度	（1）硬度仪检查和校准 （2）硬度仪的操作要点和标准操作规程 （3）测定片剂硬度，判断硬度是否合格 （4）填写记录 （5）清场清洁	（1）严格按照SOP完成操作 （2）符合硬度企业内控要求 （3）符合GMP清场与清洁要求 （4）具有质量意识
	脆碎度	（1）脆碎度检查和校准 （2）脆碎度的操作要点和标准操作规程 （3）测定片剂脆碎度，判断脆碎度是否合格 （4）填写记录 （5）清场清洁	（1）严格按照SOP完成操作 （2）符合脆碎度企业内控要求 （3）符合GMP清场与清洁要求 （4）具有质量意识
反馈结果	反馈质检结果	（1）质检结果判断交流 （2）帮助调整生产	（1）质检数据真实，结果正确 （2）质检时效性高 （3）具有效率意识
整理存档	整理质检记录	（1）收集质检记录 （2）整理上交质检记录	（1）记录完整 （2）资料整洁 （3）具有规范意识

【问题情境一】

某企业压片岗位正在生产一批规格为0.2g/片的布洛芬片，作为一名QA，应如何进行片重差异检查？

解答： 随机取20片药片，分别精密称定每片的重量，每片重量与标示量比较，按片剂重量差异限度的规定，片重0.2g小于0.30g，所以片重差异限度为

±7.5%，计算得到，合格片重范围为 0.1850～0.2150g，将每片重量与此范围比较，超过重量差异限度的不得多于 2 片，并未有 1 片超出重量差异限度 1 倍，即判断该批片剂合格。

【问题情境二】

片剂生产过程中应进行硬度检测，如果你是一名片剂生产操作工，应如何操作。

解答： 片剂的硬度可以采用指压法判断或硬度仪检测。在进行压片机参数调整过程中，可以先采用经验判断法，即硬度指压判断法，提高工作效率；需要精确检测时，采用硬度仪检测片剂具体的硬度数值，并根据企业的内控标准，判断该批片剂硬度是否合格。

【问题情境三】

压片工在对生产的片剂取样检查中，发现脆碎度检测中未检出断裂、龟裂及粉碎的片，且前后的重量分别为 6.5310g 和 6.5200g，是否可以判定为脆碎度合格？

解答： 根据《中国药典》（2020 年版）减失重量不得过 1%，可判定合格。本批次片剂减失重量计算结果为 0.17%，判定合格。

五、学习结果评价

序号	评价内容	评价标准	评价结果（是/否）
1	设备情况确认	（1）能正确确认设备的情况 （2）具有质量意识	
2	工器具状态确认	（1）能正确识别生产前工器具的状态 （2）具有 GMP 管理意识和质量意识	
3	外观性状判断	（1）能正确判断片剂的外观是否符合要求 （2）能规范如实填写记录 （3）具有质量危机意识	
4	片重差异	（1）能校准和检查电子天平 （2）能使用电子天平进行片重量差异检测 （3）能正确判别片重量差异是否符合要求 （4）能按照实际过程规范如实填写记录 （5）能对场地、设备、用具进行清洁消毒 （6）具有质量意识和 GMP 清场管理意识	
5	硬度	（1）能校准和检查硬度仪 （2）能正确使用硬度仪进行硬度检测 （3）能正确判别硬度是否符合要求 （4）能按照实际过程规范如实填写记录 （5）能对场地、设备、用具进行清洁消毒 （6）具有质量意识和 GMP 清场管理意识	

序号	评价内容	评价标准	评价结果（是/否）
6	脆碎度	（1）能校准和检查脆碎度仪 （2）能正确使用脆碎度仪 （3）能正确判别脆碎度是否符合要求 （4）能按照实际过程规范如实填写记录 （5）能对场地、设备、用具进行清洁消毒 （6）具有质量意识和GMP清场管理意识	
7	反馈质检结果	（1）能正确判断质检数据及结果 （2）能及时反馈质检结果 （3）具有效率意识	
8	整理质检记录	（1）能记录完整数据 （2）能按要求整理相关资料 （3）具有规范意识	

六、课后作业

1. 简述脆碎度的检测流程？

2. 简述标示量为 0.35g 的片剂重量差异流程？

二维码A-2-4

项目A-3 胶囊剂的生产

任务A-3-1 能按规程完成普通胶囊生产

一、核心概念

1. 胶囊剂

胶囊剂系指药物或与适宜辅料充填于空心硬胶囊或密封于软质囊材中制成的固体制剂。主要供口服用，也可用于其他部位，如直肠、阴道等。

2. 硬胶囊

硬胶囊（通称为胶囊）系指采用适宜的制剂技术，将原料药物或加适宜辅料制成的均匀粉末、颗粒、小片、小丸、半固体或液体等，充填于空心胶囊中的胶囊剂。

在日常用药及生产中，胶囊通常指硬胶囊，因此本模块"胶囊剂的生产"指的是硬胶囊剂的生产。

3. 软胶囊

将一定量的液体原料药物直接包封，或将固体原料药物溶解或分散在适宜的辅料中制备成溶液、混悬液、乳状液或半固体，密封于软质囊材中的胶囊剂。

4. 空心胶囊

属药用辅料，用明胶加辅料制成，呈圆筒状，由可套合或锁合的帽和体两节组成的质硬且具有弹性的空囊。

二、学习目标

1. 能正确理解诺氟沙星胶囊学习任务书，明确工作内容和要求，具备信息检索与分析能力。

2. 能按照诺氟沙星胶囊的生产要求，查阅资料，合理安排工作内容，具备自主学习、自我管理和时间意识。

3. 能按照诺氟沙星胶囊生产工艺规程，完成生产所需文件、物料、工具和设备的准备，达到实施生产的环境设备要求，具备交往与合作能力和安全意识。

4. 能按要求完成诺氟沙星胶囊生产，具备交往与合作能力和 GMP 意识、安全意识、"6S" 管理意识。

5. 能按照标准操作规程，完成生产过程中的在线抽检，具备理解与表达能力、交往与合作能力、诚实守信意识和质量意识。

6. 能按照药品生产工艺规程，完成合格品的交接，确保成品的产量，具有效率意识。

7. 具备社会主义核心价值观、工匠精神、劳动精神和劳模精神等思政素养。

三、基本知识

1. 胶囊剂的特点

（1）可掩盖药物的不良气味，提高患者的依从性。

（2）可提高药物的稳定性。

（3）药物的生物利用度较高。

（4）可弥补其他固体制剂的不足。

（5）利于识别且外表美观。

2. 空心胶囊

（1）组成　主要成分是明胶，此外还有一些附加剂如：增塑剂、着色剂、遮光剂、防腐剂、增稠剂、表面活性剂等。

（2）规格　8 种：000、00、0、1、2、3、4、5 号，容量依次减小，其中 000 号容量最大，5 号容量最小。

3. 胶囊填充物的制备

（1）粉末　药物粉末粉碎至一定细度，并可加适宜的辅料，药物粉末需达到填充要求。

（2）颗粒　将一定量的药物加适宜的辅料制成颗粒，粒度一般小于 40 目。

（3）小丸　将药物制成普通小丸、速释小丸、缓释小丸、肠溶小丸等单独填充或混合后填充。

4. 胶囊的填充

将囊心物填充于空心胶囊的过程称为胶囊的填充，胶囊剂填充多为机械填充，常见的填充方式有螺旋挤压式填充、冲程法填充、滑动盘式填充、插管式填充。

5. 胶囊的抛光

填充后的胶囊表面会黏有药粉，胶囊剂通过抛光设备以达到胶囊外表无细粉、表面光滑。

四、能力训练

（一）操作条件

① 人员：操作员需要经过生产区更衣程序和净化区后进入操作间。

② 设备、器具：电子天平、粉碎机、振动筛、混合搅拌机、全自动胶囊填充机、药品抛光机、铝塑泡罩包装机、外包联动线、多媒体设备等。

③ 原辅料：诺氟沙星、淀粉、蔗糖、乙醇等。

④ 资料：《中华人民共和国药典》（2020 年版）、《药品生产质量管理规范》、生产工艺、操作方法、生产操作规程、附件 1 学习任务书、附件 2 诺氟沙星胶囊的批生产指令单、附件 3 诺氟沙星胶囊的制备方案、附件 4 诺氟沙星胶囊批生产记录等。

⑤ 环境：D 级洁净区，温度 18 ～ 26℃，相对湿度 45% ～ 65%，一般照明的照明值不低于 300lx，药物制剂一体化工作站。

（二）安全及注意事项

1. 胶囊剂生产环境检查的准确性，温、湿度过高，可使囊壳软化、变形。

2. 生产过程中所有物料均应有标识，防止发生混药。

3. 胶囊填充机各部件、配件、模具齐全，设备润滑情况良好。

4. 按胶囊填充机清洁要求进行清洁。

5. 设备操作安全、水电安全、消防安全。

（三）操作过程

工作环节	工作内容	操作方法及说明	质量标准
下达生产指令	任务书解读	现场交流法，填写批生产指令单	（1）正确解读任务书的剂型、数量、工期和质量要求等 （2）交往与合作的能力
制订岗位工作计划	诺氟沙星胶囊生产流程、要点及所需的设备材料	资料查阅法；岗位工作计划的编制	（1）岗位工作计划全面合理，明确制备流程和质量标准 （2）具有自主学习、自我管理、信息检索能力和实践意识
生产前工作环境、设备情况、工器具状态的确认	生产前工作环境确认	检查温度、湿度、压差。生产前工作环境要求（温度、湿度、压差）：D 级洁净区，温度 18～26℃，相对湿度 45%～65%，压差应不低于 10Pa；检查清场合格证，检查操作室地面，工器具是否干净、卫生、齐全；确保生产区域没有上批遗留的产品、文件或与本批生产无关的物料	（1）温湿度符合胶囊剂生产要求 （2）具有交往与合作能力
	生产前设备情况确认	检查电子天平、粉碎机、振动筛、混合搅拌机、全自动胶囊填充机、药品抛光机、铝塑泡罩包装机、外包联动线的状态标识牌、清场合格证；检查电子天平校验有效期	（1）能按照诺氟沙星的操作规程，完成生产所需设备的准备，达到实施生产的环境设备要求 （2）具备交往与合作能力和安全意识

工作环节	工作内容	操作方法及说明	质量标准
生产前工作环境、设备情况、工器具的确认	生产前工器具状态确认	运输车、无菌手套、物料铲、物料桶、物料袋、标准筛、扳手、螺丝刀、清洁工具、吸尘器、清洁毛巾、称量勺、取样器、电子秤、状态标识确认	工器具状态标识牌
实施计划	原辅料的准确称量	(1)人员净化 (2)器具准备,诺氟沙星胶囊的基本知识(如原辅料种类、生产工艺配方比例、包装材料等)	(1)根据生产工艺规程 (2)具有GMP管理意识
	原辅料的粉碎、过筛、混合	(1)粉碎机、振动筛、混合机的主要类型、结构及工作原理 (2)粉碎机、振动筛、混合机技巧和标准操作规程 (3)预处理操作岗位标准操作规程 (4)原辅料的粒度要求 (5)原辅料的粉碎、过筛 (6)原辅料的混合	(1)经预处理后满足诺氟沙星胶囊生产要求 (2)具有质量为本意识
	胶囊的填充、抛光、内外包装	(1)全自动胶囊填充机、抛光机、铝塑泡罩包装机、外包装生产线的主要结构及工作原理 (2)全自动胶囊填充机、抛光机、铝塑泡罩包装机、外包装生产线的操作要点和标准操作规程 (3)胶囊填充、内包装、外包装岗位标准操作规程 (4)诺氟沙星的填充要求 (5)判断诺氟沙星胶囊的质量 (6)诺氟沙星胶囊的包装要求及操作要点 (7)生产记录、批包装记录的填写要求	(1)空心胶囊的质量符合工艺规程要求(形状、鉴别、检查等) (2)胶囊填充物符合工艺规程要求(水分、含量等) (3)胶囊填充粒重符合工艺规程要求 (4)诺氟沙星胶囊包装符合工艺规程要求。 (5)具有质量为本意识
	清洁清场	(1)清洁和清场的基本知识(清洁剂、消毒剂、清场程序) (2)"6S"概念 (3)清洁标准操作规程 (4)清场记录的填写	(1)场地清洁 (2)工具和设备清洁及摆放合理 (3)具有GMP管理意识
	质检	(1)水分控制法 (2)外观检查:胶囊整洁,不得有黏结、变形、渗漏或囊壳破裂等现象,并应无异臭 (3)装量差异 (4)胶囊剂质量检验标准操作规程 (5)清洁标准操作规程	(1)胶囊填充物水分、填充胶囊外观、胶囊装量应符合工艺规程要求 (2)具有质量危机意识
合格品的交付	交付合格品	(1)交接合格品 (2)填写交接记录	(1)合格品应符合质量要求 (2)完成合格品的交接,确保成品的产量,具有成本意识

【问题情境一】

胶囊填充机点动后,发现空转有异响,应如何检查排除?

解答: 当发生此种现象时,应立即停止点动,并关闭电源,检查各部件是否安装规范,螺丝是否紧固,各部分是否有摩擦现象,润滑油是否充足。

【问题情境二】

全自动胶囊填充机在正常运行中突然停机，应该如何处理？

解答： 出现这种情况首先检查故障页面，是否填充药粉用尽或者空胶囊用尽，若无异常，检查药粉中是否混入异物阻塞出料口，如有，取出。若无，检查料斗电控系统元器件是否损坏，同时检查机械转动零件是否松动、损坏、卡住等，并对机器做出相应的调整。

【问题情境三】

全自动胶囊填充机机器台面出现漏粉的现象，如何解决？

解答： 可以从以下几方面排除，检查计量盘与密封环缝隙是否太大，必要时调整密封环。检查盛粉圈与挡粉板间隙是否太大，必要时调整盛粉圈；检查上下模块能否对中重合，若不能，则需要调整至两孔对中；检查药粉是否能压合成形，出现这种情况则需要改变物料形状。

五、学习结果评价

序号	评价内容	评价标准	评价结果(是/否)
1	任务书解读	(1)能解读任务书,解读任务的剂型、数量、工期和质量要求等 (2)具有信息分析和自主学习能力	
2	诺氟沙星胶囊生产流程、要点及所需的设备材料	(1)能编制诺氟沙星胶囊的制备方案,明确制备流程和质量标准,画出工艺流程图 (2)具有信息检索和信息处理能力	
3	生产前工作环境确认	(1)能确认生产前工作环境 (2)具有语言表达能力	
4	生产前设备情况确认	(1)能正确确认设备的情况 (2)具有质量为本意识	
5	生产前工器具状态确认	(1)能正确识别生产前工器具的状态 (2)具有 GMP 管理意识和质量为本意识	
6	原辅料的准确称量	(1)能正确进行物料称量操作 (2)具有质量为本意识	
7	原辅料的粉碎、过筛、混合	(1)能使用粉碎机进行粉碎操作 (2)能使用振动筛进行过筛操作 (3)能使用混合设备进行混合操作 (4)具有规范生产意识	
8	胶囊的填充、抛光、胶囊剂的内包装、外包装	(1)能使用全自动胶囊填充机进行胶囊剂生产操作 (2)能使用抛光机进行抛光操作 (3)能使用铝塑泡罩包装机进行内包装 (4)能使用外包生产线对胶囊剂进行外包装 (5)具有质量危机意识	

序号	评价内容	评价标准	评价结果(是/否)
9	清洁清场	(1)能对容器、工具和设备进行清洗、清洁、消毒 (2)能对一体化工作站进行清场 (3)具有 GMP 管理意识	
10	质检	(1)能正确对胶囊剂进行质量检测 (2)具有质量为本意识	
11	交付合格品	(1)能准确交付合格品 (2)具有质量为本意识	

六、课后作业

1. 制备硬胶囊填充物一般有哪些形式？
2. 胶囊填充时，出现胶囊劈叉，分析可能的原因有哪些？

二维码A-3-1

任务A-3-2　能按规程完成肠溶胶囊生产

一、核心概念

1. 肠溶胶囊

用肠溶材料包衣的颗粒或小丸充填于胶囊而制成的硬胶囊，或用适宜的肠溶材料制备而得的硬胶囊或软胶囊。

2. 肠溶明胶空心胶囊

用明胶加辅料和适宜的肠溶材料制成的空心硬胶囊，分为肠溶胶囊和结肠肠溶胶囊两种。

3. 溶出度（释放度）

活性药物从片剂、胶囊剂或颗粒剂等普通制剂在规定条件下溶出的速率和程度，在缓释制剂、控释制剂、肠溶制剂及透皮贴剂等制剂中也称释放度。

4. 包衣

在特定的设备中按特定的工艺将糖料或其他能成膜的材料涂覆在药物固体制剂的外表面，使其干燥后成为紧密黏附在表面的一层或数层不同厚薄、不同弹性的多功能保护层。

二、学习目标

1. 能正确理解蚓激酶肠溶胶囊学习任务书，明确工作内容和要求，具备信息检索与分析能力。

2. 能按照蚓激酶肠溶胶囊的生产要求，查阅资料，合理安排工作内容，具备自主学习、自我管理和时间意识。

3. 能按照蚓激酶肠溶胶囊生产工艺规程，完成生产所需文件、物料、工具和设备的准备，达到实施生产的环境设备要求，具备交往与合作能力和安全意识。

4. 能按要求完成博洛克肠溶胶囊生产，具备交往与合作能力和GMP意识、安全意识、"6S"管理意识。

5. 能按照标准操作规程，完成生产过程中的在线抽检，具备理解与表达能力、交往与合作能力、诚实守信意识和质量意识。

6. 能按照药品生产工艺规程，完成合格品的交接，确保成品的产量，具有效率意识。

7. 具备社会主义核心价值观、工匠精神、劳动精神和劳模精神等思政素养。

三、基本知识

1. 肠溶胶囊的特点

肠溶胶囊不溶于胃液，但能在肠液中崩解而释放活性成分。肠溶胶囊通过胃部时，避免药物破坏胃的保护屏障，从而消除药物本身对胃黏膜直接刺激和损伤，避免药物影响胃液的分泌，还能保护药物不被胃液破坏，等到达肠内才开始崩解而发挥作用，值得注意的是在服用肠溶制剂时切忌咬碎或压碎药物后服用，因为这样会破坏药物的保护衣，造成胃黏膜的损伤。

2. 常用肠溶材料

（1）苯二甲酸醋酸纤维素（CAP） 在水中和酸性液中不溶，在pH＞6的缓冲液中溶解。

（2）聚乙烯醇醋酸苯二甲酸酯（PVAP） 具有制备简单、成本低、化学性质稳定、成膜性能好、抗胃酸能力强、肠溶可靠、包衣操作容易实施等优点。

（3）丙烯酸树脂（Acrylic Resin） 固含量高，黏度低，包衣均匀、光滑，是目前国内应用最广泛的包衣材料。其肠溶性丙烯酸树脂有Ⅰ号丙烯酸树脂乳胶液、Ⅱ号丙烯酸树脂、Ⅲ号丙烯酸树脂，后两者应用广泛，在使用时，可将两者按一定比例混合使用。

（4）羟丙基甲基纤维素钛酸酯（HPMCP） 是新型的性能优良的薄膜包衣材料，口服应用安全无毒。

3. 博洛克肠溶胶囊的制备

方法1：蚓激酶＋辅料→混合→填充于肠溶空心胶囊→内、外包装。

因肠溶空心胶囊生产厂家少，且存在胶囊质量不稳定，存放困难等缺点，现多不再采用这种制备方法。

方法2：空白微丸→离心造粒（上药）→离心造粒（包衣）→填充于空心胶囊→内、外包装。

四、能力训练

（一）操作条件

① 人员：操作员需要经过生产区更衣程序和净化区后进入操作间。

② 设备、器具：电子天平、振动筛、混合搅拌机、离心造粒包衣机、全自动胶囊填充机、药品抛光机、铝塑泡罩包装机、全自动盒装机、水分测定仪等。

③ 原辅料：蚓激酶、空白微丸、肠溶衣材料、微晶纤维素、淀粉、蔗糖、乙醇、空心胶囊、铝膜、塑膜、外包装材料等。

④ 资料：《中华人民共和国药典》（2020年版）、《药品生产质量管理规范》、生产工艺、操作方法、生产操作规程、附件1学习任务书、附件2蚓激酶肠溶胶囊的批生产指令单、附件3蚓激酶肠溶胶囊的制备方案、附件4蚓激酶肠溶胶囊批生产记录等。

⑤ 环境：D级洁净区，温度18～26℃，相对湿度45%～65%，一般照明的照明值不低于300lx，药物制剂一体化工作站。

（二）安全及注意事项

1. 胶囊剂生产环境检查的准确性，温、湿度过高，可使囊壳软化、变形。
2. 生产过程中所有物料均应有标识，防止发生混药。
3. 胶囊填充机各部件、配件、模具齐全，设备润滑情况良好。
4. 包衣液要现配现用，避免沉淀，影响包衣效果。
5. 设备操作安全、水电安全、消防安全。

（三）操作过程

工作环节	工作内容	操作方法及说明	质量标准
下达生产指令	任务书解读	现场交流法，填写批生产指令单	（1）正确解读任务书的剂型、数量、工期和质量要求等 （2）具有交往与合作的能力
制订岗位工作计划	蚓激酶肠溶胶囊生产流程、要点及所需的设备材料	资料查阅法，岗位工作计划的编制	（1）岗位工作计划全面合理，明确制备流程和质量标准 （2）具有自主学习、自我管理、信息检索能力和实践意识

工作环节	工作内容	操作方法及说明	质量标准
生产前工作环境、设备情况、工器具状态的确认	生产前工作环境确认	检查温度、湿度、压差。生产前工作环境要求(温度、湿度、压差):D级洁净区,温度18~26℃,相对湿度45%~65%,压差应不低于10Pa 检查清场合格证,检查操作室地面,工器具是否干净、卫生、齐全;确保生产区域没有上批遗留的产品、文件或与本批生产无关的物料	(1)温、湿度符合胶囊剂生产要求 (2)具有交往与合作能力
	生产前设备情况确认	电子天平、振动筛、混合搅拌机、离心造粒包衣机、全自动胶囊填充机、药品抛光机、铝塑泡罩包装机、全自动盒装机、水分测定仪的状态标识牌、清场合格证;检查电子天平校验有效期	(1)能按照蚓激酶肠溶胶囊的操作规程,完成生产所需设备的准备,达到实施生产的环境设备要求 (2)具备交往与合作能力和安全意识
	生产前工器具状态确认	运输车、无菌手套、物料铲、物料桶、物料袋、标准筛、扳手、螺丝刀、清洁工具、吸尘器、清洁毛巾、称量勺、取样器、电子秤、状态标识确认	工器具状态标识牌
实施计划	原辅料的称量	(1)人员净化 (2)器具准备 (3)蚓激酶肠溶胶囊的基本知识(如微丸、肠溶材料等)	(1)根据生产工艺规程 (2)具有GMP管理意识
	离心造粒上药、包衣	(1)离心造粒机结构及工作原理 (2)离心造粒岗位标准操作规程 (3)肠溶包衣液的配制 (4)离心造粒包衣岗位标准操作规程。	(1)经上药、包衣后微丸满足蚓激酶肠溶胶囊生产要求 (2)具有质量为本意识
	胶囊的填充、抛光、内外包装	(1)全自动胶囊填充机、抛光机、铝塑泡罩包装机、外包装生产线的主要结构及工作原理 (2)全自动胶囊填充机、抛光机、铝塑泡罩包装机、外包装生产线的操作要点和标准操作规程 (3)胶囊填充、内包装、外包装岗位标准操作规程 (4)蚓激酶肠溶缓释胶囊的填充要求 (5)判断蚓激酶肠溶胶囊的质量 (6)蚓激酶肠溶胶囊的包装要求及操作要点 (7)生产记录、批包装记录的填写要求	(1)空心胶囊的质量符合工艺规程要求(外观、重金属、检查等) (2)胶囊填充物符合工艺规程要求(水分、外观、含量等) (3)胶囊填充粒重符合工艺规程要求 (4)蚓激酶肠溶胶囊包装符合工艺规程要求。 (5)具有质量为本意识
	清洁清场	(1)清洁和清场的基本知识(清洁剂、消毒剂、清场程序) (2)"6S"概念 (3)清洁标准操作规程 (4)清场记录的填写	(1)场地清洁 (2)工具和设备清洁及摆放合理 (3)具有GMP管理意识

工作环节	工作内容	操作方法及说明	质量标准
实施计划	质检	（1）水分控制法 （2）外观检查：胶囊整洁，不得有黏结、变形、渗漏或囊壳破裂等现象，并应无异臭 （3）装量差异 （4）释放度 （5）胶囊剂质量检验标准操作规程	（1）胶囊填充物水分、填充胶囊外观、胶囊装量应符合工艺规程要求 （2）具有质量危机意识
合格品的交付	交付合格品	（1）交接合格品 （2）填写交接记录	（1）合格品应符合质量要求 （2）完成合格品的交接，确保成品的产量，具有成本意识

【问题情境一】

制备肠溶胶囊在包衣时出现衣膜剥落，应如何检查排除？

解答： 当发生此种现象时，排除岗位操作不当的因素外，可调节干燥温度和适当降低包衣液浓度；也可能包衣材料不当，应更换包衣材料。

【问题情境二】

全自动胶囊填充机在正常运行，胶囊底部有凹坑，应该如何处理？

解答： 出现这种情况应检查胶囊底部是否太薄、太潮、有气泡，可更换合格胶囊；检查上下模块是否错位，锁合处锁囊顶针太高，可调整上下模块，调整锁囊顶针。

【问题情境三】

胶囊填充过程中，胶囊出现较多变形或黏附在设备上，可能产生的原因有哪些？

解答： 可以从以下几方面排除，检查物料含水量是否过大，是否超标；检查胶囊质量或型号是否符合要求；检查生产环境的温湿度是否符合要求。

五、学习结果评价

序号	评价内容	评价标准	评价结果（是/否）
1	任务书解读	（1）能解读任务书，解读任务的剂型、数量、工期和质量要求等 （2）具有信息分析和自主学习能力	
2	蚓激酶肠溶胶囊生产流程、要点及所需的设备材料	（1）能编制蚓激酶肠溶胶囊的制备方案，明确制备流程和质量标准，画出工艺流程图 （2）具有信息检索和信息处理能力	
3	生产前工作环境确认	（1）能确认生产前工作环境 （2）具有语言表达能力	

序号	评价内容	评价标准	评价结果(是/否)
4	生产前设备情况确认	(1)能正确确认设备的情况 (2)具有质量为本意识	
5	生产前工器具状态确认	(1)能正确识别生产前工器具的状态 (2)具有 GMP 管理意识和质量为本意识	
6	原辅料的准确称量	(1)能正确进行物料称量操作 (2)具有质量为本意识	
7	微丸的上药、包衣	(1)能使用离心造粒机完成上药操作 (2)能使用离心造粒包衣机完成包衣操作 (3)能使用混合设备进行混合操作 (4)具有规范生产意识	
8	胶囊的填充、抛光、胶囊剂的内包装、外包装	(1)能使用全自动胶囊填充机进行胶囊剂生产操作 (2)能使用抛光机进行抛光操作 (3)能使用铝塑泡罩包装机进行内包装操作 (4)能使用外包生产线对胶囊剂进行外包装操作 (5)具有质量危机意识	
9	清洁清场	(1)能对容器、工具和设备进行清洗、清洁、消毒 (2)能对一体化工作站进行清场 (3)具有 GMP 管理意识	
10	质检	(1)能正确对胶囊剂进行质量检测 (2)具有质量为本意识	
11	交付合格品	(1)能准确交付合格品 (2)具有质量为本意识	

六、课后作业

1. 常用肠溶材料有哪些?
2. 胶囊的装量差异不符合要求，如何处理?

二维码A-3-2

任务A-3-3　能按规程完成缓释胶囊生产

一、核心概念

1. 缓释胶囊

在规定的释放介质中缓慢地非恒速释放药物的胶囊剂。缓释胶囊应符合缓释制剂（原则 9013）的有关要求，并应进行释放度（通则 0931）检查。

2. 突释效应

通常缓释、控释制剂中所含的药物量比相应的普通制剂多，工艺也较复杂，某些因素导致药物突然释放（突释），药物在体内突释会有毒副作用的危险，必须在设计、试制、生产等环节避免或减少突释。

二、学习目标

1. 能正确理解坦索罗辛缓释胶囊学习任务书，明确工作内容和要求，具备信息检索与分析能力。

2. 能按照坦索罗辛缓释胶囊的生产要求，查阅资料，合理安排工作内容，具备自主学习、自我管理和时间意识。

3. 能按照坦索罗辛缓释胶囊生产工艺规程，完成生产所需文件、物料、工具和设备的准备，达到实施生产的环境设备要求，具备交往与合作能力和安全意识。

4. 能按要求完成坦索罗辛缓释胶囊生产，具备交往与合作能力和GMP意识、安全意识、"6S"管理意识。

5. 能按照标准操作规程，完成生产过程中的在线抽检，具备理解与表达能力、交往与合作能力、诚实守信意识和质量意识。

6. 能按照药品生产工艺规程，完成合格品的交接，确保成品的产量，具有效率意识。

7. 具备社会主义核心价值观、工匠精神、劳动精神和劳模精神等思政素养。

三、基本知识

1. 缓释胶囊的特点

（1）使血药浓度平稳，避免或减小峰谷现象，有利于降低药物的毒副作用。

（2）对半衰期短需要频繁给药的药物，可以减少服药次数，使用方便。

（3）生产工艺复杂，某些药物突释效应会有增加毒副作用的可能性。

2. 常用缓释材料

（1）骨架型缓释材料 包括以下3类。

① 亲水凝胶骨架缓释材料 常用的有羧甲基纤维素钠（CMC-Na）、尼龙（MC）、羟丙基甲基纤维素（HPMC）、聚乙烯吡咯烷酮（PVP）、卡波姆等。

② 不溶性骨架材料 该类材料指不溶于水或水溶性极小的高分子聚合物。常用的有聚甲基丙烯酸酯、乙基纤维素、聚乙烯、无毒聚氯乙烯、乙烯 - 醋酸乙

烯共聚物、硅橡胶等。

③生物溶蚀性骨架材料　常用的有动物脂肪、蜂蜡、巴西棕蜡、氢化植物油、硬脂醇、单硬脂酸甘油酯等，可延滞水溶性药物的溶解、释放过程。

（2）包衣膜型缓释材料　常用的有碳酸乙烯酯（EC）等不溶性高分子材料和一些肠溶性高分子材料。

（3）增稠剂　增稠剂是指一类水溶性高分子材料，溶于水后溶液黏度随浓度增大而增大，可以减慢药物扩散速度，延缓其吸收，主要用于液体制剂。常用的有明胶、PVP、CMC、聚乙烯醇（PVA）、右旋糖酐等。

3. 坦索罗辛缓释胶囊的制备

坦索罗辛＋辅料→预处理（粉碎、过筛、混合）→混合粉→制软材→挤出滚圆（制微丸）→微丸干燥→干丸总混→包肠衣→胶囊填充→内外包装。

四、能力训练

（一）操作条件

①人员：操作员需要经过生产区更衣程序和净化区后进入操作间。

②设备、器具：电子秤、万分之一分析天平、粉碎机、振动筛、多向运动混合机、挤出滚圆机、流化床干燥器、流化床包衣机、全自动胶囊填充机、药品抛光机、铝塑泡罩包装机、全自动装盒机、水分测定仪、减压干燥器。

③原辅料：坦索罗辛、肠衣材料、空胶囊壳、铝膜、塑膜、外包装材料等。

④资料：《中华人民共和国药典》（2020年版）、《药品生产质量管理规范》、生产工艺、操作方法、生产操作规程、附件1学习任务书、附件2坦索罗辛缓释胶囊的批生产指令单、附件3坦索罗辛缓释胶囊的制备方案、附件4坦索罗辛缓释胶囊批生产记录等。

⑤环境：D级洁净区，温度18～26℃，相对湿度45%～65%，一般照明的照明值不低于300lx，药物制剂一体化工作站。

（二）安全及注意事项

1. 胶囊剂生产环境检查的准确性，温湿度过高，可使囊壳软化、变形。

2. 生产过程中所有物料均应有标识，防止发生混药。

3. 胶囊填充机各部件、配件、模具齐全，设备润滑情况良好。

4. 包衣液要现配现用，避免沉淀，影响包衣效果。

5. 设备操作安全、水电安全、消防安全。

（三）操作过程

工作环节	工作内容	操作方法及说明	质量标准
下达生产指令	任务书解读	现场交流法，填写批生产指令单	（1）正确解读任务书的剂型、数量、工期和质量要求等 （2）具有交往与合作的能力
制订岗位工作计划	坦索罗辛缓释胶囊生产流程、要点及所需的设备材料	资料查阅法，岗位工作计划的编制	（1）岗位工作计划全面合理，明确制备流程和质量标准 （2）具有自主学习、自我管理、信息检索能力和实践意识
生产前工作环境、设备情况、工器具状态的确认	生产前工作环境确认	检查温度、湿度、压差。生产前工作环境要求（温度、湿度、压差）：D级洁净区，温度18~26℃，相对湿度45%~65%，压差应不低于10Pa 检查清场合格证，检查操作室地面，工器具是否干净、卫生、齐全；确保生产区域没有上批遗留的产品、文件或与本批生产无关的物料	（1）温、湿度符合胶囊剂生产要求 （2）交往与合作能力
	生产前设备情况确认	检查电子秤、万分之一分析天平、粉碎机、振动筛、多向运动混合机、挤出滚圆机、流化床干燥器、流化床包衣机、全自动胶囊填充机、药品抛光机、铝塑泡罩包装机、全自动装盒机、水分测定仪、减压干燥的状态标识牌、清场合格证；检查电子天平校验有效期	（1）能按照坦索罗辛缓释胶囊的操作规程，完成生产所需设备的准备，达到实施生产的环境设备要求 （2）具备交往与合作能力和安全意识
	生产前工器具状态确认	运输车、无菌手套、物料铲、物料桶、物料袋、标准筛、扳手、螺丝刀、清洁工具、吸尘器、清洁毛巾、称量勺、取样器、电子秤、状态标识确认	工器具状态标识牌
实施计划	原辅料的称量	（1）人员净化 （2）器具准备 坦索罗辛缓释胶囊的基本知识（如微丸、缓释材料等）	（1）根据生产工艺规程 （2）具有GMP管理意识
	微丸的制备、包衣	（1）挤出滚圆制丸机结构及工作原理 （2）挤出滚圆制丸标准操作规程 （3）缓释包衣液的配制 （4）包衣岗位标准操作规程	（1）经制丸、包衣后微丸满足坦索罗辛缓释胶囊生产要求 （2）具有质量为本意识
	胶囊的填充、抛光、内外包装	（1）全自动胶囊填充机、抛光机、铝塑泡罩包装机、外包装生产线的主要结构及工作原理 （2）全自动胶囊填充机、抛光机、铝塑泡罩包装机、外包装生产线的操作要点和标准操作规程 （3）胶囊填充、内包装、外包装岗位标准操作规程 （4）坦索罗辛缓释胶囊的填充要求 （5）判断坦索罗辛缓释胶囊的质量 （6）坦索罗辛缓释胶囊的包装要求及操作要点 （7）生产记录、批包装记录的填写要求	（1）空心胶囊的质量符合工艺规程要求（形状、鉴别、检查等） （2）胶囊填充物符合工艺规程要求（水分、均匀度、含量等） （3）胶囊填充粒重符合工艺规程要求 （4）坦索罗辛缓释胶囊包装符合工艺规程要求 （5）具有质量为本意识

工作环节	工作内容	操作方法及说明	质量标准
实施计划	清洁清场	（1）清洁和清场的基本知识（清洁剂、消毒剂、清场程序） （2）"6S"概念 （3）清洁标准操作规程 （4）清场记录的填写	（1）场地清洁 （2）工具和设备清洁及摆放合理 （3）具有GMP管理意识
	质检	（1）水分控制法 （2）外观检查：胶囊整洁，不得有黏结、变形、渗漏或囊壳破裂等现象，并应无异臭 （3）装量差异 （4）释放度 （5）胶囊剂质量检验标准操作规程	（1）胶囊填充物水分、填充胶囊外观、胶囊装量应符合工艺规程要求 （2）具有质量危机意识
合格品的交付	交付合格品	（1）交接合格品 （2）填写交接记录	（1）合格品应符合质量要求 （2）完成合格品的交接，确保成品的产量，具有成本意识

【问题情境一】

制备缓释胶囊时，发现药物释放度不高，药物衣膜完整，药粒未崩解，分析可能原因是什么？

解答： 当发生此种现象时，在排除检测无误的情况下，考虑工艺处方的问题，检查原辅料是否称量正确，各岗位生产工艺参数是否正常，若无误，可能包衣层过厚，药物未能有效释放。

【问题情境二】

全自动胶囊填充机在运行中胶囊不能正常缩合，胶囊体帽不能合紧，应该如何处理？

解答： 出现这种情况可以从以下几方面排除，检查胶囊体帽的松紧度，如果太松，需要更换合格胶囊；检查压合顶杆是否到位，如不到位，需要调整到位；检查凸轮力臂弹簧的张力，如张力过小，则更换凸轮力臂弹簧。

【问题情境三】

全自动胶囊填充机填充时，胶囊填充内容物偏差较大，粒重不稳定，如何解决？

解答： 可以从以下几方面排除，检查药粉流动性，可加润滑剂改善；检查药粉是否黏填充杆，可更换药粉、清洁填充杆；检查药粉是否均匀、有无分离分层，若有可改变物料性状；检查上下模块能否对中重合，可调整至两孔对中。

五、学习结果评价

序号	评价内容	评价标准	评价结果（是/否）
1	任务书解读	（1）能解读任务书，解读任务的剂型、数量、工期和质量要求等 （2）具有信息分析和自主学习能力	
2	坦索罗辛缓释胶囊生产流程、要点及所需的设备材料	（1）能编制坦索罗辛缓释胶囊的制备方案，明确制备流程和质量标准，画出工艺流程图 （2）具有信息检索和信息处理能力	
3	生产前工作环境确认	（1）能确认生产前工作环境 （2）具有语言表达能力	
4	生产前设备情况确认	（1）能正确确认设备的情况 （2）具有质量为本意识	
5	生产前工器具状态确认	（1）能正确识别生产前工器具的状态 （2）具有GMP管理意识和质量为本意识	
6	原辅料的准确称量	（1）能正确进行物料称量操作 （2）具有质量为本意识	
7	微丸的制备、包衣	（1）能使用挤出滚圆机完成制丸操作 （2）能使用流化床包衣机完成包衣操作 （3）具有规范生产意识	
8	胶囊的填充、抛光，胶囊剂的内包装、外包装	（1）能使用全自动胶囊填充剂进行胶囊剂生产操作 （2）能使用抛光机进行抛光操作 （3）能使用铝塑泡罩包装机进行内包装操作 （4）能使用外包生产线对胶囊剂进行外包装操作 （5）具有质量危机意识	
9	清洁清场	（1）能对容器、工具和设备进行清洗、清洁、消毒 （2）能对一体化工作站进行清场 （3）具有GMP管理意识	
10	质检	（1）能正确对胶囊剂进行质量检测 （2）具有质量为本意识	
11	交付合格品	（1）能准确交付合格品 （2）具有质量为本意识	

六、课后作业

1. 常用缓释材料有哪些？

2. 胶囊体帽分离不良，如何处理？

二维码A-3-3

任务A-3-4 能按规程完成微丸胶囊生产

一、核心概念

1. 微丸

微丸是指药物粉末和辅料构成的直径小于 2.5mm 的圆球状实体。

2. 微丸胶囊

将普通小丸、速释小丸、缓释小丸、控释小丸或肠溶小丸单独填充或混合填充于空心硬胶囊中所得。

二、学习目标

1. 能正确理解萘普生微丸胶囊学习任务书，明确工作内容和要求，具备信息检索与分析能力。

2. 能按照萘普生微丸胶囊的生产要求，查阅资料，合理安排工作内容，具备自主学习、自我管理和时间意识。

3. 能按照萘普生微丸胶囊生产工艺规程，完成生产所需文件、物料、工具和设备的准备，达到实施生产的环境设备要求，具备交往与合作能力和安全意识。

4. 能按要求完成萘普生微丸胶囊生产，具备交往与合作能力和 GMP 意识、安全意识、"6S" 管理意识。

5. 能按照标准操作规程，完成生产过程中的在线抽检，具备理解与表达能力、交往与合作能力、诚实守信意识和质量意识。

6. 能按照药品生产工艺规程，完成合格品的交接，确保成品的产量，具有效率意识。

7. 具备社会主义核心价值观、工匠精神、劳动精神和劳模精神等思政素养。

三、基本知识

1. 微丸胶囊的特点

（1）药物在胃肠道表面分布面积增大，可减少刺激性，提高生物利用度。

（2）属于多剂量剂型，故可制成缓控释微丸，零级或一级或快速释药制剂，无时滞现象。

（3）不受胃排空因素影响，药物体内吸收均匀，个体差异小。

（4）单位胶囊内装入微丸有限，一般不宜超过 600mg。

（5）有效成分高，是一般中成药的 10 ～ 20 倍，能保证药物稳定性，掩盖不良味道。

2. 微丸的分类

（1）根据释放药物速度分为：速释微丸与缓控释微丸。

（2）根据释放药物机理分为：膜控微丸与骨架微丸。

（3）膜控微丸根据材料分为：肠溶衣型微丸和水不溶型微丸。

3. 丸剂的制备方法

（1）塑制法：混合→制丸（块、条、粒）→圆丸→干燥→抛光→选丸。

（2）泛制法：起模→成型→盖面→干燥→选丸。

（3）滴丸法：熔融混合→滴制→冷凝→洗丸→干燥→选丸。

4. 萘普生微丸胶囊的制备流程

萘普生、辅料→预处理（粉碎、过筛、混合）→制软材→制丸→包衣→胶囊填充→内外包装。

四、能力训练

（一）操作条件

① 人员：操作员需要经过生产区更衣程序和净化区后进入操作间。

② 设备：混合机、制丸机、离心制粒包衣机（包肠溶衣）、干燥机、筛分机、匀浆机或搅拌桶、台称、天平、标准筛、全自动胶囊填充机、铝塑泡罩包装机、全自动盒装机。

③ 原辅料：萘普生、淀粉、微晶纤维素、羧甲淀粉钠、聚丙烯酸树脂Ⅱ、空胶囊壳、铝膜、塑膜、外包装材料等。

④ 资料：《中华人民共和国药典》（2020 年版）、《药品生产质量管理规范》、生产工艺、操作方法、生产操作规程、附件 1 学习任务书、附件 2 萘普生微丸胶囊的批生产指令单、附件 3 萘普生微丸胶囊的制备方案、附件 4 萘普生微丸胶囊批生产记录等。

⑤ 环境：D 级洁净区，温度 18 ～ 26℃，相对湿度 45% ～ 65%，一般照明的照明值不低于 300lx，药物制剂一体化工作站。

（二）安全及注意事项

1. 胶囊剂生产环境检查的准确性，温、湿度过高，可使囊壳软化、变形。

2. 生产过程中所有物料均应有标识，防止发生混药。

3. 胶囊填充机各部件、配件、模具齐全，设备润滑情况良好。

4. 包衣液要现配现用，避免沉淀，影响包衣效果。

5. 设备操作安全、水电安全、消防安全。

（三）操作过程

工作环节	工作内容	操作方法及说明	质量标准
下达生产指令	任务书解读	现场交流法，填写批生产指令单	（1）正确解读任务书的剂型、数量、工期和质量要求等 （2）具有交往与合作的能力
制订岗位工作计划	萘普生微丸胶囊生产流程、要点及所需的设备材料	资料查阅法，岗位工作计划的编制	（1）岗位工作计划全面合理，明确制备流程和质量标准 （2）具有自主学习、自我管理、信息检索能力和实践意识
生产前工作环境、设备情况、工器具状态的确认	生产前工作环境确认	检查温度、湿度、压差。生产前工作环境要求（温度、湿度、压差）：D级洁净区，温度18～26℃，相对湿度45%～65%，压差应不低于10Pa 检查清场合格证，检查操作室地面，工器具是否干净、卫生、齐全；确保生产区域没有上批遗留的产品、文件或与本批生产无关的物料	（1）温湿度符合胶囊剂生产要求 （2）具有交往与合作能力
	生产前设备情况确认	检查混合机、制丸机、离心制粒包衣机（包肠溶衣）、干燥机、筛分机、匀浆机或搅拌桶、台称、天平、标准筛、全自动胶囊填充机、铝塑泡罩包装机、全自动盒装机的状态标识牌、清场合格证；检查电子天平校验有效期	（1）能按照萘普生微丸胶囊的操作规程，完成生产所需设备的准备，达到实施生产的环境设备要求 （2）具备交往与合作能力和安全意识
	生产前工器具状态确认	运输车、无菌手套、物料铲、物料桶、物料袋、标准筛、扳手、螺丝刀、清洁工具、吸尘器、清洁毛巾、称量勺、取样器、电子秤、状态标识确认	工器具状态标识牌
实施计划	原辅料的称量	（1）人员净化 （2）器具准备 萘普生微丸胶囊的基本知识（如微丸、缓释材料等）	（1）根据生产工艺规程 （2）具有GMP管理意识
	微丸的制备、包衣	（1）制丸机结构及工作原理 （2）制丸标准操作规程 （3）肠溶包衣液的配制 （4）包衣岗位标准操作规程	（1）经制丸、包衣后微丸满足萘普生微丸胶囊生产要求 （2）具有质量为本意识

工作环节	工作内容	操作方法及说明	质量标准
实施计划	胶囊的填充、抛光、内外包装	(1)全自动胶囊填充机、抛光机、铝塑泡罩包装机、外包装生产线的主要结构及工作原理 (2)全自动胶囊填充机、抛光机、铝塑泡罩包装机、外包装生产线的操作要点和标准操作规程 (3)胶囊填充、内包装、外包装岗位标准操作规程 (4)萘普生微丸胶囊的填充要求 (5)判断萘普生微丸胶囊的质量 (6)萘普生微丸胶囊的包装要求及操作要点 (7)生产记录、批包装记录的填写要求	(1)空心胶囊的质量符合工艺规程要求(形状、鉴别、检查等) (2)胶囊填充物符合工艺规程要求(水分、含量等) (3)胶囊填充粒重符合工艺规程要求 (4)萘普生微丸胶囊包装符合工艺规程要求。 (5)具有质量为本意识
	清洁清场	(1)清洁和清场的基本知识(清洁剂、消毒剂、清场程序) (2)"6S"概念 (3)清洁标准操作规程 (4)清场记录的填写	(1)场地清洁 (2)工具和设备清洁及摆放合理 (3)具有GMP管理意识
	质检	(1)水分控制法 (2)外观检查:胶囊整洁,不得有黏结、变形、渗漏或囊壳破裂等现象,并应无异臭 (3)装量差异 (4)释放度 (5)胶囊剂质量检验标准操作规程	(1)胶囊填充物水分、填充胶囊外观、胶囊装量应符合工艺规程要求 (2)具有质量危机意识
合格品的交付	交付合格品	(1)交接合格品 (2)填写交接记录	(1)合格品应符合质量要求 (2)完成合格品的交接,确保成品的产量,具有成本意识

【问题情境一】

在使用挤出滚圆制丸机进行制丸时,发现挤出设备的出料口出现药条黏筛网的情况,分析产生的原因,应如何处理?

解答: 当发生此种现象时,可能设备未在干燥状态下使用,可待机器干燥后使用;也可能制备软材过于黏,可减少黏合剂的使用量;加料斗物料太多,可减少加料口物料的每次投入量,少量多次地加入。

【问题情境二】

采用挤出滚圆机制备微丸表面粗糙,且微丸圆整度不好,应该如何处理?

解答: 出现这种情况首先检查原辅料粒度,若含粗粒较多,将导致润湿效果差、塑性差,药粉粒度越小,挤出药条越光滑、丸粒光滑度越高;然后检查滚圆参数是否合适,在一定程度上滚圆时间越长,微丸圆整度越高。

【问题情境三】

胶囊可填充药粉、颗粒、微丸等,在使用胶囊填充机生产时,应选择哪种型号的空心胶囊进行生产?

解答：由于药物充填于胶囊中多用体积控制剂量，而各种药物的品种不同，密度、晶型、粒度以及剂量都不同，故在选择时要综合考虑。

五、学习结果评价

序号	评价内容	评价标准	评价结果(是/否)
1	任务书解读	（1）能解读任务书，解读任务的剂型、数量、工期和质量要求等 （2）具有信息分析和自主学习能力	
2	萘普生微丸胶囊生产流程、要点及所需的设备材料	（1）能编制萘普生微丸胶囊的制备方案，明确制备流程和质量标准，画出工艺流程图 （2）具有信息检索和信息处理能力	
3	生产前工作环境确认	（1）能确认生产前工作环境 （2）具有语言表达能力	
4	生产前设备情况确认	（1）能正确确认设备的情况 （2）具有质量为本意识	
5	生产前工器具状态确认	（1）能正确识别生产前工器具的状态 （2）具有GMP管理意识和质量为本意识	
6	原辅料的准确称量	（1）能正确进行物料称量操作 （2）具有质量为本意识	
7	微丸的制备、包衣	（1）能使用挤出滚圆机完成制丸操作 （2）能使用包衣机完成包衣操作 （3）具有规范生产意识	
8	胶囊的填充，抛光，胶囊剂的内包装、外包装	（1）能使用全自动胶囊填充剂进行胶囊剂生产操作 （2）能使用抛光机进行抛光操作 （3）能使用铝塑泡罩包装机进行内包装操作 （4）能使用外包生产线对胶囊剂进行外包装操作 （5）具有质量危机意识	
9	清洁清场	（1）能对容器、工具和设备进行清洗、清洁、消毒 （2）能对一体化工作站进行清场 （3）具有GMP管理意识	
10	质检	（1）能正确对胶囊剂进行质量检测 （2）具有质量为本意识	
11	交付合格品	（1）能准确交付合格品 （2）具有质量为本意识	

六、课后作业

1. 微丸胶囊的特点有哪些？
2. 丸剂制备的方法有哪些？

二维码A-3-4

任务A-3-5 能正确判断胶囊剂的质量

一、核心概念

1. 胶囊装量
硬胶囊生产过程中空心胶囊中内容物的重量。

2. 装量差异
硬胶囊生产过程中空心胶囊中内容物之间的重量差异。由于空胶囊容积、粉末的流动性以及工艺、设备等原因，可引起胶囊剂内容物装量的差异。装量差异主要用于控制各粒胶囊装量的一致性，保证用药剂量的准确性。

3. 计量盘
计量盘是胶囊填充机的核心部件，决定了硬胶囊的装量。随着硬胶囊规格不同，计量盘的型号也不同，不同型号的计量盘模孔尺寸不同，以此来控制硬胶囊的填充量。

二、学习目标

1. 能正确理解胶囊学习任务书，明确工作内容和要求，具备信息检索与分析能力。

2. 能按照胶囊剂的质量要求，查阅资料，合理安排工作内容，具备自主学习、自我管理和时间意识。

3. 能按照胶囊剂质量检验规程，完成生产所需文件、物料、工具和设备的准备，达到实施生产的环境设备要求，具备交往与合作能力和安全意识。

4. 能按照标准操作规程，完成生产过程中的在线抽检，具备GMP意识、安全意识、"6S"管理意识和质量意识。

5. 能按照药品生产工艺规程，完成中间品的在线检测，确保成品的产量，具有效率意识。

6. 具备社会主义核心价值观、工匠精神、劳动精神和劳模精神等思政素养。

三、基本知识

1. 胶囊剂的分类
胶囊剂可分为硬胶囊和软胶囊。根据释放特性不同还有缓释胶囊、控释胶囊、肠溶胶囊等。

2. 硬胶囊剂的装量差异检查

除另有规定外，取供试品 20 粒（中药取 10 粒），分别精密称定重量，倾出内容物（不得损失囊壳），硬胶囊囊壳用小刷或其他适宜的用具拭净，再分别精密称定囊壳重量，求出每粒内容物的装量与平均装量。每粒装量与平均装量相比较（有标示装量的胶囊剂，每粒装量应与标示装量比较），超出装量差异限度的不得多于 2 粒，并不得有 1 粒超出限度 1 倍。胶囊剂重量差异限度应符合表 A-3-5-1 中的有关规定。

表 A-3-5-1　胶囊剂装量差异限度

平均装量	装量差异限度
0.30g 以下	±10%
0.30g 及 0.30g 以上	±7.5%（中药 ±10%）

凡规定检查含量均匀度的胶囊剂，一般不再进行装量差异的检查。

3. 外观检查

从胶囊填充机出口取 100 粒胶囊，以纯白色背景作对照（一张白纸）进行检查，胶囊剂应整洁，不得有黏结、变形、渗漏或囊壳破裂等现象，并应无异臭。

4. 水分检查

中药硬胶囊剂应进行水分检查。

取供试品内容物，照水分测定法（通则 0832）测定。除另有规定外，不得过 9.0%。

硬胶囊内容物为液体或半固体者不检查水分。

5. 崩解时限

除另有规定外，照崩解时限检查法（通则 0921）检查，均应符合规定。具体检测方法如下：

硬胶囊或软胶囊，除另有规定外，取供试品 6 粒，按片剂的装置与方法（化药胶囊如漂浮于液面，可加挡板；中药胶囊加挡板）进行检查。硬胶囊应在 30min 内全部崩解；软胶囊应在 1h 内全部崩解，以明胶为基质的软胶囊可改在人工胃液中进行检查。如有 1 粒不能完全崩解，应另取 6 粒复试，均应符合规定。

凡规定检查溶出度或释放度的胶囊剂，一般不再进行崩解时限的检查。

四、能力训练

（一）操作条件

① 人员：操作员需要经过生产区更衣程序和净化区后进入操作间。

②设备、器具：分析天平、快速水分测定仪、崩解仪、白纸等。

③原辅料：填充胶囊。

④资料：《中华人民共和国药典》（2020年版）、《药品生产质量管理规范》、生产工艺、操作方法、生产操作规程、附件1学习任务书、附件2诺氟沙星胶囊在线检测方案、附件3诺氟沙星胶囊在线检测记录等。

⑤环境：D级洁净区，温度18～26℃，相对湿度45%～65%，一般照明的照明值不低于300lx，药物制剂一体化工作站。

（二）安全及注意事项

1. 衡器已校验，并在有效期。

2. 生产过程中所有物料均应有标识，防止发生混药。

3. 崩解仪器零部件齐全，运行正常。

4. 按清洁要求对检测仪器进行清洁。

5. 设备操作安全、水电安全、消防安全。

（三）操作过程

工作环节	工作内容	操作方法及说明	质量标准
下达生产指令	任务书解读	现场交流法，填写任务要点	（1）正确解读诺氟沙星胶囊剂在线检测项目及质量要求等 （2）具有交往与合作的能力
制订岗位工作计划	诺氟沙星胶囊在线检测要点及所需的设备材料	资料查阅法；岗位工作计划的编制	（1）岗位工作计划全面合理，明确检测流程和质量标准 （2）具有自主学习、自我管理、信息检索能力和实践意识
生产前检查	生产前工作环境确认	检查温度、湿度、压差。生产前工作环境要求（温度、湿度、压差）：D级洁净区，温度18～26℃，相对湿度45%～65%，压差应不低于10Pa 检查清场合格证，检查操作室地面，工器具是否干净、卫生、齐全；确保生产区域没有上批遗留的产品、文件或与本批生产无关的物料	（1）温、湿度符合胶囊剂生产要求 （2）具有交往与合作能力
	生产前设备情况确认	检查全自动胶囊填充机、抛光机、分析天平、快速水分测定仪、崩解仪、清场合格证，检查电子天平校验有效期	（1）能按照诺氟沙星的操作规程，完成生产所需设备的准备，达到实施生产的环境设备要求 （2）具备交往与合作能力和安全意识

工作环节	工作内容	操作方法及说明	质量标准
生产前检查	生产前工器具状态确认	运输车、无菌手套、物料铲、物料桶、物料袋、标准筛、扳手、螺丝刀、清洁工具、吸尘器、清洁毛巾、称量勺、取样器、电子秤、状态标识确认	工器具状态标识牌
实施计划	在线检测	(1)水分控制法 (2)外观检查：胶囊整洁，不得有黏结、变形、渗漏或囊壳破裂等现象，并应无异臭 (3)装量差异 (4)胶囊剂质量检验标准操作规程 (5)清洁标准操作规程	(1)胶囊填充物水分、填充胶囊外观、胶囊装量应符合工艺规程要求 (2)具有质量危机意识
清场	清洁整理	(1)清洁和清场的基本知识(清洁剂、消毒剂、清场程序) (2)"6S"概念 (3)清洁标准操作规程 (4)清场记录的填写	(1)场地清洁 (2)工具和设备清洁及摆放合理 (3)具有GMP管理意识
记录结果交付	对接检验结果	(1)填写交接记录 (2)正常生产指令	(1)合格品应符合质量要求 (2)完成结果的交接，确保成品的产量，具有成本意识

【问题情境一】

胶囊填充调试时需要确认装量否合格，若装量不符合要求，该如何处理?

解答： 当发生此种现象时，首先检查胶囊填充机刮粉器与计量盘之间的间隔是否为 0.5mm，间隔调高或者缩短能直接影响装量。若无误，可通过调节填充杆进入计量盘的高度来调节装量。

【问题情境二】

全自动胶囊填充机在正常运行中成品推出不畅，应该如何处理?

解答： 出现这种情况首先检查出料口是否有胶囊黏留现象，如有，可加清洁压缩空气清洁出料口；检查推杆和导引器的位置是否合适，如不合适可调节其位置；检查出料口仰角是否过大，可通过调整螺钉，减少出料口仰角。

【问题情境三】

若胶囊崩解时限不合格，出现崩解延迟，解决方法有哪些?

解答： 可以从以下几方面排除，排除检测环境和条件的问题；然后检查胶囊壳的质量问题，可通过更换合格胶囊壳改善；最后确认胶囊填充物的问题，有些物料的成分和胶囊壳中明胶可能有交联反应。

五、学习结果评价

序号	评价内容	评价标准	评价结果(是/否)
1	任务书解读	(1)能解读任务书,解读任务的检测项目、工期和质量要求等 (2)具有信息分析和自主学习能力	
2	诺氟沙星胶囊在线检测要点及所需的设备材料	(1)能编制诺氟沙星胶囊的在线检测方案,明确检测项目和质量标准 (2)具有信息检索和信息处理能力	
3	生产前工作环境确认	(1)能正确确认生产前工作环境 (2)具有语言表达能力	
4	生产前设备情况确认	(1)能正确确认设备的情况 (2)具有质量为本意识	
5	生产前工器具状态确认	(1)能正确识别生产前工器具的状态 (2)具有GMP管理意识和质量为本意识	
6	质检	(1)能正确对胶囊剂进行质量检测 (2)具有质量为本意识	
7	清洁清场	(1)能对容器、工具和设备进行清洗、清洁、消毒 (2)能对一体化工作站进行清场 (3)具有GMP管理意识	
8	结果交接	(1)能准确交接结果 (2)具有质量为本意识	

六、课后作业

1. 制备硬胶囊填充物一般有哪些形式?
2. 全自动胶囊填充机机器台面出现漏粉的现象,如何解决?

二维码A-3-5

项目A-4　注射剂的生产

任务A-4-1　能完成小容量注射剂生产

一、核心概念

注射剂俗称针剂，指药物与适宜的溶剂或分散介质制成的供注入体内的溶液、乳状液或混悬液及供临用前配制或稀释成溶液或混悬液的粉末或浓溶液的无菌制剂。注射剂由药物、溶剂、附加剂及特制的容器所组成，是临床应用中最广泛的剂型之一。

小容量注射剂也称水针剂，指装量小于20mL的注射剂，常见1mL、2mL、5mL、10mL、20mL五种规格。生产过程包括原辅料和容器的前处理、称量、配制、过滤、灌封、灭菌、质量检查、包装等步骤。

二、学习目标

1. 能正确解读氯化钙注射液学习任务书，具备自主学习、信息检索与分析能力。

2. 能按照氯化钙注射液的生产，完成分工，具备统筹协调能力和效率意识。

3. 能按照氯化钙注射液的操作规程，完成生产前的准备工作，具备责任意识。

4. 能按照要求和各岗位标准操作规程，完成氯化钙注射液的生产，具有交往与合作能力、自我管理能力、解决问题能力、环保意识、GMP意识、安全意识、"6S"管理意识。

5. 能按照标准操作规程，完成生产过程中的在线抽检，具备理解与表达能力、交往与合作能力、诚实守信意识。

6. 能按照药品生产工艺规程，完成合格品的交付，具有效率意识。

7.具备社会主义核心价值观、工匠精神、劳动精神和劳模精神等思政素养。

三、基本知识

1.注射剂特点
（1）药效迅速、作用可靠。
（2）适用于不易口服的药物。
（3）适用于不易口服给药的患者。
（4）发挥局部定位作用。
（5）注射给药不方便且安全性较低。
（6）注射剂制造过程复杂，生产费用较大，价格较高等。

2.注射剂的分类
注射剂按照药物的分散方式不同，可分为溶液型注射剂、混悬型注射剂、乳剂型注射剂以及临用前配成液体使用的注射用无菌粉末等。

（1）溶液型注射剂　该类注射剂应澄明，包括水溶液和油溶液等，如安乃近注射液、二巯丙醇注射液等。

（2）混悬型注射剂　药物粒度应控制在15μm以下，含15～20μm（间有个别20～50μm）者，不应超过10%，若有可见沉淀，振摇时应容易分散均匀。混悬型注射剂不得用于静脉或椎管注射。如醋酸可的松注射液、鱼精蛋白胰岛素注射液等。

（3）乳剂型注射剂　该类注射剂应稳定，不得有相分离现象，不得用于椎管注射，静脉用乳剂型注射剂分散相球粒的粒度90%应在1μm以下，不得有大于5μm的球粒。如静脉营养脂肪乳注射液等。

（4）粉末型注射剂（注射用无菌粉末）　亦称粉针，指供注射用的无菌粉末或块状制剂。如头孢类、蛋白酶类粉针剂等。

3.注射剂的给药途径
（1）皮内注射　注射于表皮与真皮之间，一次剂量在0.2mL以下，一般用于过敏性试验或疾病诊断，如青霉素皮试等。

（2）皮下注射　注射于真皮与肌肉之间的松软组织内，一般注射剂量为1～2mL。皮下注射剂主要是水溶液，药物吸收速度稍慢。由于人体皮下神经较肌肉敏感，故具有刺激性的药物混悬液，一般不宜作皮下注射。

（3）肌内注射　注射于肌肉组织中，一次剂量为1～5mL。注射油溶液、混悬液及乳浊液具有一定的延效作用，乳浊液有一定的淋巴靶向性。

（4）静脉注射　分静脉推注与静脉滴注，前者用量一般为5～50mL，后者用量依据临床需要可达100mL至数千毫升，且多为水溶液。平均直径小于1μm

的乳浊液可用于静脉注射，但油溶液和混悬液或乳浊液易引起毛细血管栓塞，一般不宜静脉注射。凡能导致红细胞溶解或使蛋白质沉淀的药液，均不宜静脉给药。

（5）椎管注射 注入脊椎四周蛛网膜下腔内，一次计量一般不得超过 10mL。由于神经组织比较敏感，且脊髓液缓冲容量小、循环慢，故脊椎腔注射剂必须等渗，pH 应控制在 5.0～8.0 之间，注入时应缓慢。

（6）其他 包括脑池内注射、心内注射、关节内注射、滑膜腔内注射、穴位注射以及鞘内注射等。

4. 注射剂常用溶剂

注射剂的溶剂主要有水性溶剂和非水性溶剂两大类。水性溶剂主要为注射用水；非水性溶剂主要为注射用油。

（1）注射用水 注射用水是纯化水经蒸馏所制得的水。在注射剂生产中用于注射剂的配液及直接接触药品的设备、容器具的最后清洗；灭菌注射用水是注射用水照注射剂生产工艺制备所得，主要用于注射用无菌粉末的溶剂或注射液的稀释剂。

（2）注射用油 常用的有芝麻油、大豆油等，其质量应符合注射用油的要求：皂化值为 188～195，酸值不得大于 0.1。

（3）其他注射用溶剂 注射用溶剂除注射用水和注射用油外，常因药物特性需要而选用其他溶剂或采用复合溶剂，以增加药物溶解度、防止水解及增加稳定性。如乙醇、甘油、聚乙二醇（PEG）、丙二醇等。

配制注射剂时，可根据药物的性质加入适宜的附加剂。如抑菌剂、pH 值调节剂、渗透压调节剂、抗氧剂、增溶剂、助溶剂、乳化剂、助悬剂等。所加附加剂应不影响药物疗效，避免对检验产生干扰，使用浓度不得引起毒性或过度的刺激。

5. 注射剂的生产

（1）原辅料的质量要求与投料量计算 供注射剂生产所用的原辅料必须符合《中国药典》（2020 年版）及国家有关对注射剂原辅料质量标准的要求。生产前还应做小样试制，检验合格后方能使用。配制注射剂前，应按处方规定计算出原辅料的用量，若有一些含结晶水的药物，应注意换算。如果注射剂在灭菌后主药含量有所下降，应酌情增加投料量。原辅料经准确称量，并经两人核对后，方可投料，以避免差错。

（2）注射剂的配制 注射剂的配制有浓配法和稀配法两种。浓配法系指将全部药物加入部分处方量的溶剂中配成浓溶液，加热或冷藏后过滤，然后稀释至所需的浓度。浓配法适用于质量较差的原料药，优点是可滤除溶解度小的一些杂质。稀配法系指将药物加入处方量的全部溶剂中直接配成所需的浓度，然后过滤。稀配法操作简便，一般用于质量优良的原料药。配制注射剂时应注意以下几点。

① 应在洁净的环境中配制注射剂，并尽可能缩短配制时间，所用的器具、原料和附加剂尽可能无菌，以减少污染。

② 配制不稳定药物的注射剂时，应采取适宜的调配顺序，可先加稳定剂或通惰性气体等，同时应注意控制温度和 pH，采取避光操作等措施。

③ 对于不易滤清的药液，可加 0.1% ～ 0.3% 的活性炭处理，但要注意其对药物的吸附作用。活性炭用酸碱处理并活化后才能使用。小容量注射剂可用纸浆混炭处理。

④ 配制所用注射用水的储存时间一般不能超过 12h。注射用油应在 150℃下干热灭菌 1 ～ 2h，冷却至适宜温度（一般在主药熔点以下 20℃），趁热加药配制，待溶液温度降至 60℃以下时趁热过滤。

（3）小容量注射剂的过滤 注射剂过滤一般采用二级过滤：先将药液进行预滤，常用滤器为钛滤器；预滤后的药液经含量、pH 检验合格后方可精滤，常用滤器为微孔滤膜（孔径为 0.22 ～ 0.45μm）滤器。为确保过滤质量，很多药品生产企业在灌装前对精滤后的药液进行终端过滤，所用滤器为微孔滤膜（孔径为 0.22μm）滤器。

① 钛滤器。钛棒以工业纯钛粉（纯度 ≥ 99.68%）为主要原料经高温烧结而成。钛滤器主要特性如下：

a. 化学稳定性好，能耐酸、耐碱，可在较大 pH 范围内使用。

b. 机械强度高，精度高，易再生，寿命长。

c. 孔径分布窄，分离效率高。

d. 抗微生物能力强，不与微生物发生作用。

e. 耐高温，一般可在 300℃以下正常使用。

f. 无微粒脱落，不对药液形成二次污染。

该滤器常用于浓配环节中的脱炭过滤以及稀配环节中终端过滤前的保护过滤。

② 微孔滤膜滤器。微孔滤膜是一种高分子滤膜材料，具有很多的均匀微孔，孔径从 0.025μm 到 14μm 不等，其过滤机制主要是物理过筛作用。微孔滤膜的种类很多，常用的有醋酸纤维滤膜、聚丙烯滤膜、聚四氟乙烯滤膜等。微孔滤膜的优点是孔隙率高，过滤速度快，吸附作用小，不滞留药液，不影响药物含量，设

备简单、拆除方便等；缺点是耐酸、耐碱性能差，对某些有机溶剂如丙二醇适应性差，截留的微粒易使滤膜阻塞，影响滤速等。因此，应用其他滤器预滤后，再使用微孔滤膜滤器过滤。

（4）小容量注射剂的灌封 滤液经检查合格后进行灌装和封口，即灌封。灌装药液时应注意以下几点。

① 剂量准确。灌装注射剂时，可分别按易流动液和黏稠液，根据《中国药典》（2020年版）要求适当增加装量，以保证注射用量不少于标示量。

② 药液不沾瓶。为防止灌注器针头"挂水"，活塞中心常有毛细孔，可使针头挂的水滴缩回并调节灌装速度，以免灌装过快使药液溅至瓶壁而沾瓶。

③ 易氧化的药物灌装时应通惰性气体。通惰性气体应既不使药液溅至瓶颈，又使安瓿空间空气除尽。一般采用空安瓿先充一次惰性气体，灌装药液后再充一次惰性气体的方法，效果较好。

安瓿封口采用旋转拉丝封口，该方法封口严密，不易出现毛细孔，对药液的影响小。灌封过程中可能出现的问题主要有剂量不准，封口不严，出现泡头、平头、焦头等。焦头是经常遇到的问题，产生的原因有：灌药时给药太急，溅起药液挂在安瓿壁上，封口时形成炭化点；针头向安瓿注药后不能立即回药，尖端还带有药液水珠；针头安装不正，尤其是安瓿往往粗细不匀，给药时药液沾瓶；压药与针头打药的行程配合不好，造成针头刚进瓶口就注药或针头临出瓶时才注完药液；针头升降轴不够润滑，针头起落迟缓等。应分析原因加以解决。灌封所用设备为拉丝灌封机。自动安瓿灌封机可自动完成进瓶、理瓶、送瓶、前充氮、灌装、后充氮、预热、拉丝封口、出瓶等工序。灌封机可与超声波洗瓶机、隧道式烘箱联动进行，组成洗涤、烘干灭菌以及药液灌封三个步骤联合起来的生产线。其主要特点是生产全过程在密闭或层流条件下进行，符合GMP要求；采用先进的电子技术和微机控制，实现机电一体化，使整个生产过程达到自动平衡；可实现监控保护、自动控温、自动记录、自动报警和故障显示，节省人力资源，减轻操作人员劳动强度。

（5）小容量注射剂的灭菌与检漏 一般注射剂灌封后必须尽快进行灭菌（应在4h内灭菌），以保障产品无菌。注射剂的灭菌要求是在杀灭所有微生物的前提下，避免药物降解。灭菌与保持药物稳定性是矛盾的两个方面，灭菌温度高、时间长，容易把微生物杀灭，但却不利于药液的稳定，因此选择适宜的灭菌法对保障产品质量尤为重要。药品生产企业一般采用热压灭菌法，要求按灭菌效果F0大于8进行验证。灭菌后的安瓿应立即进行漏气检查。若安瓿未严密熔合，有毛细孔或微小裂缝存在，则药液易被微生物与污物污染或导致药物泄漏，因此必须剔除漏气产品。安瓿灭菌、检漏常用的设备即安瓿检漏灭菌柜，多通过高温高压灭菌，利用真空加色水检漏，最后用清水进行清洗处理，保证瓶外壁干净无污染。根据加热介质不同，安瓿检漏灭菌柜主要有两种类型，即蒸汽式安瓿检漏灭菌柜和水浴式安瓿检漏灭菌柜。

（6）小容量注射剂的印字包装　完成灭菌与检漏的安瓿先进入中间品暂存间，经质量检查合格后方可印字包装。印字内容包括品名、规格、批号、厂名及批准文号。经印字后的安瓿，即可装入纸盒内，盒外应贴标签，标明注射剂名称、内装支数、每支装量及主药含量、附加剂名称、批号、制造日期与失效期、商标、卫生健康主管部门批准文号及应用范围、用量、禁忌、贮藏方法等。产品还应附有详细说明书。目前已有印字、装盒、贴签及包装等一体的印包联动线，可大大提高安瓿印包效率。

四、能力训练

（一）操作条件

①　人员：操作员需要经过生产区更衣程序和净化区后进入操作间。

②　设备、器具：配液罐、过滤器、安瓿洗烘灌封联动机（含超声波洗瓶机、安瓿干燥机、安瓿灌封机）、灭菌机、安瓿印字机、装盒机、装箱机、胶塞清洗机、轧盖机、下瓶机、装盒机、追溯码平台等设备空载试车及操作、多媒体设备等。

③　原辅料：氯化钙、盐酸等。

④　资料：《中华人民共和国药典》（2020年版）、《药品生产质量管理规范》、生产工艺、操作方法、生产操作规程、附件1学习任务书、附件2氯化钙注射液的批生产指令单、附件3氯化钙注射液的制备方案、附件4氯化钙注射液批生产记录等。

⑤　环境：空气洁净度A级的医药洁净室（区），温度应为20～24℃，相对湿度应为45%～60%；C级洁净区：温度18～26℃，相对湿度45%～65%，一般照明的照明值不低于300lx，药物制剂一体化工作站。

（二）安全及注意事项

小容量注射剂生产流程关键控制点包括工艺用水、原料的准备、称量配料、过滤、洗瓶、灌装、灭菌检漏、灯检、包装等步骤，环节多，风险因素也就多，各生产环节带入的污染源也就多，因此尤其需要对引起微粒、微生物和内毒素等潜在污染的重大风险进行严格控制，从小容量注射液的生产工艺着手，减少或消除生产过程中潜在的污染源。

（三）操作过程

工作环节	工作内容	操作方法及说明	质量标准
下达生产指令	任务书解读	现场交流法，填写批生产指令单	（1）正确解读任务书的剂型、数量、工期和质量要求等 （2）具有交往与合作的能力
制订岗位工作计划	氯化钙注射液生产流程、要点及所需的设备材料	资料查阅法；岗位工作计划的编制	（1）岗位工作计划全面合理，明确制备流程和质量标准 （2）具有自主学习、自我管理、信息检索能力和实践意识
生产前工作环境、设备情况、工器具状态的确认	生产前工作环境确认	检查温度、湿度、压差。生产前工作环境要求（温度、湿度、压差）：A 级医药洁净室（区），温度应为 20～24℃，相对湿度应为 45%～60%；C 级洁净区，温度 18～26℃，相对湿度 45%～65%，压差应不低于 10Pa 检查清场合格证，检查操作室地面，工具是否干净、卫生、齐全；确保生产区域没有上批遗留的产品、文件或与本批生产无关的物料	（1）温、湿度符合注射剂生产要求 （2）具有交往与合作能力
	生产前设备情况确认	检查制水系统、配液系统、洗瓶机、灌封机、灭菌设备、灯检设备的状态标识牌、清场合格证；检查电子天平、压力表等校验有效期	（1）能按照氯化钙注射液的操作规程，完成生产所需设备的准备，达到实施生产的环境设备要求 （2）具备交往与合作能力和安全意识
	生产前工器具状态确认	运输车、无菌手套、物料铲、物料桶、物料袋、扳手、螺丝刀、清洁工具、清洁毛巾、称量勺、取样器、称量瓶、电子秤、负压称量罩的状态标识确认	工器具状态标识牌
实施计划	原辅料的准确称量	（1）人员净化 （2）器具准备 ① 氯化钙注射液的基本知识（如原辅料种类、生产工艺配方比例、包装材料等） ② 称量过程有复核	（1）根据氯化钙注射液的工艺处方准确称量物料并复核 （2）具有防止污染、混淆和差错的意识和措施
	洗瓶	（1）按照操作规程进行洗瓶操作 （2）及时填写洗瓶岗位生产记录	（1）防止倒瓶、碎瓶，减小可见异物的风险 （2）具有及时发现并解决生产过程中异常的能力
	药液的配制	（1）按批生产指令，领取原辅料 （2）注射剂用原料药、非水溶媒，检验报告单加注"供注射用"字样，并仔细核对 （3）根据检验报告书，对原辅料的品名、批号、规格等核对，并分别称（量）取原辅料 （4）原辅料的计算、称量、投料，必须按照双人复核要求，操作者、复核者均应在原始记录上签名 （5）过滤前后，过滤器要做起泡点试验 （6）配料过程中，凡接触药液的配制容器、管道等均需做特别处理 （7）称量时衡器合格证，每次使用前应校正	（1）过滤器起泡点试验合格 （2）中间产品 pH 和含量合格 （3）具有质量为本意识

工作环节	工作内容	操作方法及说明	质量标准
实施计划	灌封	（1）安装设备、洗涤 （2）调试机器并校正装量 （3）根据需要调整管道煤气与氧气压力 （4）打开药液输送管道，将最初打出的药液重新过滤，同时检查，合格后即可灌封 （5）灌封时应每小时进行抽检，检查装量和可见异物 （6）及时填写生产记录	（1）装量和可见异物合格 （2）已灌装的半成品，必须在4h内灭菌 （3）具有无菌意识
	灭菌与检漏	（1）按批生产指令设定灭菌温度、时间、真空度等数据 （2）将封口后的安瓿产品根据产品流通卡，核对品名、规格、批号、数量正确后，送入安瓿灭菌检漏柜内，关闭柜门，按下启动键。灭菌检漏结束后，打开柜门取出产品，送入烘房除湿	（1）灭菌温度、时间、真空度等灭菌参数曲线无异常 （2）高度的责任心
	灯检	按照可见异物检查法对每支药品进行可见异物检查	（1）可见异物检查结果符合《中国药典》规定 （2）具有高度的责任心
	清洁清场	（1）清洁和清场的基本知识（清洁剂、消毒剂、清场程序） （2）"6S"概念 （3）清洁标准操作规程 （4）清场记录的填写	（1）场地清洁 （2）工具和设备清洁及摆放合理 （3）具有GMP管理意识
合格品的交付	交付合格品	（1）交接合格品 （2）填写交接记录	（1）合格品应符合质量要求 （2）完成合格品的交接，确保成品的产量，具有成本意识

【问题情境一】

使用安瓿拉丝灌封机对安瓿瓶封口的原理是什么?

解答：因为玻璃是混合物，非晶体，所以无固定熔沸点。玻璃由固体转变为液体是在一定温度区域（即软化温度范围）内进行的，它与结晶物质不同，没有固定的熔点。安瓿主要是由低碱硼硅玻璃材质构成，低硼硅玻璃指具有 SiO_2-B_2O_3-R_2O 成分，含 R_2O 低、SiO_2 高的玻璃，线膨胀系数小、色散小、化学稳定性好、热稳定性高、电绝缘性好。普通玻璃熔点 600℃，可以用炉火变软，火焰温度可达 1400℃，因此，低硼硅玻璃安瓿可以很轻易地被熔融，进而采用拉丝的方法将瓶口熔封。

【问题情境二】

使用安瓿拉丝灌封机进行灌装时，开火时出现回火爆炸，为什么?

解答：生产结束后，应先将氧气阀缓慢关闭，将管道内的残留氧气燃尽后，先将液化气阀调至小火，然后再关闭阀门。切不可先关闭液化气，否则容易回火爆炸。如若出现回火情况，迅速关闭管道总阀，并将设备内部炸开的硅胶管接回到原位。

【问题情境三】

使用安瓿拉丝灌封机进行灌装时，灌装药液后的安瓿瓶出现泡头的现象，应如何处理？

解答：泡头现象是指瓶口鼓起，封口处变薄，易脆易破。主要原因与解决办法如下：

（1）煤气过大或加热过度，可调小火焰，使之封口平整、圆滑。

（2）火力太旺导致玻璃瓶内药液及气体挥发，压力增加，鼓起瓶顶。

（3）预热枪火头太高，可适当降低火头位置。

（4）主火头摆动角度不当，适当调低火头位置并调整火头摆动角度。

（5）安瓿压轮未压紧，使瓶子上爬，应调整压轮位置。

（6）拉丝钳位置太低，造成钳去玻璃太多，形成泡头，需要将钳子调高。

（7）药液中充二氧化碳较多，受热后气体膨胀。

五、学习结果评价

序号	评价内容	评价标准	评价结果（是/否）
1	任务书解读	（1）能解读任务书，解读任务的剂型、数量、工期和质量要求等 （2）具有信息分析和自主学习能力	
2	氯化钙注射液生产流程、要点及所需的设备材料	（1）能编制氯化钙注射液的制备方案，明确制备流程和质量标准，画出小容量注射剂工艺流程图 （2）具有信息检索和信息处理能力	
3	生产前工作环境确认	（1）能确认生产前工作环境 （2）具有语言表达能力	
4	生产前设备情况确认	（1）能正确确认设备的情况 （2）具有质量为本意识	
5	生产前工器具状态确认	（1）能正确识别生产前工器具的状态 （2）具有GMP管理意识和质量为本意识	
6	原辅料的准确称量	（1）根据氯化钙注射液的工艺处方准确称量物料并符合复核 （2）具有防止污染、混淆和差错的意识和措施	
7	洗瓶	（1）具有规范生产意识，防止倒瓶、碎瓶，减少可见异物的风险 （2）具有及时发现并解决生产过程中异常的能力	
8	药液的配制	（1）能通过过滤器起泡点试验检查过滤器的完整性 （2）会对药液的pH进行调节 （3）具有质量为本意识	
9	灌封	（1）能在规定时间内完成灌装 （2）能确保生产过程中的装量和可见异物符合规定 （3）具有无菌意识	

序号	评价内容	评价标准	评价结果(是/否)
10	灭菌与检漏	(1)会使用灭菌器进行灭菌 (2)能正确解读灭菌温度、时间、真空度等灭菌参数曲线，及时识别异常 (3)高度的责任心	
11	灯检	(1)会对药液中的玻璃屑、纤维等可见异物进行检查 (2)能根据检查结果评估产品质量 (3)高度的责任心	
12	清洁清场	(1)场地清洁 (2)工具和设备清洁及摆放合理 (3)具有 GMP 管理意识	
13	交付合格品	(1)能准确交付合格品 (2)具有质量为本意识	

六、课后作业

1. 试解释并分析灌装过程中出现"尖头"和"焦头"的可能原因。
2. 试阐述封口火焰大小与封口质量的关系。

二维码A-4-1

任务A-4-2 能完成大容量注射剂生产

一、核心概念

1. 大容量注射剂

大容量注射剂简称输液剂，是通过静脉滴注输入体内的注射液，一般输注量不少于100mL，生物制品一般不少于50mL。它是注射剂的一个分支，通常包装于玻璃瓶或塑料瓶或软袋中，不含防腐剂、抑菌剂，使用时通过输液器持续滴注输入静脉，向患者体内快速输注药物或补充营养，维护机体的水、电解质与酸碱平衡。在临床医疗中，特别是在危重患者的抢救中，大容量注射剂具有不可替代的作用。

2. 大容量注射剂的生产工艺流程（图 A-4-2-1）

二、学习目标

1. 能正确解读 0.9% 氯化钠注射液学习任务书，具备自主学习、信息检索与分析能力。
2. 能按照 0.9% 氯化钠注射液的生产，完成分工，具备统筹协调能力和效率意识。

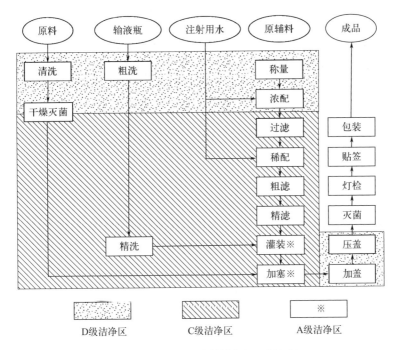

图A-4-2-1　大容量注射剂生产工艺流程

3. 能按照 0.9% 氯化钠注射液的操作规程，完成生产前的准备工作，具备责任意识。

4. 能按照要求和各岗位标准操作规程，完成 0.9% 氯化钠注射液的生产，具有交往与合作能力、自我管理能力、解决问题能力、环保意识、GMP 意识、安全意识、"6S" 管理意识。

5. 能按照标准操作规程，完成生产过程中的在线抽检，具备理解与表达能力、交往与合作能力、诚实守信意识。

6. 能按照药品生产工艺规程，完成合格品的交付，具有效率意识。

7. 具备社会主义核心价值观、工匠精神、劳动精神和劳模精神等思政素养。

三、基本知识

1. 大容量注射剂分类

（1）电解质输液剂　电解质输液剂用以补充体内水分、电解质，纠正酸碱平衡等，如氯化钠注射液、复方氯化钠注射液、乳酸钠注射液等。

（2）营养输液剂　营养输液剂主要用于不能口服吸收营养的患者。营养输液剂有糖类输液剂、氨基酸输液剂、脂肪乳输液剂等。糖类输液剂中最常见的为葡萄糖注射液。

（3）胶体输液剂　胶体输液剂用于调节体内渗透压。胶体输液剂有多糖类、明胶类、高分子聚合物类等，如右旋糖酐、淀粉衍生物、明胶、PVP等。

（4）含药输液剂　含药输液剂指含有药物的输液剂，可用于临床治疗，如替硝唑、苦参碱等输液剂。

2. 大容量注射剂的容器和包装材料

大容量注射剂的容器有玻璃瓶、塑料瓶和塑料袋3种。除此之外，包装材料还包括密封件、铝盖和铝塑组合盖。

（1）玻璃瓶　玻璃瓶是大容量注射剂的传统容器，材质为硬质中性玻璃。玻璃瓶具有透明度好、耐压、耐高温、瓶体不变形、气密性好等优点。缺点是质量、体积较大，运输不便；生产时能耗大、成本高；可反复利用，增加了交叉污染机会，回收处理不便。

（2）塑料瓶　材料一般为聚乙烯（PET）、聚丙烯（PP），随着国内塑料瓶生产设备及配套的灭菌、灌装设备的国产化，现已广泛使用。塑料瓶耐腐蚀，具有重量轻、不易破损、机械强度高、化学稳定性好等优点，有利于长途运输；自动化程度高，一次成型，生产过程中制瓶与灌装可在同一生产区域，甚至在同一台机器进行，瓶子只需用无菌空气吹洗，无须洗涤直接进行灌装；一次性使用，避免了旧瓶污染和交叉污染的情况。但塑料瓶透明度不如玻璃瓶，不利于大容量注射剂澄明度检查；热稳定性较玻璃瓶差；与玻璃瓶一样，均属于半开放式的输液方式，使用过程中需建立空气通路，外界空气进入瓶体形成内压才能使药液顺利滴出，空气中的微生物及微粒仍可通过空气针进入大容量注射剂，增加二次污染机会。

（3）塑料袋　塑料袋有PVC软袋和非PVC软袋两种类型。

① PVC软袋。PVC软袋中含有的增塑剂邻苯二甲酸-2-乙基己酯（DEHP）和未聚合的聚氯乙烯单体（VCM）会在长期放置过程中逐渐迁移进入药液中，对人体产生毒害，目前已禁止生产和使用。

② 非PVC软袋。非PVC软袋全称为非PVC多层共挤输液袋，制备材料不采用聚氯乙烯（PVC），是目前较为理想的容器，代表国际最新发展趋势。制袋过程中不使用增塑剂，为输液软袋的安全使用提供了保障；膜材易于热封，弹性好，抗冲击，温度耐受范围广，既耐高温（可在121℃下灭菌），又抗低温（-40℃）；透明度高，利于澄明度检查；化学惰性、药物相容性好，适宜包装各种大容量注射剂；生产工艺简单，自动化程度高；临床使用时软袋可完全自收缩，实现全封闭式输液，避免了二次污染，安全性高。制膜工艺和设备较复杂，膜材以及专用的制袋、灌封设备多为进口，价格高昂，因此其生产成本高于其他

包装技术。

（4）密封件　大容量注射剂常用的密封件为卤化丁基胶塞和聚异戊二烯垫片。卤化丁基胶塞主要为氯化和溴化丁基胶塞，阻湿性能低，具有化学和生物学稳定性，针刺时自密封性能好，耐热、耐臭氧等。聚异戊二烯垫片弹性比卤化丁基胶塞好，耐穿刺效果好，多用于大容量注射剂塑料包装中。

（5）铝盖和铝塑组合盖　常见形式有两件组合型、三件组合型、拉环型等。注射剂按照药物的分散方式不同，可分为溶液型注射剂、混悬型注射剂、乳剂型注射剂以及临用前配成液体使用的注射剂无菌粉末等。

3. 大容量注射剂的生产

（1）配制　原辅料的质量好坏，对大容量注射剂质量影响较大。应选用优质注射用原料和新鲜的注射用水，注意控制注射用水质量，特别是热原、pH 等。配制时，根据处方按品种进行，必须严格核对原辅料的名称、质量、规格等。采用浓配法，通常加入活性炭后在 45～50℃下保温 20～30min，活性炭分次加比一次加效果好。所用器具设备及处理方法等基本与小容量注射剂相同，应避免热原污染，特别是管道阀门等部位，不得遗留死角。

（2）过滤　大容量注射剂的过滤与小容量注射剂相同，多采用加压过滤法。为提高产品质量，生产上多采用粗滤、精滤、终端过滤三级过滤，常先以钛滤器脱碳过滤，再分别以 0.45μm 和 0.22μm 的滤膜过滤，有效控制药液中的微粒及微生物污染水平，滤液应按中间体质量标准进行检查，合格后方能灌装。

（3）灌封　大容量注射剂的灌封分为灌注药液、塞胶塞、轧铝盖 3 步。灌封时，采用局部层流，严格控制洁净度（A/B 或 A/C 级），药液温度维持在 50℃较好。大量生产时，多采用自动转盘式灌装机、自动加塞机和自动落盖轧口机等组成联动生产线，完成整个灌封过程。灌封过程中，应剔除轧口不紧的产品。

（4）灭菌　灌封后应及时灭菌，从配液到灭菌以不超过 4h 为宜。大容量注射剂灭菌常用的热压灭菌柜有蒸汽式和水浴式两种，应合理选用，并按照热压灭菌柜的标准操作进行。根据药液中原辅料的性质，应选择不同的灭菌方法和时间，一般采用 116℃、40min 或 121℃、15min。塑料袋装大容量注射剂一般采用 109℃、45min 灭菌，灭菌设备还应具有加压装置，以免爆破。无论采用何种灭菌温度和时间，都必须进行验证（按灭菌后的效果 F0 > 8 进行验证，一般要保证 F0 ≥ 12），证明所采用的灭菌工艺和监控措施在日常运行过程中能确保物品灭菌后的 SAL ≤ 10^{-6}。

（5）包装　大容量注射剂经质量检验合格后，应立即贴上标签。标签上应印有规格、品名、批号、生产日期等，以免发生差错。贴好标签后装箱，封好，送入仓库。包装箱上应印有规格、品名、生产厂家等。

四、能力训练

（一）操作条件

① 人员：操作员需要经过生产区更衣程序和净化区后进入操作间。

② 设备、器具：配液罐、过滤器、安瓿洗烘灌封联动机（含超声波洗瓶机、安瓿干燥机、安瓿灌封机）、灭菌机、安瓿印字机、装盒机、装箱机、胶塞清洗机、轧盖机、下瓶机、装盒机、追溯码平台、多媒体设备等。

③ 原辅料：0.9% 氯化钠、盐酸等。

④ 资料：《中华人民共和国药典》（2020 年版）、《药品生产质量管理规范》、生产工艺、操作方法、生产操作规程、附件 1 学习任务书、附件 2 0.9% 氯化钠注射液的批生产指令单、附件 3 0.9% 氯化钠注射液的制备方案、附件 4 0.9% 氯化钠注射液批生产记录等。

⑤ 环境：空气洁净度 A 级的医药洁净室（区）温度应为 20 ~ 24℃，相对湿度应为 45% ~ 60%；C 级洁净区：温度 18 ~ 26℃，相对湿度 45% ~ 65%，一般照明的照明值不低于 300lx，药物制剂一体化工作站。

（二）安全及注意事项

大容量注射剂生产中存在的主要问题是可见异物和微粒问题、染菌和热原反应。

（1）可见异物（澄明度）和微粒问题　注射剂特别是大容量注射剂中可见异物和微粒问题所造成的危害，已引起人们的普遍关注。较大的异物可造成局部循环障碍，引起血管栓塞；微粒过多可造成局部堵塞和供血不足、组织缺氧，从而导致水肿和静脉炎等。微粒包括炭黑、碳酸钙、氧化锌、纤维素、纸屑、黏土、玻璃屑、细菌、真菌等。

（2）染菌　染菌的大容量注射剂会出现霉团、云雾状物、混浊、产气等现象，也有些外观上无任何变化。如果使用这种大容量注射剂，会引起脓毒症、败血症、内毒素中毒甚至死亡。染菌原因主要在于生产过程中严重污染，灭菌不彻底，瓶塞松动不严等。有些放线菌在 140℃下灭菌 15 ~ 20min 才能被杀死。营养类输液剂，细菌易生长繁殖，即使经过灭菌，仍会引起致热反应。所以，生产时要尽量减少制备过程中的污染，控制染菌水平，按照严谨规范的灭菌条件严格灭菌，严密包装。

（3）热原反应　生产过程中，应进行全程控制。使用经灭菌的一次性全套输液器，有利于解决使用过程中的热原污染。

（三）操作过程

工作环节	工作内容	操作方法及说明	质量标准
下达生产指令	任务书解读	现场交流法，填写批生产指令单	（1）正确解读任务书的剂型、数量、工期和质量要求等 （2）具有交往与合作的能力
制订岗位工作计划	0.9%氯化钠注射液生产流程、要点及所需的设备材料	资料查阅法；岗位工作计划的编制	（1）岗位工作计划全面合理，明确制备流程和质量标准 （2）具有自主学习、自我管理、信息检索能力和实践意识
生产前工作环境、设备情况、工器具状态的确认	生产前工作环境确认	检查温度、湿度、压差。生产前工作环境要求（温度、湿度、压差）：A级医药洁净室（区），温度应为20~24℃，相对湿度应为45%~60%；C级洁净区，温度18~26℃，相对湿度45%~65%，压差应不低于10Pa 检查清场合格证，检查操作室地面、工具是否干净、卫生、齐全；确保生产区域没有上批遗留的产品、文件或与本批生产无关的物料	（1）温、湿度符合注射剂生产要求 （2）具有交往与合作能力
	生产前设备情况确认	检查制水系统、配液系统、洗瓶机、灌封机、灭菌设备、灯检设备的状态标识牌、清场合格证；检查电子天平、压力表等校验有效期	（1）能按照0.9%氯化钠注射液的操作规程，完成生产所需设备的准备，达到实施生产的环境设备要求 （2）具备交往与合作能力和安全意识
	生产前工器具状态确认	运输车、无菌手套、物料铲、物料桶、物料袋、扳手、螺丝刀、清洁工具、清洁毛巾、称量勺、取样器、称量瓶、电子秤、负压称量罩的状态标识确认	工器具状态标识牌
实施计划	原辅料的准确称量	（1）人员净化 （2）器具准备 ① 0.9%氯化钠注射液的基本知识（如原辅料种类、生产工艺配方比例、包装材料等） ② 称量过程有复核	（1）根据0.9%氯化钠注射液的工艺处方准确称量物料并复核。 （2）具有防止污染、混淆和差错的意识和措施
	药液的配制	（1）按批生产指令，领取原辅料 （2）注射剂用原料药、非水溶媒，检验报告单加注"供注射用"字样，并仔细核对 （3）根据检验报告书，对原辅料的品名、批号、规格等核对，并分别称（量）取原辅料 （4）原辅料的计算、称量、投料，必须按照双人复核要求，操作者、复核者均应在原始记录上签名 （5）过滤前后，过滤器要做起泡点试验 （6）配料过程中，凡接触药液的配制容器、管道等均需做特别处理 （7）称量时衡器合格证，每次使用前应校正	（1）过滤器起泡点试验合格 （2）中间产品检验合格 （3）具有质量为本意识

工作环节	工作内容	操作方法及说明	质量标准
实施计划	灌封	(1)安装设备、洗涤 (2)调试机器并校正装量 (3)根据需要调整管道煤气与氧气压力 (4)打开药液输送管道,将最初打出的药液重新过滤,同时检查,合格后即可灌封 (5)灌封时应每小时进行抽检,检查装量和可见异物 (6)及时填写生产记录	(1)装量和可见异物合格 (2)已灌装的半成品,必须在4h内灭菌 (3)具有无菌意识
	灭菌	(1)按批生产指令设定灭菌温度、时间、真空度等数据 (2)将封口后的安瓿产品根据产品流通卡,核对品名、规格、批号、数量正确后,送入安瓿灭菌检漏柜内,关闭柜门,按下启动键	(1)灭菌温度、时间、真空度等灭菌参数曲线无异常 (2)具有高度的责任心
	灯检	按照可见异物检查法对每支药品进行可见异物检查	(1)可见异物检查结果符合《中国药典》(2020年版)规定 (2)具有高度的责任心
	清洁清场	(1)清洁和清场的基本知识(清洁剂、消毒剂、清场程序) (2)"6S"概念 (3)清洁标准操作规程 (4)清场记录的填写	(1)场地清洁 (2)工具和设备清洁及摆放合理 (3)具有GMP管理意识
合格品的交付	交付合格品	(1)交接合格品 (2)填写交接记录	(1)合格品应符合质量要求 (2)完成合格品的交接,确保成品的产量,具有成本意识

【问题情境一】

在生产0.9%氯化钠注射液时,对中间产品检测,显示微粒超标,试分析大容量注射剂微粒超标可能原因有哪些?

解答:微粒产生的原因是多方面的:①空气洁净度不够;②工艺操作中的问题;③胶塞与大容量注射剂容器质量不好,在储存期间污染药液;④原辅料质量影响。宜针对产生原因采取相应措施。

【问题情境二】

和其他无菌制剂相比,大容量注射剂的特点是什么?

解答:(1)发生微生物污染、内毒素污染和微粒污染后对使用者的后果更严重。

(2)降低微生物、内毒素和微粒污染的技术复杂性较高。

(3)厂房面积大且高,维持厂房洁净度的难度大、成本高。

(4)生产设备体积大且固定,需要在线清洁和消毒灭菌。

(5)工艺管路和在线清洁消毒管路并存,连接复杂,发生污染和交叉污染的风险大。

（6）大规模地处理物料和包装材料，生产周期较长，发生微生物污染并在生产过程中繁殖的概率增加。

GMP的很多基本要求，以及对无菌制剂的特殊要求，对本剂型而言需要特别关注并从严掌握。

五、学习结果评价

序号	评价内容	评价标准	评价结果(是/否)
1	任务书解读	（1）能解读任务书，解读任务的剂型、数量、工期和质量要求等 （2）具有信息分析和自主学习能力	
2	0.9%氯化钠注射液生产流程、要点及所需的设备材料	（1）能编制0.9%氯化钠注射液的制备方案，明确制备流程和质量标准，画出大容量注射剂工艺流程图 （2）具有信息检索和信息处理能力	
3	生产前工作环境确认	（1）能确认生产前工作环境 （2）具有语言表达能力	
4	生产前设备情况确认	（1）能正确确认设备的情况 （2）具有质量为本意识	
5	生产前工器具状态确认	（1）能正确识别生产前工器具的状态 （2）具有GMP管理意识和质量为本意识	
6	原辅料的准确称量	（1）根据0.9%氯化钠注射液的工艺处方准确称量物料并符合复核 （2）具有防止污染、混淆和差错的意识和措施。	
7	药液的配制	（1）能通过过滤器起泡点试验检查过滤器的完整性 （2）会对药液的pH进行调节 （3）具有质量为本意识	
8	灌封	（1）能在规定时间内完成灌装 （2）能确保生产过程中的装量和可见异物符合规定 （3）具有无菌意识	
9	灭菌	（1）会使用灭菌器进行灭菌 （2）能正确解读灭菌温度、时间、真空度等灭菌参数曲线，及时识别异常 （3）高度的责任心	
10	灯检	（1）会对药液中的玻璃屑、纤维等可见异物进行检查 （2）能根据检查结果评估产品质量 （3）高度的责任心	
11	清洁清场	（1）场地清洁 （2）工具和设备清洁及摆放合理 （3）具有GMP管理意识	
12	交付合格品	（1）能准确交付合格品 （2）具有质量为本意识	

六、课后作业

1. 试解释并分析灌装过程中出现"尖头"和"焦头"的可能原因。
2. 试阐述封口火焰大小与封口质量的关系。

二维码A-4-2

任务A-4-3　能正确判断注射剂的质量

一、核心概念

1. 无菌制剂

无菌制剂是指列有无菌检查项目的制剂，分为最终灭菌产品和非最终灭菌产品，小容量注射剂和大容量注射剂均属于无菌制剂。无菌检查法系用于检查《中国药典》（2020年版）要求无菌的药品、生物制品、医疗器械、原料、辅料及其他品种是否无菌的一种方法。若供试品符合无菌检查法的规定，仅表明了供试品在该检验条件下未发现微生物污染。

2. 热原

热原系指注入机体后能引起人体体温异常升高的致热物质。主要是指细菌性热原，包括如某些微生物的代谢产物、细菌尸体及内毒素。

3. 细菌内毒素

细菌内毒素是革兰氏阴性菌（G^-）细胞壁层上的特有成分，内毒素为外源性致热原，可激活中性粒细胞等，使之释放出内源性热原质，作用于体温调节中枢引起发热。细菌内毒素的主要化学成分为脂多糖。

4. 可见异物

可见异物系指存在于注射剂、眼用液体制剂和无菌原料药中，在规定条件下目视可以观测到的不溶性物质，其粒径或长度通常大于$50\mu m$。

二、学习目标

1. 能正确解读氯化钙注射液的学习任务书，具备自主学习、信息检索与分析能力。
2. 能按照氯化钙注射液检验产，完成分工，具备统筹协调能力和效率意识。
3. 能按照氯化钙注射液的操作规程，完成检验前的准备工作，具备责任意识。

4. 能按照要求和各岗位标准操作规程，完成氯化钙注射液的检验，具有交往与合作能力、自我管理能力、解决问题能力、环保意识、GMP 意识、安全意识、"6S" 管理意识。

5. 能按照标准操作规程，完成生产过程中的在线抽检，具备理解与表达能力、交往与合作能力、诚实守信意识。

6. 能按照药品检验操作规程和检验标准，完成产品报告单的出具，具有效率意识。

7. 具备社会主义核心价值观、工匠精神、劳动精神和劳模精神等思政素养。

三、基本知识

1. 小容量注射剂的质量要求

按照《中国药典》(2020 年版)，除另有规定外，注射剂应进行以下相应检查。

（1）装量　标示装量为不大于 2mL 者取供试品 5 支，标示装量为 2mL 以上至 50mL 者取供试品 3 支，按照《中国药典》(2020 年版)相关方法进行检查，每支的装量均不得少于其标示装量。

（2）可见异物　可见异物指存在于注射剂、滴眼剂中，在规定条件下目视可以观测到的不溶性物质，其粒径或长度通常大于 50μm。除另有规定外，注射剂应按照《中国药典》(2020 年版)可见异物检查法检查，并应符合规定。

（3）不溶性微粒　除另有规定外，溶液型静脉用注射剂、注射用无菌粉末及注射用浓溶液应按照《中国药典》(2020 年版)不溶性微粒检查法检查，并应符合规定。

（4）无菌　应按照《中国药典》(2020 年版)无菌检查法检查，并应符合规定。

（5）细菌内毒素或热原　除另有规定外，静脉用注射剂应按《中国药典》(2020 年版)各品种项下的规定，按照细菌内毒素检查法或热原检查法检查，并应符合规定。

2. 大容量注射剂的质量要求

大容量注射剂的质量要求与小容量注射剂基本一致，但由于大容量注射剂量较大，应特别注意以下几点。

（1）对无菌、无热原及澄明度等要求，应更加注意。

（2）含量、色泽、pH 应符合要求。pH 应在保障疗效和制品稳定的基础上，力求接近人体血液的 pH，过高或过低都可能引起酸碱中毒。

（3）渗透压应调为等渗或偏高渗，不能引起血常规的任何异常变化。

（4）不得含有引起过敏反应的异性蛋白及降压物质，输入人体后不会引起血常规的异常变化，不损害肝、肾等。

（5）不得添加任何抑菌剂，在储存过程中质量稳定。

四、能力训练

（一）操作条件

（1）装量检查　供试品标示装量不大于2mL者，取供试品5支（瓶）；2mL以上至50mL者，取供试品3支（瓶）。开启时注意避免损失，将内容物分别用相应体积的干燥注射器及注射针头抽尽，然后缓慢连续地注入经标化的量入式量筒内（量筒的大小应使待测体积至少占其额定体积的40%，不排尽针头中的液体），在室温下检视。测定油溶液、乳状液或混悬液时，应先加温（如有必要）摇匀，再用干燥注射器及注射针头抽尽后，同前法操作，放冷（加温时），检视。每支（瓶）的装量均不得少于其标示装量。

标示装量为50mL以上的注射液，除另有规定外，取供试品5个（50mL以上者3个），开启时注意避免损失，将内容物转移至预经标化的干燥量入式量筒中（量具的大小应使待测体积至少占其额定体积的40%），黏稠液体倾出后，除另有规定外，将容器倒置15min，尽量倾净。2mL及以下者用预经标化的干燥量入式注射器抽尽。读出每个容器内容物的装量，并求其平均装量，均应符合表A-4-3-1的有关规定。如有1个容器装量不符合规定，则另取5个（50mL以上者3个）复试，应全部符合规定。

表 A-4-3-1　注射剂装量差异限度

标示装量	注射液及注射用浓溶液		口服及外用固体、半固体液体；黏稠液体	
	平均装量	每个容器装量	平均装量	每个容器装量
20g（mL）以下	—	—	不少于标示装量	不少于标示装量的93%
20g（mL）至50g（mL）	—	—	不少于标示装量	不少于标示装量的95%
50g（mL）以上	不少于标示装量	不少于标示装量的97%	不少于标示装量	不少于标示装量的97%

（2）可见异物　注射剂应在符合药品生产质量管理规范（GMP）的条件下生产，产品在出厂前应采用适宜的方法逐一检查并同时剔除不合格产品。可见异物检查法有灯检法和光散射法。一般常用灯检法，也可采用光散射法。灯检法不适用的品种，如用深色透明容器包装或液体色泽较深（一般深于各标准比色液7号）的品种可选用光散射法；混悬型、乳状液型注射液和滴眼液不能使用光散射法。注射液除另有规定外，取供试品20支（瓶），按上述方法检查。

（3）不溶性微粒　本法系用以检查静脉用注射剂（溶液型注射液、注射用无菌粉末、注射用浓溶液）及供静脉注射用无菌原料药中不溶性微粒的大小及数量。本法包括光阻法和显微计数法。当光阻法测定结果不符合规定或供试品不适于用光阻法测定时，应采用显微计数法进行测定，并以显微计数法的测定结果作为判定依据。

光阻法不适用于黏度过高和易析出结晶的制剂，也不适用于进入传感器时容易产生气泡的注射剂。对于黏度过高，采用两种方法都无法直接测定的注射液，可用适宜的溶剂稀释后测定。

试验环境及检测试验：操作环境应不得引入外来微粒，测定前的操作应在洁净工作台进行。玻璃仪器和其他所需的用品均应洁净、无微粒。本法所用微粒检查用水（或其他适宜溶剂），使用前须经不大于 $1.0\mu m$ 的微孔滤膜滤过。

取微粒检查用水（或其他适宜溶剂）符合下列要求：光阻法取 50mL 测定，要求每 10mL 含 $10\mu m$ 及 $10\mu m$ 以上的不溶性微粒数应在 10 粒以下，含 $25\mu m$ 及 $25\mu m$ 以上的不溶性微粒数应在 2 粒以下。显微计数法取 50mL 测定，要求含 $10\mu m$ 及 $10\mu m$ 以上的不溶性微粒数应在 20 粒以下，含 $25\mu m$ 及 $25\mu m$ 以上的不溶性微粒数应在 5 粒以下。

（4）无菌　无菌检查法系用于检查《中国药典》（2020 年版）要求无菌的药品、生物制品、医疗器械、原料、辅料及其他品种是否无菌的一种方法。若供试品符合无菌检查法的规定，仅表明了供试品在该检验条件下未发现微生物污染。

（5）细菌内毒素或热原　细菌内毒素检查法系利用鲎试剂来检测或量化由革兰氏阴性菌产生的细菌内毒素，以判断供试品中细菌内毒素的限量是否符合规定的一种方法。细菌内毒素检查包括两种方法，即凝胶法和光度测定法，后者包括浊度法和显色基质法。供试品检测时，可使用其中任何一种方法进行试验。当测定结果有争议时，除另有规定外，以凝胶限度试验结果为准。热原检查法系将一定剂量的供试品，静脉注入家兔体内，在规定时间内，观察家兔体温升高的情况，以判定供试品中所含热原的限度是否符合规定。

（二）安全及注意事项

无菌检查应在无菌条件下进行，试验环境必须达到无菌检查的要求，检验全过程应严格遵守无菌操作，防止微生物污染，防止污染的措施不得影响供试品中微生物的检出。单向流空气区域、工作台面及受控环境应定期按医药工业洁净室（区）悬浮粒子、浮游菌和沉降菌测试方法的现行国家标准进行洁净度确认。隔离系统应定期按相关的要求进行验证，其内部环境的洁净度须符合无菌检查的要求。日常检验需对试验环境进行监测。

（三）操作过程

工作环节	工作内容	操作方法及说明	质量标准
下达质量检测任务	任务书解读	现场交流法，领取工作任务	（1）正确解读检验工作任务和工作要求等 （2）具有交往与合作的能力
制订岗位工作计划	注射剂检验流程、要点及所需的设备材料	资料查阅法；岗位工作计划的编制	（1）岗位工作计划全面合理，明确制备流程和质量标准 （2）具有自主学习、自我管理、信息检索能力和实践意识
检验工作环境、工作标准和工作方法的确认	检验工作环境的确认	检验工作环境是否符合要求，如无菌检查的环境是否满足无菌要求	（1）检查项目的工作环境应符合《中国药典》（2020年版）要求 （2）具有交往与合作能力
	工作标准确认	产品检验依据及其标准	能明确检验项目和合格标准
	工作方法的确认	检验方法是否符合《中国药典》（2020年版）或者内控标准的规定	检验方法与标准要求一致
实施计划	装量检查	（1）供试品标示装量不大于2mL者，取供试品5支；2mL以上至50mL者，取供试品3支 （2）标示装量为50mL以上的注射液，取供试品3个	（1）每支的装量均不得少于其标示装量 （2）每支（瓶）不少于标示装量的97%，平均装量不少于标示装量
	可见异物	灯检岗位逐一检查后，抽取供试品20支（瓶），灯检法检查	（1）供试品中不得检出金属屑、玻璃屑、长度超过2mm的纤维、最大粒径超过2mm的块状物以及静置一定时间后轻轻旋转时肉眼可见的烟雾状微粒沉积物、无法计数的微粒群或摇不散的沉淀，以及在规定时间内较难计数的蛋白质絮状物等明显可见异物 （2）供试品中如检出点状物、2mm以下的短纤维和块状物等微细可见异物，生化药品或生物制品若检出半透明的小于约1mm的细小蛋白质絮状物或蛋白质颗粒等微细可见异物，初试有1支检出者，复试有2支及以上的符合规定
	不溶性微粒	取微粒检查用水（或其他适宜溶剂），光阻法检查	每10mL含$10\mu m$及$10\mu m$以上的不溶性微粒数应在10粒以下，含$25\mu m$及$25\mu m$以上的不溶性微粒数应在2粒以下

工作环节	工作内容	操作方法及说明	质量标准
实施计划	无菌	（1）将接种供试品后的培养基容器分别按各培养基规定的温度培养不少于14天 （2）接种生物制品的硫乙醇酸盐流体培养基的容器应分成两等份，一份置30～35℃培养，一份置20～25℃培养 （3）培养期间应定期观察并记录是否有菌生长。如在加入供试品后或培养过程中，培养基出现浑浊，培养14天后，不能从外观上判断有无微生物生长，可取该培养液不少于1mL转种至同种新鲜培养基中，将原始培养物和新接种的培养基继续培养不少于4天，观察接种的同种新鲜培养基是否再出现浑浊，或取培养液涂片，染色，镜检，判断是否有菌	若供试品管均澄清，或虽显浑浊但经确证无菌生长，判供试品符合规定；若供试品管中任何一管显浑浊并确证有菌生长，判供试品不符合规定
	细菌内毒素或热原	（1）凝胶法或光度测定法检查细菌内毒素 （2）鲎试剂法检查热原	（1）若供试品溶液所有平行管的平均内毒素浓度乘以稀释倍数后，小于规定的内毒素限值，判定供试品符合规定。若大于或等于规定的内毒素限值，判定供试品不符合规定 （2）在初试的3只家兔中，体温升高均低于0.6℃，并且3只家兔体温升高总和低于1.3℃；或在复试的5只家兔中，体温升高0.6℃或高于0.6℃的家兔不超过1只，并且初试、复试合并8只家兔的体温升高总和为3.5℃或低于3.5℃，均判定供试品的热原检查符合规定
	清洁清场	（1）清洁和清场的基本知识（清洁剂、消毒剂、清场程序） （2）"6S"概念 （3）清洁标准操作规程 （4）清场记录的填写	（1）场地清洁 （2）工具和设备清洁及摆放合理 （3）具有GMP管理意识
检验报告单的出具	出具产品检验报告单	（1）填写检验记录 （2）出具产品检验报告单	（1）检验数据应真实准确 （2）检验结论应能准确地反应检验结果

五、学习结果评价

序号	评价内容	评价标准	评价结果(是/否)
1	任务书解读	(1)能解读任务书,解读任务的剂型、数量、工期和质量要求等 (2)具有信息分析和自主学习能力	
2	注射剂检验流程、要点及所需的设备材料	(1)能编制注射剂的检验方案,明确制备检验流程和质量标准 (2)具有信息检索和信息处理能力	
3	检验工作环境的确认	(1)能确认检验工作环境 (2)具有语言表达能力	
4	工作标准确认	(1)能正确确认检验工作标准 (2)具有质量为本意识	
5	工作方法的确认	(1)能正确识检验方法 (2)具有GMP管理意识和质量为本意识	
6	装量检查	(1)能根据《中国药典》(2020年版)规定对小容量注射剂和大容量注射剂的装量进行检查 (2)具有严谨的工作态度	
7	可见异物	(1)能根据《中国药典》(2020年版)规定对小容量注射剂和大容量注射剂的玻璃屑、纤维等可见异物进行检查。能根据检查结果评估产品质量 (2)具有分析检验结果的能力	
8	不溶性微粒	(1)能根据《中国药典》(2020年版)规定对小容量注射剂和大容量注射剂的不溶性微粒进行检查 (2)具有质量第一的理念和意识	
9	无菌	(1)能按照标准进行无菌检查 (2)具有无菌意识	
10	细菌内毒素或热原	(1)能按照《中国药典》(2020年版)标准进行细菌内毒素或热原进行检查 (2)能正确解读灭菌温度、时间、真空度等灭菌参数曲线,及时识别异常 (3)高度的责任心	
11	清洁清场	(1)场地清洁 (2)工具和设备清洁及摆放合理 (3)具有GMP管理意识	
12	出具产品检验报告单	(1)能根据检验结果出具检验报告单 (2)具有质量意识	

六、课后作业

1.试述注射剂可见异物的种类和结果判定标准。

2.无菌检查中的注意事项。

二维码A-4-3

模块B

制剂设备维护

项目B　常规设备检定与维护

任务B-1　能完成制粒机检定与维护

一、核心概念

1. 摇摆式颗粒机

摇摆式颗粒机指利用装在机转轴上棱柱的往复转动作用，将药物软材从筛网中挤压成颗粒的装置。

2. 高效混合制粒机

高效混合制粒机指通过搅拌器与高速制粒刀切割，而将湿物料制成颗粒的装置。

3. 沸腾制粒机

沸腾制粒机指利用洁净的热气流把密闭容器的物料及辅料从底部吹沸呈流化状态，然后喷入黏合剂使粉状物料湿润凝集，再经热空气干燥，形成多孔状颗粒的装置。

4. 设备检定

设备检定指用标准仪器测量设备仪表输出数据，然后将结果与设备仪表的指示比较，以确定设备仪表是否维持合适的准确度和可靠性，是一种测试和校准的过程。

5. 设备维护

设备维护指为防止设备性能劣化或降低设备失效的概率，按事先规定的计划或相应技术条件的规定进行的技术管理措施，是设备维修与保养的结合。

二、学习目标

1. 能按照药品生产工艺流程，完成设备检定与维护的任务接收，明确设备检定和维护任务，具备交往与合作能力。

2. 能按照设备检定和维护要求，完成分工，具备自主学习能力、规则意识和时间意识。

3. 能完成检定和维护前的准备工作，具备交往与合作能力和安全意识。

4. 能规范地进行清洗、加油、紧固、试机等检定和维护操作，能及时识别异常响动、异常状态等设备异常情况；具备交往与合作能力和 GMP 意识、安全意识、"6S" 管理意识。

5. 能按照《药品生产质量管理规范》，完成设备检定和维护结果的复核，保证设备的正常运行，具备理解与表达、交往与合作能力和质量意识。

6. 能按照《标准操作规程》和《药品生产质量管理规范》，完成设备检定和维护记录的归档，符合文件保存要求，具有责任意识。

7. 具备社会主义核心价值观、工匠精神、劳动精神和劳模精神等思政素养。

三、基本知识

1. 摇摆式颗粒机

（1）结构及原理　摇摆式颗粒机（图 B-1-1）由制粒部分和传动部分组成，主要由机座、电机、皮带轮、蜗杆、蜗轮、齿条、滚筒、筛网、管夹（棘轮机构）构成。设备利用滚筒的正反方向旋动运动，刮刀对物料产生挤压和剪切作用，将物料挤过筛网制成颗粒。此设备为连续操作。摇摆式颗粒机与槽型混合机配套制粒，也可干颗粒进行整粒。

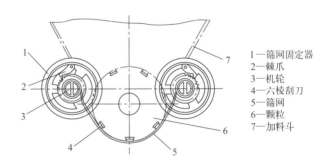

1—筛网固定器
2—棘爪
3—机轮
4—六棱刮刀
5—筛网
6—颗粒
7—加料斗

图B-1-1　摇摆式颗粒机

（2）检定与维护说明

① 定期检查机件，每月进行一次，检查机轮、六棱刮刀、筛网固定轴等活动部分是否灵活和磨损情况，发现缺陷应及时修复，不得勉强使用。

② 机器应放在干燥清洁的室内，其大气中不得含有酸类及其他对机件有腐蚀性气体流动。

③ 机器一次使用完毕后或停工时，应取出旋转滚筒进行清洗或刷清斗内剩

余药粉，然后装妥，为下次使用做好准备工作。

④ 如停用时间较长，必须将机器全身揩擦干净，机件的光面涂上防锈油，用布篷罩好

2. 高效混合制粒机

（1）结构及原理　高效混合制粒机（图B-1-2）主要由机体、锅体、锥形料斗、搅拌装置、制粒刀、进料装置、出料装置、开盖装置、控制系统及充气密封、充水清洗、夹套水冷却等辅助系统所组成。其工作原理是由气动系统关闭出料阀，加入物料后，在封闭的容器内，依靠搅拌桨的旋转、推进和抛散作用，使容器内的物料迅速翻转达到充分混合，黏合剂或润湿剂从上盖顶部加料口加入，同时，利用垂直且高速旋转、前缘锋利的制粒刀，将其迅速切割成均匀的颗粒。制得的颗粒由出料口放出。此设备为间歇操作。

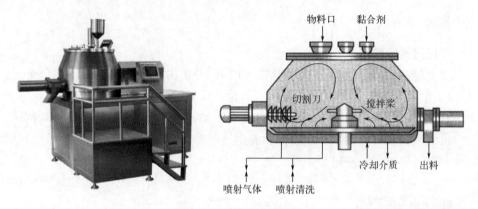

图B-1-2　高效混合制粒机

（2）检定与维护说明

① 日常维护保养：设备表面、压缩空气气压、切割刀、搅拌桨灵活性、密封圈气密性、指示灯有无异常。

② 半年维护保养：电机同步带磨损情况、及时补充润滑油、检查箱内螺丝松动情况及配电箱，对其除尘、紧固接线端子、检查变频器运行情况。

③ 全年维护保养：主机内部进行彻底清洁，清除油污和药粉；电器元件、仪表加以检查；防转卡块的效果；线路连接情况；调整好各部件间隙。

3. 沸腾制粒机

（1）结构及原理　沸腾制粒机（图B-1-3）主要由风机、空气过滤器、加热器、进风口、物料容器、流化室、出风口、供液泵、喷枪等组成，可将混合、制粒、干燥工序并在一套设备中完成。其工作原理为：物料粉末置于流化室下方的原料容器中，空气经过滤加热后，从原料容器下方进入，将物料吹起至流化状态，黏合剂经供液泵送至流化室顶部，与压缩空气混合经喷头喷出，物料与黏合

剂接触聚结成颗粒。热空气对颗粒加热干燥即形成均匀的多微孔球状颗粒回落到原料容器中。此设备为间歇操作。该设备使用时，需注意：容器内装量适量，一般为容器容量的 60% ～ 80%；起始风量不宜过大，以免堵塞；控制进风量略大于出风量；应控制适宜进风温度，避免温度过高。

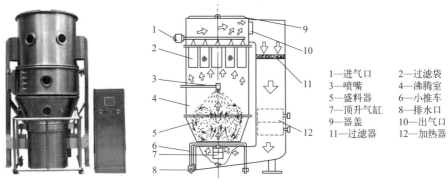

1—进气口　　　2—过滤袋
3—喷嘴　　　　4—沸腾室
5—盛料器　　　6—小推车
7—顶升气缸　　8—排水口
9—器盖　　　　10—出气口
11—过滤器　　　12—加热器

图B-1-3　沸腾制粒机

（2）检定与维护说明

① 定期检查维护：仪器仪表保持干燥整洁，设备周围、操作场地经常打扫。

② 压缩空气过滤器：6 ～ 12 个月拆开清洗内部全部构件，每次运行前除去下部积水。

③ 减速箱：定期检查传动轴承等部位润滑状况，及时补充润滑液。

四、能力训练

（一）操作条件

① 人员：操作员需要经过生产区更衣程序和净化区后进入操作间。

② 设备、器具与材料：摇摆式颗粒机、高效混合制粒机、沸腾制粒机、工具箱（含装拆和紧固工具等）、毛巾（清洁和抹布用）、油壶、毛刷、纯化水、润滑油、润滑脂、防锈油、多媒体设备等。

③ 资料：摇摆制粒机、高效混合制粒机及沸腾制粒机的使用说明书、SOP、日常检定与维护 SOP、记录表、附件 1 学习任务书、附件 2 制粒机检定与维护方案、附件 3 制粒机检定与维护记录单等。

④ 环境：D 级洁净区，温度 18 ～ 26℃，相对湿度 45% ～ 65%，一般照明的照明值不低于 300lx，药物制剂一体化工作站。

（二）安全及注意事项

1.必须严格按照电气操作顺序启动和停止设备。

2. 必须靠人工控制搅拌器和风机的关闭。

3. 机器本身设有防护装置，不得随意拆除。

4. 机器的操作必须由一人完成，不得多人同时进行，以免失误操作而发生意外造成人身伤害或设备损坏。

5. 检定和维护设备时，不得用金属工具敲打制粒机，拆卸部件时要轻拿轻放，以免造成机体或部件变形。

6. 检定和维护设备时，对电气控制装置进行防水处理。

（三）操作过程

工作环节	工作内容	操作方法及说明	质量标准
下达检定与维护指令	制粒岗位设备检定和维护任务的接收	现场交流法	（1）能读懂任务指令 （2）具有交流与合作的能力
制订岗位工作计划	设备检查和维护的操作点和工作流程的确定	资料查阅法；制粒机检定与维护方案的编制	（1）能读懂岗位和设备维护操作规程等文件，熟悉摇摆制粒机的构造及原理 （2）具有自主学习、自我管理、信息检索能力和实践意识
工作前环境、设备情况、工器具的确认	设备检定和维护需要工具的准备	检查工具、材料、设备与资料： （1）设备、工具与材料：摇摆式颗粒机、高效混合制粒机、沸腾制粒机、工具箱（含装拆和紧固工具等）、毛巾（清洁和抹布用）、油壶、毛刷、纯化水、润滑油、润滑脂、防锈油多媒体设备等 （2）资料：摇摆制粒机、高效混合制粒机及沸腾制粒机的使用说明书、SOP、日常检定与维护SOP、记录表、附件1学习任务书、附件2制粒机检定与维护方案、附件3制粒机检定与维护记录单等	（1）能按照工作内容准备好设备检定和维护所需的工具 （2）具有交往与合作能力
实施计划	设备检定与维护的实施	检定与维护内容： 1.摇摆式颗粒机 （1）控制面板：检查指示灯防护盖无缺失；按钮正常使用 （2）防护板：检查防护板是否松动；转舌锁位置是否合适；转舌锁紧固螺母是否松动；转舌锁旋转灵活，无脱落现象 （3）安装部件：外压盖内部及时清理；六棱刮刀、筛网固定轴、紧器器、固定螺丝（三个）是否齐全；两侧挡粉板是否完好，无缺角情况 （4）空车试机，确保设备底部无油污 （5）检查设备使用记录是否有异常现象 2.高效混合制粒机 （1）检查物料锅盖密封圈是否完整 （2）检查物料锅盖是否开闭正常 （3）检查出料口开、闭是否灵活 （4）检查搅拌浆及铰刀是否转动灵活	能及时识别设备的异常响动和状态等，熟悉设备异常处理程序，能及时报告设备异常情况，能规范地进行加油、紧固、试机等检定和维护操作。能如实填写设备检查、运行和保养记录

工作环节	工作内容	操作方法及说明	质量标准
实施计划	设备检定与维护的实施	（5）气源（P=0.4MPa）将油雾器调节到10s 1滴，以保证气动电磁阀、汽缸工作得到良好的润滑 （6）每周检查一次主搅拌密封、切碎部分密封 （7）每周检查一次装置电器线路是否损坏 （8）定期排放油水分离器中的积水 （9）定期检查减速箱传动轴承等部位润滑状况，及时补充润滑油 3.沸腾制粒机 （1）压缩空气供应及各计量仪表是否正常 （2）上下气囊密封圈是否有凸起，平头螺钉是否松脱 （3）料斗浆叶是否过紧 （4）上下气囊密封圈的气压是否在0.1～0.15MPa以下 （5）压缩空气压力是否过高 （6）每月定期清洗中效过滤袋 （7）定期对搅拌装置中的变速箱清洗加润滑油 （8）每周检修一次离心式鼓风机	能及时识别设备的异常响动和状态等，熟悉设备异常处理程序，能及时报告设备异常情况，能规范地进行加油、紧固、试机等检定和维护操作。能如实填写设备检查、运行和保养记录
	岗位班长和QA对设备进行检定和维护的监督和相应记录的填写	监督检查（记录检查法）	熟悉设备检定和维护操作程序以及记录填写规范，能判断设备是否及时进行检定和维护
检定与维护检查	检查设备检定和维护是否符合标准	监督检查（效果检查法）	熟悉设备检定和维护的操作标准，能判断设备检定和维护是否符合要求

【问题情境一】

在日常检定摇摆式制粒机制粒的过程中，发现设备转速不稳定，原因是什么，如何处理？

解答：原因可能是摇摆式制粒机传动系统出现故障，导致设备无法正常转动或转速不稳定，需要检查传动系统的皮带、齿轮等。

【问题情境二】

沸腾制粒机在正常运行中各项参数指标显示正常以及操作也正确，但是沸腾状况不佳，应该如何处理？

解答：出现这种情况一般是过滤器长时间没有抖动，布袋上吸附的粉尘太多。可以检查布袋过滤器抖动汽缸。

【问题情境三】

在使用高效混合制粒机制粒过程中，出现噪声和振动情况，应该如何处理？

解答： 检查铰刀、转动部位、电机、减速箱，观察铰刀是否变形、转动部位是否断油、电机是否过载、减速箱是否不正常，根据情况对铰刀进行校正，转动部位加油，调整电机，检修减速箱。

五、学习结果评价

序号	评价内容	评价标准	评价结果(是/否)
1	任务书解读	(1)能解读任务书,读懂工艺指令等 (2)具有信息分析和自主学习能力	
2	设备检定和维护的操作点以及工作流程的确定	(1)能编制设备检定和维护方案,明确检定和维护的流程及标准 (2)具有信息检索和信息处理能力	
3	设备检定和维护需要工具的准备	(1)能确认检定和维护需准备的工具 (2)具有语言表达能力	
4	设备检定与维护的实施	(1)能正确检定和维护制粒机 ① 摇摆式颗粒机:指示灯有保护盖、按钮正常;设备运行无异响和振动现象;定期检查设备底部油污;设备停用,机器全身清洁等 ② 高效混合制粒机:日常检查锅盖密封圈完整性和气密性、搅拌浆及铰刀是否转动灵活;定期检查主搅拌密封、切碎部分密封、减速箱传动轴承等部位润滑状况;定期排放油水分离器中的积水等 ③ 沸腾制粒机:日常检查压缩空气供应及各计量仪表是否正常、上下气囊密封圈气压是否正常;定期清洗中效过滤袋;定期对搅拌装置中的变速箱清洗加润滑油;每周检修一次离心式鼓风机等 (2)具有质量为本意识	
5	岗位班长和QA对设备进行检定和维护的监督以及相应记录的填写	(1)能正确识别设备的状态变化 (2)具有GMP管理意识和质量为本意识	

六、课后作业

1. 叙述摇摆式制粒机常见故障及排除方法？
2. 叙述高效混合制粒机维护保养要点？

二维码B-1

任务B-2　能完成压片机检定与维护

一、核心概念

压片机

压片机指片剂生产的主要工序的主要设备，按照结构分为偏心轮式（冲击式）和旋转式；按冲数不同可分为单冲式和多冲式；按照压片时施压次数不同可分为一次和多次压制压片机；按照操作时的转速分可分为低速压片机、亚高速压片机和高速压片机。本模块主要就旋转式压片机展开学习。旋转式压片机是在单冲压片机基础上发展起来的一种能连续完成充填、压片、推片等一系列动作的多冲压片机。

二、学习目标

1. 能按照药品生产工艺流程，完成设备检定与维护的任务接收，明确设备检定和维护任务，具备交往与合作能力。

2. 能按照设备检定和维护要求，完成分工，具有自主学习能力、规则意识和时间意识。

3. 能完成检定和维护前的准备工作，具备交往与合作能力、安全意识。

4. 能规范地进行加油、紧固、试机等检定和维护操作，能及时识别异常响动、异常状态等设备异常情况，具备交往与合作能力和GMP意识、安全意识、"6S"管理意识。

5. 能按照《药品生产质量管理规范》，完成设备检定和维护结果的复核，保证设备的正常运行，具备理解与表达、交往与合作能力和质量意识。

6. 能按照标准操作规程和《药品生产质量管理规范》，完成设备检定和维护记录的归档，符合文件保存要求，具有责任意识。

7. 具备社会主义核心价值观、工匠精神、劳动精神和劳模精神等思政素养。

三、基本知识

1. 结构及原理

（1）转台结构　指旋转式压片机工作的主要执行件，由上/下轴承组件、主轴、转台等主要零件构成。35冲压片机的转台圆周上均匀分布35副冲模，转台与主轴间有平键传递扭矩。主轴支撑在轴承上，由蜗轮副传动，花键连接，转动主轴，使转台旋转工作，转台结构详见图B-2-1。

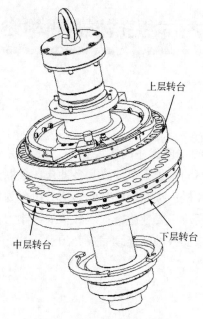

图B-2-1　旋转式压片机转台部件

（2）轨道结构　由上冲轨道和下冲轨道组成的圆柱凸轮和平面凸轮，是上、下冲杆运动的轨迹，轨道结构详见图 B-2-2。上冲轨道由上冲上行轨、上冲下行轨、上冲上平行轨、上冲下平行轨、压下路轨等多块轨道组成（图 B-2-3），它们分别紧固在上轨道盘上。下冲轨道由上冲下行轨、下冲上行轨、充填轨和过桥板组成（图 B-2-4），它们分别安装在下轨道座上。

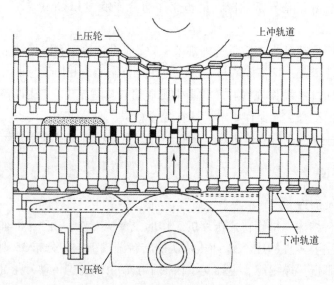

图B-2-2　旋转式压片机轨道部件

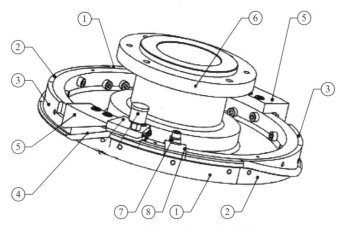

图B-2-3　旋转式压片机上轨道构造

①上冲上平行轨；②上冲上行轨；③上冲下平行轨；④上冲下行轨；
⑤上冲压下路轨；⑥轨道盘；⑦舌架；⑧嵌舌板

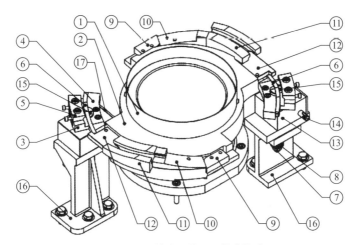

图B-2-4　旋转式压片机下轨道构造

①防尘圈；②下轨道盘；③拉下轨固定块；④垫片；⑤拉下轨；⑥充填轨；⑦轴位螺钉；
⑧弹簧；⑨过桥板；⑩下冲上行轨；⑪下冲下行轨；⑫下冲装卸轨；⑬右小蜗轮罩；
⑭小轴；⑮升降杆；⑯充填调节架

（3）充填调节装置　充填调节装置（图 B-2-5）在主体的内部，在主体的平面上可观察到月形的充填轨，它由螺旋的作用而上升或下降来控制充填量，从而实现片剂重量的调节。转动圆盘调节时，顺时针充填量减少，反之加大。

（4）片厚（压力）调节装置　该装置用于调节片剂的厚度。由上下压轮、上下压轮架、调节螺杆、齿轮箱、调整片等组成。上下压轮由压轮架支承，压轮架相当于一杠杆，上压轮架的位置是固定的，它决定上冲进模的深度。下压轮架的位置是可调的，决定片剂的厚度。支撑下压轮架的传感器座组件内装有压力传感器。片厚调节装置结构见图 B-2-6。

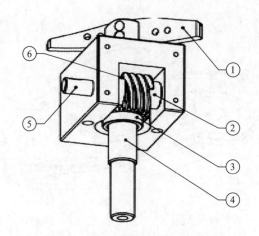

图B-2-5 旋转式压片机充填调节装置
①填充轨；②小蜗杆；③小蜗轮；④内螺纹孔套；⑤小轴；⑥升降杆

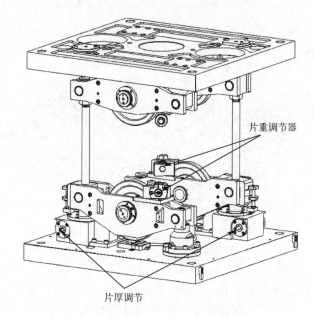

片重调节器

片厚调节

图B-2-6 旋转式压片机片厚调节装置

（5）加料装置 该装置由加料斗、调节螺钉、加料器等组成。加料器为月形栅式加料器，它安装在转台上，加料器与转台工作面间隙及料斗的高度根据颗粒的流动性进行调节。

（6）传动装置 该机器的传动部分是由电动机、同步带轮及蜗轮减速箱、试车手轮等组成。电动机安装在底板的机座上，电机启动后，通过一对同步皮带将动力传递到减速蜗轮箱上。电机转速是通过交流变频无级调速来调节的。打开两侧或后门，可直接观察触带这些零件。

（7）罩壳部分　该机罩壳部分为全封闭，符合 GMP 要求。上半部分由四扇视窗围成，便于清扫和维修。下半部分由不锈钢门封闭，在一般情况下是紧锁关闭的，只有在维修和安装冲模时才打开此门。机器的正面安装一操作台。压片室与机器传动部分由不锈钢围罩隔开，保证压片室清洁及保护传动零件免受粉末污染、腐蚀。

2. 检定与维护说明

（1）定期检查机件，每月进行 1 ～ 2 次，检查项目为蜗轮、蜗杆、轴承、压轮、曲轴、上下轨道等各活动部分是否转动灵活和磨损情况，发现应及时修复。

（2）一次使用完毕或停工时，应取出剩余粉剂，刷清机器各部分的残留粉末。如停用时间较长，必须将冲模全部拆下，并将机器全部擦清洁，机件的光面涂上防锈漆，用布篷罩好。

（3）冲模的保养应放置在专用箱内，使冲模浸入油中，并要保持清洁，勿使生锈和碰伤，最好定制专用箱以每一种规格装一箱，可避免使用时造成装错及有助于掌握损缺情况。

（4）使用场所应经常打扫清洁，尤其对医药和食用的片剂制造更不宜有灰砂、飞尘存在。

（5）电气元件要注意维护，定期检查，保持良好的运行状态。冷却风机应定期用压缩空气清除积尘。

（6）电气元件应注意工作环境条件（温度、湿度），在良好的环境下，将延长部件的使用寿命。

（7）电气元件的维修，应由专业技术人员执行，特别是变频器更应小心从事，一般情况下应送专业厂家维修。

四、能力训练

（一）操作条件

① 人员：操作员需要经过生产区更衣程序和净化区后进入操作间。

② 设备、器具与材料：ZPY35E 型压片机、工具箱（含装拆和紧固工具等）、毛巾（清洁和抹布用）、油壶、毛刷、拖把、纯化水、润滑油、润滑脂、多媒体设备等。

③ 资料：ZPY35E 型压片机使用说明书、日常检定与维护 SOP、记录表、附件 1 学习任务书、附件 2 压片机检定与维护方案、附件 3 压片机检定与维护记录单等。

④ 环境：D 级洁净区，温度 18 ～ 26℃，相对湿度 45% ～ 65%，一般照明的照明值不低于 300lx，药物制剂一体化工作站。

（二）安全及注意事项

1. 启动前检查确认各部件完整可靠，故障指示灯处于不亮状态。

2. 检查各润滑点润滑油是否充足，压轮是否运转自如。

3. 观察冲模是否上下运动灵活，与轨道配合良好。

4. 启动主机时确认调速钮处于零。

5. 安装加料斗注意高度，必要时使用塞规，以保证安装精度。间隙过大会造成漏粉，过小会使加料器与转盘工作台面摩擦，从而产生金属粉末混入药粉中，导致压出片剂不符合质量要求而成为废片。

6. 机器运转时操作人员不得离开，经常检查设备运转情况，发现异常及时停车检查。

7. 生产将结束时，注意物料余量，接近无料应及时降低车速或停车，不得空车运转，否则易损坏模具。

8. 拆卸模具时关闭总电源，并且只能一人操作，防止发生危险。

9. 紧急情况下按下急停按钮停机，机器故障灯亮时机器自动停下，检查故障并加以排除。

（三）操作过程

工作环节	工作内容	操作方法及说明	质量标准
下达检定与维护指令	压片岗位设备检定和维护任务的接收	现场交流法	（1）能读懂任务指令 （2）具有交流与合作的能力
制订岗位工作计划	设备检查和维护的操作点和工作流程的确定	资料查阅法；压片机检定与维护方案的编制	（1）能读懂岗位和设备维护操作规程等文件，熟悉压片机的构造及原理 （2）具有自主学习、自我管理、信息检索能力和实践意识
工作前环境、设备情况、工器具的确认	设备检定和维护需要工具的准备	检查工具、材料、设备与资料： （1）设备、工具与材料：ZPY35E 型压片机、工具箱（含装拆和紧固工具等）、毛巾（清洁和抹布用）、油壶、毛刷、拖把、纯化水、润滑油、润滑脂、多媒体设备等 （2）资料：ZPY35E 型压片机使用说明书、日常检定与维护 SOP、记录表、附件 1 学习任务书、附件 2 压片机检定与维护方案、附件 3 压片机检定与维护记录单	（1）能按照工作内容准备好设备检定和维护所需要的工具 （2）具有交往与合作能力

工作环节	工作内容	操作方法及说明	质量标准
实施计划	设备检定与维护的实施	（1）设备异常判断法（异响判断法，异常状态判断法） （2）设备日常维护法（润滑保养法、部件紧固法） （3）设备状态检测法（空车试机法） （4）检定与维护内容：料斗升降架、压片机四周防护窗、旋转大盘、刮粉器、工作台面、调节手轮、控制面板、涡轮箱、四周防护板、电机、电缆、电气箱、吸粉器、压片机底部等。	能及时识别设备的异常响动和状态等，熟悉设备异常处理程序，能及时报告设备异常情况，能规范地进行加油、紧固、试机等检定和维护操作。能如实填写设备检查、运行和保养记录
	岗位班长和QA对设备进行检定和维护的监督和相应记录的填写	监督检查法（记录检查法）	熟悉设备检定和维护操作程序以及记录填写规范，能判断设备是否及时进行检定和维护
检定与维护检查	检查设备检定和维护是否符合标准	监督检查法（效果检查法）	熟悉设备检定和维护的操作标准，能判断设备检定和维护是否符合要求

【问题情境一】

在日常检定压片机的过程中，发现上下压轮轴相窜动，原因是什么，如何处理？

解答：原因可能是压轮轴断油磨损。若磨损轻微，修复后加油；若磨损严重，应立即更换。

【问题情境二】

在日常检定压片机的过程中，发现上轨道磨损，原因是什么，如何处理？

解答：可能的原因及对应处理方式如下。

（1）断油产生干磨，导致轨道面轻度损坏，应及时修复，损坏严重应调换。

（2）油质不好，轨道与冲杆间的润滑只能选择机油润滑，可选用30齿轮油或空压机油，开机前用刷子涂一次。

（3）粉尘太多，产品吊冲，导致上轨道磨损，应改变制粒工艺，保证颗粒含粉量（100目以上）不超过10%。

五、学习结果评价

序号	评价内容	评价标准	评价结果(是/否)
1	任务书解读	(1)能解读任务书,读懂工艺指令等 (2)具有信息分析和自主学习能力	
2	设备检定和维护的操作点以及工作流程的确定	(1)能编制设备检定和维护方案,明确检定和维护的流程及标准 (2)具有信息检索和信息处理能力	
3	设备检定和维护需要工具的准备	(1)能确认检定和维护需准备的工具 (2)具有语言表达能力	
4	设备检定与维护的实施	(1)能正确检定和维护压片机(料斗升降架、压片机四周防护窗、旋转大盘、刮粉器、工作台面、调节手轮、控制面板、涡轮箱、四周防护板、电机、电缆、电气箱、吸粉器、压片机底部等) (2)具有质量为本意识	
5	岗位班长和 QA 对设备进行检定和维护的监督以及相应记录的填写	(1)能正确识别设备的状态变化 (2)具有 GMP 管理意识和质量为本意识	

六、课后作业

1. 叙述课堂中所用压片机的组成。

2. 叙述课堂中所用压片机的维护保养要点。

二维码B-2

任务B-3　能完成包衣机检定与维护

一、核心概念

1. 普通包衣机

普通包衣机指由荸荠形或球形包衣锅、动力部分、加热器和鼓风等部分组成的装置。

2. 高效包衣机

高效包衣机指热风温度设置、控制及滚筒转速调整等所有操作均在电脑控制面板上完成,片芯在网孔的旋转滚筒或者在无孔滚筒内做复杂运动的装置。

3. 流化包衣机

流化包衣机指使用雾化操作系统及包衣方式使制粒、制微丸、包衣工序和干燥工序在流化床中一次完成的装置。

二、学习目标

1. 能按照药品生产工艺流程，完成设备检定与维护的任务接收，明确设备检定和维护任务，具备交往与合作能力

2. 能按照设备检定和维护要求，完成分工，具备自主学习、规则意识和时间意识。

3. 能完成检定和维护前的准备工作，具备交往与合作能力和安全意识。

4. 能规范地进行清洗、加油、紧固、试机等检定和维护操作，能及时识别异常响动、异常状态等设备异常情况；具备交往与合作能力和 GMP 意识、安全意识、"6S" 管理意识。

5. 能按照《药品生产质量管理规范》，完成设备检定和维护结果的复核，保证设备的正常运行，具备理解与表达、交往与合作能力和质量意识。

6. 能按照标准操作规程和《药品生产质量管理规范》，完成设备检定和维护记录的归档，符合文件保存要求，具有责任意识。

7. 具备社会主义核心价值观、工匠精神、劳动精神和劳模精神等思政素养。

三、基本知识

1. 荸荠式包衣机

（1）结构及原理　包衣锅与水平面调节至 45° 倾斜，在电动机的驱动下，包衣锅随轴一起旋转，使锅内片剂能最大幅度地上下、前后翻动，同时喷洒在锅内的糖浆与水均匀地分布与黏附在片芯表面上。在吹热风的作用下，逐渐干燥并定形，所产生的湿热空气与粉尘经吸风装置排出，待药片涂包一层均匀的糖衣并干燥为止。荸荠式包衣机设备其及结构见图 B-3-1、图 B-3-2。

图B-3-1　荸荠式包衣机

（2）检定与维护说明

① 机器第一次使用或更换涡轮蜗杆后，每运转300h，需要更换68#专用涡轮蜗杆润滑油，加油量不少于2L。

② 一般情况下，机器累计运转1000h需要更换68#专用涡轮蜗杆润滑油，加油量不少于2L。

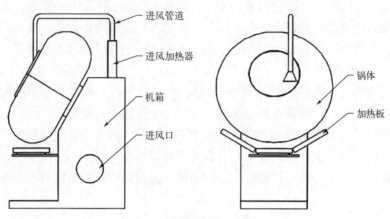

图B-3-2　荸荠式包衣机结构图

③ 蜗杆轴端的防油密封圈每使用2500h由维修人员及时更换。

④ 机器必须可靠接地，其接地电阻应≤4Ω。

⑤ 运行中应确保减速箱内润滑油的品质与油量，以保证涡轮有良好的润滑条件。运行中箱体温升不得超过60℃，运行中如发生油温偏高，或有不正常的噪声，应立即停机检查原因，故障排除后方可继续运行。

2. 高效包衣机

（1）结构及原理　将素片（片芯）放入到包衣滚筒内，片芯在洁净、密闭的旋转滚筒内做复杂轨迹的运动，由计算机控制，按优化的工艺参数自动喷洒包衣敷料，同时在负压状态下，洁净的热空气通过素片层从筛孔排出，素片表面的包衣介质得到快速、均匀的干燥，从而在素片表面形成一层坚固、致密、平整、光滑的薄膜。高效包衣机设备及其结构见图B-3-3、B-3-4。

图B-3-3　高效包衣机

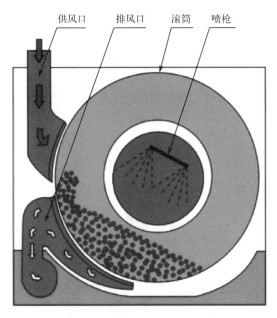

供风口　排风口　滚筒　喷枪

图B-3-4　高效包衣机结构图

（2）检定与维护说明

① 减速箱内润滑油和滚动轴承内腔润滑脂应定期更换。

② 包衣锅如长期不用应擦洗干净，并在其表面涂油以防锅体铜材氧化或受潮后产生有毒性的铜化合物。

③ 为确保减速箱内蜗轮付传动的润滑条件，运行中箱体的温度不得超过50℃。

④ 蜗杆轴端的防油密封圈应定期检查更换（一般不超过6个月）。

⑤ 机器必须可靠接地。

⑥ 不得随意拆除电器及皮带防护罩。

⑦ 每次加入液体或撒粉均应使其分布均匀；每次加入液体并分布均匀后，应充分干燥后才能再一次加溶液，溶液黏度不宜太大，否则不易分布均匀等。

⑧ 机器在出料后，如不再进行包衣，应对机械及管路内进行清洗。

⑨ 机器在操作中，严禁用手或其他东西堵住鼓风口和喷枪，以免损坏鼓风机和喷枪。

⑩ 包衣后的成品必须用低温干燥（是风干），且不断翻动；切忌曝晒和高温烘，否则易使丸剂泛油变色。

⑪ 喷枪系统不用时应将各部件拆除下来，进行保存；喷枪与其他部件应分

开保存，保存前先在液杯中加入开水，打开阀门，对喷枪内部进行清洗。

3. 流化包衣机

（1）结构及原理　流化包衣机是由一种制剂工业上的干燥装置改进产生，流化床有返混流、活塞流、振动、接触式、多层流化床等种类；流化床主要装置为分开启式和封闭循环式，制粒、包衣、干燥工序在流化床中一次完成，降低了能耗。流化包衣机设备及其结构见图 B-3-5、图 B-3-6。

图B-3-5　流化包衣机

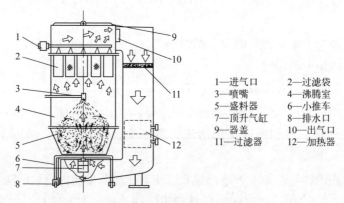

1—进气口　　2—过滤袋
3—喷嘴　　　4—沸腾室
5—盛料器　　6—小推车
7—顶升气缸　8—排水口
9—器盖　　　10—出气口
11—过滤器　　12—加热器

图B-3-6　流化包衣机结构图

（2）检定与维护说明

①压缩空气过滤器每 6 ~ 12 个月拆开用软刷洗刷全部零件，每次运转前除尽下部积水。

② 油雾器每 15 天应加注食用植物油，以便电磁阀能及时得到润滑。

③ 空压机每班工作完毕，清除罐内冷凝水。

④ 泵严禁反转、空转，工作时应在进料管内装满液料。

⑤ 喷枪每周应用有机溶剂清洗零件，以免堵塞。

⑥ 布袋随时检查其透气性能，一旦堵塞，应予清洗。停机和更换品种时，亦应予清洗。

⑦ 孔板如发生堵塞，粉料流化时就会产生沟流现象，造成流化不良，应及时加以清洗。

⑧ 进风过滤器一旦堵塞，将造成进风量严重不足，以致流化恶化，因而每 2 ~ 3 个月应清洗或更换。

⑨ 过滤网每班工作完毕，应予以清洗，以免堵塞。

四、能力训练

（一）操作条件

① 人员：操作员需要经过生产区更衣程序和净化区后进入操作间。

② 设备、器具与材料：普通包衣机、高效包衣机、流化包衣机、工具箱（含装拆和紧固工具等）、毛巾（清洁和抹布用）、油壶、毛刷、纯化水、润滑油、润滑脂、防锈油、多媒体设备等。

③ 资料：普通包衣机、高效包衣机、流化包衣机的使用说明书、操作 SOP、日常检定与维护 SOP、检定与维护记录表、附件 1 学习任务书、附件 2 包衣机检定与维护方案、附件 3 包衣机检定与维护记录单等。

④ 环境：D 级洁净区，温度 18 ~ 26℃，相对湿度 45% ~ 65%，一般照明的照明值不低于 300lx，药物制剂一体化工作站。

（二）安全及注意事项

1. 启动前检查确认各部件完整可靠。

2. 电器操作需严格按照顺序执行。

3. 配制糖衣液时谨防烫伤。

4. 包衣操作时，关好室门，注意排气口密封性。运行中严禁打开机盖，以免发生危险，损坏机件。

5. 操作中禁止动火。

6. 定期为机器加润滑油脂。

7. 每次使用完毕后，必须关闭电源，方可进行清洁。

（三）操作过程

工作环节	工作内容	操作方法及说明	质量标准
下达检定与维护指令	包衣岗位设备检定和维护任务的接收	现场交流法	（1）能读懂任务指令 （2）具有交流与合作的能力
制订岗位工作计划	设备检查和维护的操作点和工作流程的确定	资料查阅法；包衣机检定与维护方案的编制	（1）能读懂岗位和设备维护操作规程等文件，熟悉包衣机的构造及原理 （2）具有自主学习、自我管理、信息检索能力和实践意识
工作前环境、设备情况、工器具的确认	设备检定和维护需要工具的准备	检查工具、材料、设备与资料： （1）设备、器具与材料：普通包衣机、高效包衣机、流化包衣机、工具箱（含装拆和紧固工具等）、毛巾（清洁和抹布用）、油壶、毛刷、纯化水、润滑油、润滑脂、防锈油、多媒体设备等 （2）资料：普通包衣机、高效包衣机、流化包衣机的使用说明书、操作 SOP、日常检定与维护 SOP、检定维护记录表、附件 1 学习任务书、附件 2 包衣机检定与维护方案、附件 3 包衣机检定与维护记录单等	（1）能按照工作内容准备好设备检定和维护所需要的工具 （2）具有交往与合作能力
实施计划	设备检定与维护的实施	检定与维护内容： （1）机器运行一定时间后，需定期更换润滑油 （2）蜗杆轴端的防油密封圈应定期检查更换（一般不超过 6 个月） （3）压缩空气过滤器每 6～12 个月，拆开用软刷洗刷全部零件，每次运转前除尽下部积水 （4）泵严禁反转、空转，工作时应在进料管内装满液料 （5）喷枪系统不用时应将各部件拆除下来，进行保存，喷枪每周应用有机溶剂清洗零件，以免堵塞 （6）布袋随时检查其透气性能，一旦堵塞，应予清洗 （7）进风过滤器每 2～3 个月应清洗或更换 （8）机器必须可靠接地 （9）不得随意拆除电器及皮带防护罩 （10）包衣锅如长期不用应擦洗干净，并在其表面涂油以防锅体铜材氧化或受潮后产生有毒性的铜化合物	能及时识别设备的异常响动和状态等，熟悉设备异常处理程序，能及时报告设备异常情况，能规范地进行加油、紧固、试机等检定和维护操作。能如实填写设备检查、运行和保养记录

工作环节	工作内容	操作方法及说明	质量标准
实施计划	岗位班长和QA对设备进行检定和维护的监督和相应记录的填写	监督检查法(记录检查法)	熟悉设备检定和维护操作程序以及记录填写规范,能判断设备是否及时进行检定和维护
检定与维护检查	检查设备检定和维护是否符合标准的检查	监督检查法(效果检查法)	熟悉设备检定和维护的操作标准,能判断设备检定和维护是否符合要求

【问题情境一】

在日常检定荸荠式包衣锅的过程中,发现设备通电后,电机不转动,原因是什么,如何处理?

解答:原因:①电源线接触不良或电源插头松动;②开关接触不良。

排除方法:①修复电源或调换同规格插头;②修理或调换同规格开关。

【问题情境二】

高效包衣机在日常维护中发现喷枪打开后无液体或流量不充足,原因是什么,该如何解决?

解答:出现该情况主要是喷枪设备原因:①过滤网堵塞;②泵的气压不足;③喷嘴孔堵塞。

解决方法:①清洗过滤器;②增加气压;③疏通喷嘴孔。

【问题情境三】

流化包衣机在生产中温度持续走低,无法达到预设温度的情况,应该如何处理?

解答:此现象多出现在设备停机时间较长再开机的时候,如周一,蒸汽管道中残留一些冷凝水,需要一段时间后才能正常加热,建议生产前进行手动预热。

五、学习结果评价

序号	评价内容	评价标准	评价结果(是/否)
1	任务书解读	(1)能解读任务书,读懂工艺指令等 (2)具有信息分析和自主学习能力	
2	设备检定和维护的操作点以及工作流程的确定	(1)能编制设备检定和维护方案,明确检定和维护的流程及标准 (2)具有信息检索和信息处理能力	
3	设备检定和维护需要工具的准备	(1)能确认检定和维护需准备的工具 (2)具有语言表达能力	

序号	评价内容	评价标准	评价结果（是/否）
4	设备检定与维护的实施	（1）能正确检定和维护包衣机 ① 能定期更换润滑油 ② 能定期检查更换蜗杆轴端的防油密封圈（一般不超过6个月） ③ 能定期刷洗压缩空气过滤器的全部零件，每次运转前除尽下部积水 ④能按照正确顺序使用蠕动泵，泵严禁反转、空转，工作时应在进料管内装满液料 ⑤能拆除喷枪系统各部件并进行保存，喷枪每周应用有机溶剂清洗零件，以免堵塞 ⑥能检查布袋其透气性能，一旦堵塞，应予清洗 ⑦能定期清洗或更换进风过滤器（2～3个月） ⑧机器必须可靠接地 ⑨不得随意拆除电器及皮带防护罩 ⑩包衣锅如长期不用应擦洗干净，并在其表面涂油以防锅体铜材氧化或受潮后产生有毒性的铜化合物 （2）具有质量为本意识	
5	岗位班长和QA对设备进行检定和维护的监督以及相应记录的填写	（1）能正确识别设备的状态变化 （2）具有GMP管理意识和质量为本意识	

六、课后作业

1. 叙述荸荠式包衣机常见故障及排除方法。
2. 叙述高效包衣机维护保养要点。

二维码B-3

任务B-4 能完成胶囊充填机检定与维护

一、核心概念

全自动硬胶囊充填机

全自动胶囊充填机（以NJP型硬胶囊充填机为例）是国内先进的机型之一，该机型在机械结构、电源控制系统、真空和吸尘系统等方面的创新设计，使之多项技术指标达到了国际同类产品的先进水平，解决了拆洗模具繁琐、再装模具精度难以调整的难题；配备不同规格的模具，可以充填0～4号五种型号的硬胶囊；

生产效率高，每分钟达 800 粒。

NJP 型胶囊充填机具有计量准确，可调药量，有安全保护装置，密封性能好，可自动排出残次胶囊，国产空胶囊上机率高，成品率高等特点。

二、学习目标

1. 能按照药品生产工艺流程，完成设备检定与维护的任务接收，明确设备检定和维护任务，具备交往与合作能力。

2. 能按照设备检定和维护要求，完成分工，具有自主学习、规则意识和时间意识。

3. 能完成检定和维护前的准备工作，具备交往与合作能力、安全意识。

4. 能规范地进行清洗、加油、紧固、试机等检定和维护操作，能及时识别异常响动、异常状态等设备异常情况；具备交往与合作能力和 GMP 意识、安全意识、"6S" 管理意识。

5. 能按照《药品生产质量管理规范》，完成设备检定和维护结果的复核，保证设备的正常运行，具备理解与表达、交往与合作能力和质量意识。

6. 能按照标准操作规程和《药品生产质量管理规范》，完成设备检定和维护记录的归档，符合文件保存要求，具有责任意识。

7. 具备社会主义核心价值观、工匠精神、劳动精神和劳模精神等思政素养。

三、基本知识

1. 结构

胶囊充填机包括以下六个装置：播囊装置、囊体与囊帽分离装置、充填药物的装置、自动剔废装置、囊体与囊帽结合（锁合）装置、成品排出装置。

2. 工作原理

全自动胶囊充填机运转时，在胶囊料斗内的胶囊会通过供囊斗逐个竖直进入播囊装置，在播囊装置和真空吸力的作用下将胶囊顺入模孔中，进入模孔的同时在真空吸力的作用下将帽、体分离；随着大盘的运转，充填杆把压实的药柱推入到下模块的胶囊体中；然后将帽体未能分离的残次胶囊剔除；接下来在推杆的作用下，胶囊体上升进入胶囊帽内锁合；然后将成品胶囊推出收集；最后吸尘器清理模孔后再次进入下一个循环。

转台的间隙转动，使胶囊在转台的模块中被输出到各工位。在第 1 工位上，真空分离系统把胶囊顺入模块孔中的同时将体和帽分开。在第 2 工位上，下模块向外径向伸出，与同时上移的上模块错开，以备填充物料。第 3、5 工位是扩展备用工位，安装一定的装置可充填片剂或微丸等物料。在第 4 工位上，充填杆把压实的药柱推到胶囊体内。第 6 工位是把上模块中体和帽未分开的胶囊清除吸掉。在第 7 工位上，下模块缩回与上模块并合。在第 8 工位上，经过推杆作用使充填好的胶囊扣合锁紧。第 9 工位是将扣合好的成品胶囊推出收集。在第 10 工位，吸尘器清理模块模孔后进入下一个循环。全自动胶囊充填机工作原理示意图及转台十工位工作原理图见图 B-4-1、图 B-4-2。

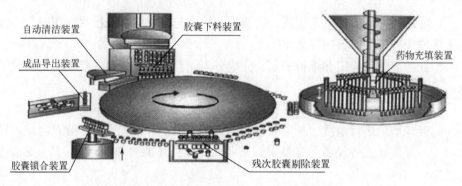

图B-4-1　全自动胶囊充填机工作原理示意图

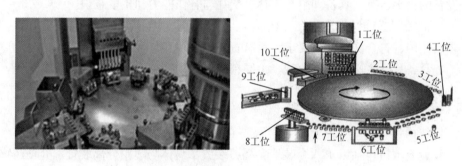

图B-4-2　全自动胶囊充填机转台十工位工作原理图

3. 检定与维护说明

（1）按设备维修保养管理规定进行，以预防、保养为主，维修与检查并重；通过维修保养使设备经常保持清洁、安全、有效的良好状态。

（2）检查紧固各部位连接螺栓是否牢固。

（3）检查润滑部位，加注润滑油脂，轴承、滑动部位、凸轮滚轮涂润滑脂。

（4）检查运动部位是否清洁。

（5）检查真空过滤器是否清洁，管路是否清洁。

（6）检查传动链松紧度。

（7）做好运行情况以及故障情况等记录。

（8）发现问题及时与维修人员联系，进行维修。

（9）维修完毕应进行试车验收。

（10）试车机器运转应平稳，无异常振动，无杂音，并符合生产要求。

四、能力训练

（一）操作条件

① 人员：操作员需要经过生产区更衣程序和净化区后进入操作间。

② 设备、器具与材料：胶囊充填机、工具箱（含装拆和紧固工具等）、毛巾（清洁和抹布用）、油壶、毛刷、纯化水、润滑油、润滑脂、防锈油、多媒体设备等。

③ 资料：胶囊充填机使用说明书、胶囊充填机操作 SOP、胶囊充填机日常检定与维护 SOP、记录表、附件 1 学习任务书、附件 2 胶囊充填机检定与维护方案、附件 3 胶囊充填机检定与维护记录单等。

④ 环境：D 级洁净区，温度 18 ～ 26℃，相对湿度 45% ～ 65%，一般照明的照明值不低于 300lx，药物制剂一体化工作站。

（二）安全及注意事项

1. 全自动胶囊充填机系振动机械，应常检查各部位螺钉的紧固情况，若有松动，应及时拧紧，以防故障和损坏。

2. 有机玻璃部件（工作台板、药板）应避免阳光直射和接近高温，不得搁置重物，药板须竖直放置或平放，以免变形和损坏。

3. 电器外壳和机身须接地，以确保安全，工作完毕切断电源。

4. 每天工作完毕，应清理机上和模具孔内残留药物，保持整机干净、卫生，避免用水冲洗主机。机上模具如需清洗，可松固定螺丝，即可拿下，安装方便。

（三）操作过程

工作环节	工作内容	操作方法及说明	质量标准
下达检定与维护指令	胶囊填充岗位设备检定和维护任务的接收	现场交流法	（1）能读懂任务指令 （2）具有交流与合作的能力
制订岗位工作计划	设备检查和维护的操作点以及工作流程的确定	资料查阅法；全自动胶囊充填机检定与维护方案的编制	（1）能读懂岗位和设备维护操作规程等文件，熟悉胶囊充填机的构造及原理 （2）具有自主学习、自我管理、信息检索能力和实践意识

工作环节	工作内容	操作方法及说明	质量标准
工作前环境、设备情况、工器具的确认	设备检定和维护需要工具的准备	检查工具、材料、设备与资料： （1）设备、工具与材料：全自动胶囊充填机、工具箱（含装拆和紧固工具等）、毛巾（清洁和抹布用）、油壶、毛刷、拖把、纯化水、润滑油、润滑脂、多媒体设备等 （2）资料：全自动胶囊充填机使用说明书、全自动胶囊充填机操作 SOP、日常检定与维护 SOP、记录表、附件1学习任务书、附件2胶囊充填机检定与维护方案、附件3胶囊充填机检定与维护记录单	（1）能按照工作内容准备好设备检定和维护所需要的工具 （2）具有交往与合作能力
实施计划	设备检定与维护的实施	（1）设备异常判断法（异响判断法、异常状态判断法） （2）设备日常维护法（润滑保养法、部件紧固法） （3）设备状态检测法（空车试机法） （4）检定与维护内容 ① 空气开关、护指开关、控制开关 ② 电器箱内部元件及触摸屏 ③ 播囊装置（顺向器、水平推叉、垂直推叉、固定螺丝） ④ 填充装置（密封环、计量盘、挡粉板、填充杆、螺帽） ⑤ 上、下模块 ⑥ 校棒（下模块校棒、上模块校棒、计量盘校棒） ⑦ 辅机（吸尘器清洁及技术状态、水阀及管道、水循环真空泵） ⑧ 机器动力及传动部分（电动机、传动链条、凸轮、手摇动力系统） ⑨ 设备的润滑情况（传动链条、凸轮、直线轴承、电机底板清洁）	能及时识别设备的异常响动和状态等，熟悉设备异常处理程序，能及时报告设备异常情况，能规范地进行加油、紧固、试机等检定和维护操作。能如实填写设备检查、运行和保养记录
	岗位班长和 QA 对设备进行检定和维护的监督以及相应记录的填写	监督检查法（记录检查法）	熟悉设备检定和维护操作程序以及记录填写规范，能判断设备是否及时进行检定和维护
检定与维护检查	检查设备检定和维护是否符合标准的检查	监督检查法（效果检查法）	熟悉设备检定和维护的操作标准，能判断设备检定和维护是否符合要求

【问题情境一】

在日常检定胶囊充填机的过程中，运行中突然停机，原因是什么，如何处理？

解答： 可能的原因是电控系统元器件损坏或机械传动零件松动，损坏卡住，电机过载。可检查料斗电控系统，电机接触器是否良好；或检查机械传动部分是否有零件松动，造成运动干扰、电机过载，如属此类问题，应仔细检查修复，并对机器进行相应的调整。

【问题情境二】

在日常检定胶囊充填机的过程中，发现机器不能启动，原因是什么？

解答： 可能的原因如下。

① 机器负载过大，变频器过载保护。

② 电气部分线路接触不良。

③ PLC损坏需更换。

【问题情境三】

在日常检定胶囊充填机的过程中，发现机器不能自动加料，原因是什么，如何处理？

解答： 可能的原因及处理方法如下。

① 电路接触不良，可参考电器原理图检查相应的电路，由电工排除故障。

② 料位传感器或供料电器损坏，可检查传感器灵敏度，清理传感器接近开关，调整传感器灵敏度。

③ 上料开关跳闸，可检查是否由上料开关保护引起，如属此类问题，将其复位。

五、学习结果评价

序号	评价内容	评价标准	评价结果(是/否)
1	任务书解读	(1)能解读任务书,读懂工艺指令等 (2)具有信息分析和自主学习能力	
2	设备检定和维护的操作点以及工作流程的确定	(1)能编制设备检定和维护方案,明确检定和维护的流程及标准 (2)具有信息检索和信息处理能力	
3	设备检定和维护需要工具的准备	(1)能确认检定和维护需准备的工具 (2)具有语言表达能力	

序号	评价内容	评价标准	评价结果（是/否）
4	设备检定与维护的实施	（1）能正确检定和维护胶囊充填机（空气开关、护指开关、控制开关、电器箱内部元件及触摸屏、播囊装置、填充装置、上下模块等） （2）具有质量为本意识	
5	岗位班长和 QA 对设备进行检定和维护的监督以及相应记录的填写	（1）能正确识别设备的状态变化 （2）具有 GMP 管理意识和质量为本意识	

六、课后作业

1. 叙述课堂中所用胶囊充填机的组成。

2. 叙述课堂中所用胶囊充填机的维护保养要点和过程。

二维码B-4

模块C

验证与生产工艺优化

项目C-1　验证

任务C-1-1　能完成设备验证

一、核心概念

1.验证

验证是有文件证明任何操作规程或方法、生产工艺或系统能达到预期结果的一系列活动。

2.设备验证

用来证实设施及设备能够达到设计要求及规定的技术指标，符合生产工艺要求，保证所生产出的产品达到质量标准，从设备方面为产品质量提供保证。

二、学习目标

1.能正确解读压片机验证任务书，具备自主学习、信息检索与分析能力。

2.能按照压片机验证要求，完成分工，具备统筹协调能力和效率意识。

3.能按照压片机验证要求，完成验证前的准备工作，具备责任意识。

4.能按照设备验证要求，完成压片机设计、安装、运行、性能相关确认，具备自我管理能力、解决问题能力、环保意识、GMP意识、安全意识、"6S"管理意识。

5.能按照验证文件要求，以科学严谨的工作态度，对资料集合汇总、分析数据，准确地陈述结论，完成设备验证报告的编写，取得设备验证证书，具有效益意识。

6.具备社会主义核心价值观、工匠精神、劳动精神和劳模精神等思政素养。

三、基本知识

1.验证目的

保证药品生产过程处于严格的受控状态，生产过程和质量管理以正确的方式进行，并证明这一生产过程是准确和可靠的，且具有重现性，能保证最后得到符合质量标准的药品。

2. 验证分类

（1）按验证方式分类

① 前验证，即在厂房设施、设备仪器等正式投入使用前进行的，按照设定的验证方案进行的验证。

② 同步验证，即生产中在某项工艺运行的同时进行的验证。

③ 回顾性验证，即以历史数据的统计分析为基础，旨在证实正式生产工艺条件适用性的验证。

④ 再验证，即当关键工艺、设备、系统预定生产一定周期后，影响产品质量的主要因素，如工艺、质量控制方法、主要原辅材料、主要生产设备或生产介质发生改变后，趋势分析中发现有系统性偏差所要进行的验证。

（2）按验证对象分类

① 厂房设施的验证，包括厂房验证、公用设施验证（空气净化系统、工艺用水系统、气体系统）。

② 生产设备验证，包括单机设备验证，生产联动线、流水线验证，设备清洗效果验证。

③ 关键工序验证，即在药品生产过程中，某些关键性工序对药品质量产生举足轻重的影响，为了加强对这些工序的监控进行的验证。

④ 产品工艺验证，即对某个产品工艺进行的整体的验证。

3. 设备验证常用术语

（1）用户需求（URS） 即用户需求说明，是指使用方对设备、厂房、硬件设施系统等提出的自己的期望使用需求说明，设计方依据这个需求等提出自己具体的方案，设备供应商依据客户提供的 URS 方案设计施工。

（2）设计确认（DQ） 应证明厂房、设施、设备的设计符合预定用途和GMP 规范的要求。设计确认主要是对设备选型和订购设备的技术规格、技术参数和指标适用性的审查，由需求使用部门实施。

（3）安装确认（IQ） 应证明厂房、设施、设备的建造和安装符合设计标准。确认设备和系统是按照设计安装的，并符合设备和系统设计要求和标准。内容举例：确认设备说明书等文件资料是否齐全、确认设备上仪表的准确性与精确度等。

（4）运行确认（OQ） 应证明厂房、设施、设备的运行符合设计标准。确认设备 / 系统的每一部分功能能在规定的标准范围内稳定运行。内容举例：指示信号、连锁及安全装置；功能测试；控制环路稳定性等。

（5）性能确认（PQ） 应证明厂房、设施、设备在正常操作方法和工艺条件下能持续符合标准。性能确认内容：关键参数、测试条件（包括运行的上限和下限测试可接受标准）。

四、能力训练

（一）操作条件

① 人员：操作员需要经过生产区更衣程序和净化区后进入操作间。

② 设备、器具：压片机、脆碎仪、万分之一天平、硬度仪等。

③ 原辅料：布洛芬颗粒、硬脂酸镁等。

④ 资料：《中华人民共和国药典》（2020年版）、《药品生产质量管理规范》、压片岗位标准操作规程、压片机标准操作规程、附件1学习任务书、附件2压片机验证方案、附件3压片机运行确认记录、附件4压片机性能确认记录等。

⑤ 环境：D级洁净区，温度 $18 \sim 26℃$，相对湿度 $45\% \sim 65\%$，一般照明的照明值不低于300lx，药物制剂一体化工作站。

（二）安全及注意事项

1. 压片岗位操作应严格按照标准操作规程进行。

2. 验证中各项操作应与验证生产工艺要求保持一致。

3. 穿戴洁净服进入相应洁净区。

4. 设备操作安全、水电安全、消防安全。

（三）操作过程

工作环节	工作内容	操作方法及说明	质量标准
下达生产指令	任务书解读	现场交流法	（1）正确解读本次生产任务的要求 （2）具有交往与合作的能力
制订岗位工作计划	压片机验证方案的制订	资料查阅法；岗位工作计划的编制	（1）岗位工作计划全面合理，明确压片机验证流程 （2）具有自主学习、自我管理、信息检索能力和实践意识
生产前工作环境、设备情况、工器具状态的确认	生产前工作环境确认	检查温度、湿度、压差。生产前工作环境要求（温度、湿度、压差）：D级洁净区，温度18~26℃，相对湿度45%~65%，压差应不低于10Pa 检查清场合格证，检查操作室地面，工具是否干净、卫生、齐全；确保生产区域没有上批遗留的产品、文件或与本批生产无关的物料	（1）温、湿度符合片剂生产要求 （2）具有交往与合作的能力
	生产前设备情况确认	Zp-35B旋转式压片机、万分之一天平、硬度仪、脆碎仪	（1）能按照工艺要求，完成生产所需设备的准备，达到实施生产的环境设备要求 （2）具备交往与合作能力和安全意识

工作环节	工作内容	操作方法及说明	质量标准
生产前工作环境、设备情况、工器具状态的确认	生产前工器具状态确认	运输车、无菌手套、物料铲、物料桶、物料袋、扳手、螺丝刀、清洁工具、清洁毛巾、称量勺、取样器、称量瓶、电子秤、标准筛的状态标识确认	工器具状态标识牌
实施计划	用户需求	对片剂生产所需的压片设备主体、材质、使用要求等描述	(1)压片机使用要求的描述 (2)思维逻辑清晰
	设计确认	对压片机的设计是否满足用户及GMP要求进行确认	(1)确认压片机的设计参数 (2)具有严谨的工作态度
	安装确认	确认压片机在安装时各主要性能指标是能达到接受标准的要求	(1)压片机安装时各主要性能指标达到接受标准的要求 (2)具有责任意识、风险意识
	运行确认	确认压片机运行时各主要性能指标达是能达到接受标准的要求	(1)操作规范,符合标准操作规程要求 (2)具有规则意识
	性能确认	对压片机机械运转率、脆碎度、外观及片重差异、片厚、硬度进行检测,确认是否符合生产要求	(1)按照工艺要求进行 (2)各项检测数据真实、有效 (3)具有实事求是的工作态度
验证报告	压片机验证报告形成	根据各项验证数据,形成本设备空载运行以及负载运行能否达到生产要求的报告	符合验证报告要求

【问题情境一】

在压片机运行确认时,如何进行压片机急停开关运行确认?

解答: 运行压片机,按下机身处急停开关按钮,观察设备是否停止运行,压片机状态灯是否亮红灯。恢复机身处急停开关按钮,按下"启动"键,观察机器是否重新启动。

【问题情境二】

在压片机使用过程中,若上冲轨道出现断裂,更换上冲轨道后是否还需要验证?

解答: 若出现此类情况,须进行再验证,且通过后方可进行生产操作。

五、学习结果评价

序号	评价内容	评价标准	评价结果(是/否)
1	任务书解读	(1)正确解读本次生产任务的要求 (2)具有交往与合作的能力	
2	压片机验证方案的制订	(1)岗位工作计划全面合理,明确压片机验证流程 (2)具有自主学习、自我管理、信息检索能力和实践意识	

序号	评价内容	评价标准	评价结果（是/否）
3	生产前工作环境确认	（1）能确认生产前工作环境 （2）具有语言表达能力	
4	生产前设备情况确认	（1）能正确确认设备的情况 （2）具有质量为本意识	
5	生产前工器具状态确认	（1）能正确识别生产前工器具的状态 （2）具有 GMP 管理意识和质量为本意识	
6	用户需求	（1）压片机使用要求的描述准确 （2）思维逻辑清晰	
7	设计确认	（1）压片机的各项设计参数确认无误 （2）具有严谨的工作态度	
8	安装确认	（1）逐项对压片机安装时各主要性能指标进行确认 （2）具有责任意识、风险意识	
9	运行确认	（1）操作规范，符合标准操作规程要求 （2）具有规则意识	
10	性能确认	（1）按照工艺要求进行 （2）各项检测数据真实、有效 （3）具有实事求是的工作态度	
11	压片机验证报告形成	符合验证报告要求	

六、课后作业

试描述如何测试安全门自锁装置是否工作正常？

二维码C-1-1

任务C-1-2 能完成公用系统验证

一、核心概念

1. 公用系统

公用系统是指药品生产中公用的，除厂房以外的其他设施。制药行业中常用的公用系统包括洁净室、空调净化系统、液体（制药用水与溶剂、热水系统、冷却水系统）、气体（压缩空气、氮气、氧气与二氧化碳）、蒸汽（辅助加热、工艺与清洁）、真空清扫系统、电气和排放（工艺与废物）。

2. 洁净室

洁净室是指内部尘埃粒子浓度受控且分级的房间，此房间是按照一定的方式设计、建造和运行的，以控制房间内粒子的引入、产生和滞留。

3. 空调净化系统

空调净化系统是能够通过控制温度、相对湿度、空气运动与空气质量（包括新鲜空气、气体微粒和气体）来调节环境的系统的总称。空气净化系统能够降低或升高温度、减少或增加空气湿度和水分、降低空气中颗粒、烟尘、污染物的含量。

4. 制药用水

制药用水是指制药工艺过程中用到的各种质量标准的水。按照《中华人民共和国药典》（2020 版）规定，根据水质和使用范围不同分为纯化水、注射用水、灭菌注射用水。

5. 蒸汽系统

蒸汽广泛应用于制药工艺中加热、加湿、动力驱动、干燥等步骤。蒸汽是良好的灭菌介质，纯蒸汽具有极强的灭菌能力和极少的杂质，主要应用于制药设备和系统的灭菌。按照蒸汽的制备方法、工艺用途等因素，制药用蒸汽大致分为工业蒸汽和纯蒸汽两种。工业蒸汽主要用于非直接接触产品的加热，为非直接影响系统。纯蒸汽主要用于最终灭菌产品的加热和灭菌，也常用于洁净厂房的空气加湿，属于直接影响系统。

二、学习目标

1. 能正确解读纯化水系统验证任务书，具备自主学习、信息检索与分析能力。

2. 能按照纯化水系统验证要求，完成分工，具备统筹协调能力和效率意识。

3. 能按照纯化水系统验证要求，完成验证前的准备工作，具备责任意识。

4. 能按照设备验证要求，完成纯化水系统安装、运行确认，纯化水系统监控，具备自我管理能力、解决问题能力、环保意识、GMP 意识、安全意识、"6S"管理意识。

5. 能按照验证文件要求，以科学严谨的工作态度，对资料集合汇总、分析数据，准确地陈述结论，完成设备验证报告的编写，取得设备验证证书，具有效益意识。

6. 具备社会主义核心价值观、工匠精神、劳动精神和劳模精神等思政素养。

三、基本知识

1. 纯化水

纯化水是饮用水经蒸馏法、离子交换法、反渗透法或其他适应的方法制备的制药用的水，不含任何附加剂，其质量应符合《中国药典》（2020 版）纯化水项下的规定。采用离子交换法、反渗透法、超滤法等非热处理制备的纯化水一般又称去离子水。采用特殊设计的蒸馏器用蒸馏法制备的纯化水一般又称蒸馏水。

纯化水可作为配制普通药物制剂用的溶剂或试验用水；中药注射剂、滴眼剂等灭菌制剂所用饮片的提取溶剂；口服、外用制剂配制用溶剂或稀释剂；非灭菌制剂用器具的精洗用水；非灭菌制剂所用饮片的提取溶剂。

2. 注射用水

注射用水是蒸馏法或去离子法经蒸馏所得的水，故又称重蒸馏水。为了有效控制微生物污染且同时控制细菌内毒素的水平，纯化水、注射用水系统的设计和制造有两大特点：一是在系统中越来越多地采用消毒 / 灭菌设施；二是管路分配系统从传统的送水管路演变为循环管路。

注射用水可作为配制注射剂、滴眼剂等的溶剂或稀释剂及用于容器的精洗。

3. 灭菌注射用水

灭菌注射用水是注射用水按照注射剂生产工艺制备所得。不含任何添加剂。主要用于注射用灭菌粉末的溶剂或注射剂的稀释剂。其质量应符合《中国药典》（2020 版）注射用水项下的规定。

4. 纯化水制备工艺流程

纯化水制备工艺流程见图 C-1-2-1。

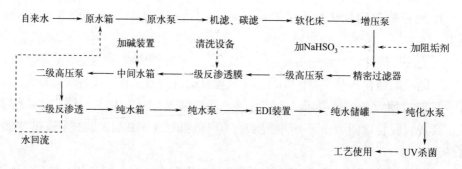

图C-1-2-1 纯化水制备工艺流程

纯化水的制备应以饮用水作为原水，并采用合适的单元操作或组合方法进行制备。常用的纯化水制备方法包括膜过滤、离子交换、电极法去离子（EDI）、蒸馏等，其中膜过滤法又可细分为微滤、超滤、纳滤和反渗透（RO）等。

（1）反渗透装置 RO 是最精密的膜法液体分离技术，是一种只允许水分子通过而不允许溶质透过的半透膜。纯化水制备工艺中使用的膜材料主要为醋酸纤维素和芳香聚酰胺类。当预处理水进入反渗透系统后，可以除去大部分离子与细菌，同时有效去除微生物与 TOC 等，达到持续、稳定的低电导率、低细菌含量的高标准水质要求。

（2）电极法去离子　EDI 装置是一种电渗析工艺和离子交换工艺结合的系统。EDI 工作原理是利用混合离子交换树脂吸附水中的阴、阳离子，同时这些被吸附的离子又在直流电场的作用下，分别透过阴、阳离子交换膜而被去除。

（3）多介质过滤器　大多填充石英砂，石英砂应当根据粒径由大至小由下至上依次填充。石英砂层上面填充无烟煤或者绿砂。其主要作用是去除水中的大颗粒杂质、悬浮物。

（4）活性炭过滤器　主要是利用填充的活性炭和活性自由基除去水中的游离氯、色度、有机物以及部分重金属等有害物质。

（5）软化床　主要功能是通过钠型的软化树脂去除水中的硬度，如钙离子、镁离子，以防止钙、镁等离子在 RO 膜表面结垢。软化树脂需要通过再生才能恢复其交换能力，因此在设计上通常采用双级串联软化系统以保证纯化水机连续运行。

四、能力训练

（一）操作条件

① 人员：操作员需要经过生产区更衣程序和净化区后进入操作间。

② 设备、器具：纯化水系统。

③ 原辅料：原水、纯化水等。

④ 资料：《中华人民共和国药典》（2020 年版）、《药品生产质量管理规范》、生产工艺、操作方法、生产操作规程、附件 1 学习任务书、附件 2 纯化水系统验证方案、附件 3 纯化水系统确认相关记录、附件 4 纯化水系统运行确认记录、附件 5 纯化水系统性能确认记录。

⑤ 环境：一般生产区，一般照明的照明值不低于 300lx，药物制剂一体化工作站。

（二）安全及注意事项

1. 纯化水制备岗位操作应严格按照标准操作规程进行。

2. 验证中各项操作应与验证生产工艺要求保持一致。

3. 穿戴洁净服进入相应洁净区。

4. 设备操作安全、水电安全、消防安全。

（三）操作过程

工作环节	工作内容	操作方法及说明	质量标准
下达生产指令	任务书解读	现场交流法	（1）正确解读本次生产任务的要求 （2）具有交往与合作的能力
制订岗位工作计划	纯化水系统验证方案的制订	资料查阅法；岗位工作计划的编制	（1）岗位工作计划全面合理，明确压片机验证流程 （2）具有自主学习、自我管理、信息检索能力和实践意识
生产前工作环境、设备情况、工器具状态的确认	生产前工作环境确认	检查清场合格证，检查操作室地面，工具是否干净、卫生、齐全；确保生产区域没有上批遗留的产品、文件或与本批生产无关的物料	（1）生产环境符合纯化水制备的生产要求 （2）具有交往与合作的能力
	生产前设备情况确认	纯化水系统	（1）能按照工艺要求，完成生产所需设备的准备，达到实施生产的环境设备要求 （2）具备交往与合作能力和安全意识
	生产前工器具状态确认	纯化水系统的状态标识确认	工器具状态标识牌
实施计划	安装确认	确认纯化水制备设备和管道系统的安装、试压、清洗是否合格，配套设施的安装、连接是否合格，仪表的校正是否完善	（1）纯化水系统安装时各主要性能指标达到接受标准的要求 （2）具有责任意识、风险意识
	运行确认	确认纯化水系统是否能达到设计要求及生产工艺要求	（1）操作规范，符合标准操作规程要求 （2）具有规则意识
	性能确认	确认纯化水系统连续生产并向各个用水点输送的纯化水是否符合生产要求	（1）按照工艺要求进行 （2）各项检测数据真实、有效 （3）具有实事求是的工作态度
	日常监测	确认连续3周（每7天为一个连续周期）的检测结果是否在合格范围内	（1）按照工艺要求进行 （2）各项检测数据真实、有效
验证报告	纯化水系统验证报告形成	根据各项验证数据，形成本系统能否达到生产要求的报告	符合验证报告要求

【问题情境一】

在纯化水取样过程中有哪些注意事项？

解答：①取样容器的清洁，防止取样容器对水质的二次污染。

②取样时，应先将取样阀打开，待水流出15s以上后，方可取样。由于取样阀一般情况下并没有水流，出口端长期与空气接触，为了防止二次污染，打开取样阀后应待水流稳定后方可进行取样。

【问题情境二】

某制药企业对纯化水系统进行了升级改造，系统安装完成后，即对水质进行了抽检，结果显示水质符合要求，此时是否还需进行验证？

解答： 纯化水系统新建或改建后（包括关键设备和使用点的改动）必须进行验证。

五、学习结果评价

序号	评价内容	评价标准	评价结果(是/否)
1	任务书解读	(1)正确解读本次生产任务的要求 (2)具有交往与合作的能力	
2	纯化水系统验证方案的制订	(1)岗位工作计划全面合理,明确纯化水系统验证流程 (2)具有自主学习、自我管理、信息检索能力和实践意识	
3	生产前工作环境确认	(1)能确认生产前工作环境 (2)具有语言表达能力	
4	生产前设备情况确认	(1)能正确确认设备的情况 (2)具有质量为本意识	
5	生产前工器具状态确认	(1)能正确识别生产前工器具的状态 (2)具有GMP管理意识和质量为本意识	
6	安装确认	(1)纯化水系统使用要求的描述准确 (2)思维逻辑清晰	
7	运行确认	(1)纯化水系统的各项设计参数确认无误 (2)具有严谨的工作态度	
8	性能确认	(1)对纯化水系统各个用水点水质指标进行确认 (2)具有责任意识、风险意识	
9	日常监测	(1)监测周期合理,操作规范,符合标准操作规程要求 (2)具有规则意识	
10	纯化水系统验证报告形成	(1)按照工艺要求进行 (2)各项检测数据真实、有效 (3)具有实事求是的工作态度	

六、课后作业

在纯化水系统验证的性能确认环节，若发现个别用水点纯化水质量不符合标准时应如何处理？

二维码C-1-2

任务C-1-3 能完成工艺验证

一、核心概念

1. 生产工艺

生产工艺指通过一项作业或一系列作业并与设备系统、人员、文件及环境有关的将原料转变为成品（包括原料药或成品制剂）的过程。

2. 工艺参数

工艺参数指能够影响关键工艺属性的参数。

3. 工艺验证

工艺验证是证明一个生产工艺按照规定的工艺参数能够持续生产出符合预定用途和注册要求的产品。

二、学习目标

1. 能正确解读维生素C片工艺验证任务单，具备自主学习、信息检索与分析能力。

2. 能按照维生素C片工艺验证要求，完成分工，具备统筹协调能力和效率意识。

3. 能按照维生素C片工艺验证要求，完成验证前的准备工作，具备责任意识。

4. 能按照维生素C片工艺验证要求，完成混合、制粒、干燥、总混、压片、内包装验证，具备自我管理能力、解决问题能力、环保意识、GMP意识、安全意识、"6S"管理意识。

5. 能按照验证文件要求，以科学严谨的工作态度，对资料集合汇总、分析数据，准确地陈述结论，完成工艺验证报告的编写，取得验证证书，具有效益意识。

6. 具备社会主义核心价值观、工匠精神、劳动精神和劳模精神等思政素养。

三、基本知识

1. 工艺验证方法

工艺验证可以有不同的验证方法，一般包括：传统工艺验证（前验证、同步验证）以及基于生命周期的工艺验证（工艺设计、工艺确认、持续工艺确认）；或传统工艺验证方法与基于生命周期方法的结合。

2. 工艺验证的原则

工艺验证的原则要求如下。

（1）关键工艺应该进行前验证或回顾性验证。

（2）采用新的工艺规程或新的制备方法前，应验证其对常规生产的适用性；使用指定原料和设备的某一确定生产工艺应能够连续一致地生产出符合质量要求的产品。

（3）生产工艺的重大变更（包括可能影响产品质量或工艺重现性的设备或物料变化）都必须经过验证。

3. 传统工艺验证

传统工艺验证一般在药物研发和/或工艺研发结束后，在放大至生产规模后，成品上市前进行。作为工艺验证生命周期的一部分，如果有些工艺还没有放大到生产规模，部分工艺验证研究可能会在中试批次进行。传统工艺验证一般包括前瞻性验证和同步性验证两种方式。

前瞻性验证即前验证，一般在成品上市前进行。前瞻性验证是正式商业化生产的质量活动，是在新产品、新处方、新工艺、新设备正式投入生产使用前，必须完成并达到设定要求的验证。同步性验证即在常规生产过程中进行的验证。

4. 基于生命周期的工艺验证

基于生命周期的工艺验证方法，将工艺研发/工艺设计、商业生产工艺验证/工艺确认、常规商业化生产中控制状态的工艺维护/持续工艺确认相结合，来确定工艺始终如一地处于受控状态。

基于生命周期的工艺验证包括以下三个阶段。

第一阶段——工艺设计：在开发和放大活动过程中获得的知识基础上，对商品化制造工艺进行定义。

第二阶段——工艺确认：在此阶段，对工艺设计进行评估，以确认工艺是否具备可重现的商品化制造能力。

第三阶段——持续工艺确认：在日常生产中获得工艺处于受控状态的持续和不断发展的保证。

5. 维生素 C 片生产工艺流程

维生素 C 片生产工艺流程见图 C-1-3-1。

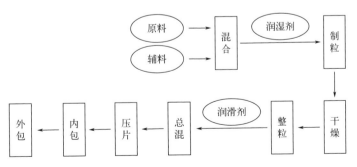

图C-1-3-1 维生素C片生产工艺流程

四、能力训练

（一）操作条件

① 人员：操作员需要经过生产区更衣程序和净化区后进入操作间。

② 设备、器具：槽型混合机、摇摆式制粒机、热风循环烘箱、压片机、脆碎仪、万分之一天平、硬度仪等。

③ 原辅料：维生素C、糊精、淀粉、枸橼酸、硬脂酸镁、50%乙醇。

④ 资料：《中华人民共和国药典》（2020年版）、《药品生产质量管理规范》、维生素C片生产工艺流程、各岗位标准操作规程、附件1学习任务书、附件2维生素C片生产工艺验证方案、附件3确认记录、附件4成品检测记录。

⑤ 环境：D级洁净区，温度18～26℃，相对湿度45%～65%，一般照明的照明值不低于300lx，药物制剂一体化工作站。

（二）安全及注意事项

1. 各岗位操作应严格按照标准操作规程进行。

2. 验证中各项操作应与验证生产工艺要求保持一致。

3. 穿戴洁净服进入相应洁净区。

4. 设备操作安全、水电安全、消防安全。

（三）操作过程

工作环节	工作内容	操作方法及说明	质量标准
下达生产指令	任务书解读	现场交流法	（1）正确解读本次生产任务的要求 （2）具有交往与合作的能力
制订岗位工作计划	维生素C片生产工艺验证方案的制订	资料查阅法；岗位工作计划的编制	（1）岗位工作计划全面合理，明确维生素C片生产工艺流程 （2）具有自主学习、自我管理、信息检索能力和实践意识
生产前工作环境、设备情况、工器具状态的确认	生产前工作环境确认	（1）检查温度、湿度、压差。生产前工作环境要求（温度、湿度、压差）：D级洁净区，温度18～26℃，相对湿度45%～65%，压差应不低于10Pa （2）检查清场合格证，检查操作室地面，工具是否干净、卫生、齐全；确保生产区域没有上批遗留的产品、文件或与本批生产无关的物料	（1）温、湿度符合生产要求 （2）具有交往与合作的能力
	生产前设备情况确认	槽型混合机、摇摆式制粒机、热风循环烘箱、压片机、V型混合机、脆碎仪、万分之一天平、硬度仪	（1）能按照工艺要求，完成生产所需设备的准备，达到实施生产的环境要求 （2）具备交往与合作能力和安全意识
	生产前工器具状态确认	运输车、无菌手套、物料铲、物料桶、物料袋、扳手、螺丝刀、清洁工具、清洁毛巾、尼龙筛、镀锌铁丝筛、称量勺、取样器、称量瓶、电子秤、标准筛的状态标识确认	工器具状态标识牌

工作环节	工作内容	操作方法及说明	质量标准
实施计划	混合、制粒验证	通过对混合时间和制粒筛网目数进行验证,确定最佳混合时间和制粒筛网目数	(1)混合时物料混合均匀 (2)湿颗粒粒度均匀一致,无长条
	干燥验证	根据维生素C的特性和维生素C片工艺规程,通过对验证干燥时间的验证来确定最佳干燥时间	(1)取样点分布合理 (2)水分控制符合要求
	整粒、总混验证	确定总混的最佳混合时间	水分、主药含量均应符合要求
	压片验证	验证已进行安装确认和运行确认的压片机是否能压出符合标准的片子	(1)操作规范,符合标准操作规程要求 (2)脆碎度、崩解时限、片重差异均应符合要求
	内包装验证	能否包装出合格的瓶包产品	(1)包装完好 (2)抽检符合要求
验证报告	维生素C片生产工艺验证报告形成	根据各项验证数据及验证报告要求,形成维生素C片生产工艺验证报告	符合验证报告要求

【问题情境一】

在制粒验证中,制备软材时,润湿剂加入量的不同,对颗粒的质量会出现什么影响?

解答:若润湿剂加入量较少,颗粒细粉较多;若加入量过多,则颗粒较硬,这些都不符合颗粒的质量要求。

【问题情境二】

在维生素C片生产工艺验证时,若三批产品的批量不一致是否会对验证结果有影响?

解答:工艺验证批的批量一般应当与预定的商业批的批量一致,当批量不一致时,应当进行评估。

五、学习结果评价

序号	评价内容	评价标准	评价结果(是/否)
1	任务书解读	(1)正确解读本次生产任务的要求 (2)具有交往与合作的能力	
2	维生素C片生产工艺验证方案的制订	(1)岗位工作计划全面合理,明确压片机验证流程 (2)具有自主学习、自我管理、信息检索能力和实践意识	
3	生产前工作环境确认	(1)能确认生产前工作环境 (2)具有语言表达能力	
4	生产前设备情况确认	(1)能正确确认设备的情况 (2)具有质量为本意识	

序号	评价内容	评价标准	评价结果(是/否)
5	生产前工器具状态确认	(1)能正确识别生产前工器具的状态 (2)具有 GMP 管理意识和质量为本意识	
6	混合、制粒验证	(1)物料混合均匀 (2)湿颗粒粒度大小一致	
7	干燥验证	(1)取样合理 (2)水分含量符合要求	
8	整粒、总混验证	(1)颗粒无结块 (2)主药含量符合要求	
9	压片验证	(1)操作规范,符合标准操作规程要求 (2)质量符合标准要求	
10	内包装验证	(1)内包装密封性完好 (2)抽检合格	
11	维生素 C 片生产工艺验证报告形成	符合验证报告要求	

六、课后作业

某制药企业生产的 ×× 片,已经生产十几年了,未发生重大变更,做 3 批工艺验证,属于什么验证?

二维码C-1-3

任务C-1-4　能完成清洁验证

一、核心概念

1. 清洁

清洁指设备中各种残留物(包括微生物及其代谢产物)的总量低至不影响下批产品规定的疗效、质量和安全性的状态。

2. 清洁验证

清洁验证是对清洁程序的效力进行确认,通过科学的方法采集足够的证据,以证实按规定的方法清洁后的设备,能始终如一地达到预定的可接受标准。

二、学习目标

1.能正确解读压片机清洁验证任务书,具备自主学习、信息检索与分析能力。
2.能按照压片机清洁验证要求,完成分工,具备统筹协调能力和效率意识。
3.能按照压片机清洁验证要求,完成验证前的准备工作,具备责任意识。

4. 能按照清洁验证程序要求，完成清洁验证人员培训、清洁验证设计、清洁验证实施、验证状态维护，具备自我管理能力、解决问题能力、环保意识、GMP 意识、安全意识、"6S"管理意识。

5. 能按照验证文件要求，以科学严谨的工作态度，对资料集合汇总、分析数据，准确地陈述结论，完成设备验证报告的编写，取得设备验证证书，具有效益意识。

6. 具备社会主义核心价值观、工匠精神、劳动精神和劳模精神等思政素养。

三、基本知识

1. 清洁验证目的

（1）确定可靠的清洁方法和程序，以防止药品在生产过程中受到污染及交叉污染。

（2）符合 GMP 要求。

（3）降低药物交叉污染及微生物污染风险。

（4）保证用药安全。

（5）延长系统或设备的使用寿命。

（6）提高企业经济效益。

2. 清洁方式

（1）按自动化程度分类，清洁方式可分为手动清洁与自动清洁两类。

① 手动清洁：由操作人员在生产结束后，按照一定程序对设备进行清洗。

② 自动清洁：通常不涉及人员介入，清洁系统通常对不同的清洁行程进行编程，采用自动清洁方式可对清洁的行程和参数进行一致、稳定地监控。

（2）按清洁地点对清洁方式分类，可分为在线清洁与离线清洁两类。

① 在线清洁：一般与其生产时的布局非常相似，大型设备的在线清洁通常在设备的安装位置进行，在线清洁可以是手动或自动清洁工艺。

a. 在线清洁系统：在线清洁系统利用喷洒装置将清洁剂覆盖工艺设备表面，并通过物理冲击除去残留物，喷淋球可以是静止的或运动的（如旋转、摆动），这些系统通常被用来清洁大件的设备，如混合罐、流化床、反应器等。

b. 溶剂回流清洁法：在反应器中煮沸一些挥发性溶剂，当溶剂的蒸汽在设备表面冷凝，可以溶解表面上的残留物。

c. 安慰剂清洁法：这种方法需要选用一种不会对下一产品质量造成不利影响的安慰剂，这种方法的原理是当安慰剂在设备中流动时，会将上批产品的药物残留和工艺残留清除，这种方法的优点是安慰剂在设备中的加工过程与实际生产的产品一样，因此安慰剂与下一产品以同样的接触方式接触表面，缺点是成本高，而且难以证明该清洁工艺的有效性。

② 离线清洁：对于安装后较难清洁的设备小部件及便携式工艺设备，通常拆卸后转移到另一个指定的清洁间进行自动或手动清洁，手工操作是离线清洁中不可缺的。

3. 清洁剂

清洁剂应能有效溶解残留物，不腐蚀设备，且本身易被清除。一般来说清洁剂分为以下四类。

（1）水　通常用于药品预冲洗、最终冲洗和稀释液的配制，但是对于水容易清洁的残留物，水也可以直接作为清洁剂使用。清洁用的水包括自来水、软化水、纯化水、注射用水等，通常情况下，用于最终淋洗的水质至少与药品生产用水相当，清洁用水的质量还应符合适用其用途的化学、微生物与内毒素限度要求。

（2）有机溶剂　一般用于原料药合成工艺中的清洁，溶剂的选择基于残留物在溶剂中的溶解性。有机溶剂作为清洁剂在清洗设备后，会在设备表面有大量残留，应对其进行严格控制，降低对药品生产的影响。

（3）酸和碱　酸碱溶液的强酸碱性会促进水解，对大分子有机物进行水解破坏，使残留物结构简化易于清除。酸碱清洁剂有组分单一、价格低廉同时容易清除等优点，但是市售清洁剂中，如氢氧化钠，对于强烈吸附或干燥的残留物清洁效果有限，并且还有一定的吸潮性和污物悬浮作用。

（4）配方清洁剂　含多种成分，利用不同的清洁机制，因此具有更广泛有效的清洁作用，除了具有市售碱的碱性作用和水解作用外，配方洗涤剂可能提供更好的润湿和污物渗透性以及乳化等相互作用。

4. 清洁参数

清洁程序中每一步均包含四个参数：时间、作用、清洁剂的浓度及温度。四个参数相互联系，且与清洁周期中每一阶段的成功存在直接的联系。

（1）时间　在一个清洁步骤中，清洁步骤时间的长短可以采用两种方式来进行定义和测量：直接法与间接法。直接法可使用控制系统中的计时器测量时间。也可以通过间接法测量时间，例如在淋洗时，有时通过测量体积来代替测量时间，因为通过体积和流速可以确定时间。对于最终淋洗水，普遍会增加测试要求，如电导率。

（2）作用　是指用于提供清洁剂的机制，可表现为浸泡、洗涤、冲击或者湍流。搅拌通常会增强清洁剂的化学作用，并有助于提高清洁工艺的有效性，如此缩短所需的接触时间。手动清洁通常包括浸泡或擦洗来达到清洗效果，自动清洁行程通常采用冲击或湍流作为清洁措施，应理解清洗工艺中的每个步骤的作用机制。如果清洁剂和冲洗液流速是关键的，则应规定清洁剂和冲洗液的流速，并得到确认。

（3）清洁剂的浓度 直接影响清洁程序能否成功，化学清洁剂可以是浓缩型的清洁剂稀释后使用。清洁效果与清洁剂的浓度有关系，清洁剂使用太少可能达不到清洁效果，使用太多则清洁剂残留可能难以去除，并需要使用大量的淋洗。通常，对于碱性清洁剂达到最佳清洁效果的方法可以是在搅拌状态下提高温度或延长湍流淋洗周期的时间。清洁剂添加的自动系统，必须具有可重现性。不管采用何种添加方式，确认清洁剂浓度有助于证实该方式的一致性。对于自动清洁程序，电导率测试是最容易测试强碱或强酸清洁剂浓度的方式。应能够通过清洁剂的化学组成在线测试出清洁剂浓度的异常变化，例如一些清洁剂添加系统以体积进行控制并采用电导率测试作为确认方法。当电导率超出预设值时，就会报警，允许的范围需来自清洁程序开发的数据予以确定。

（4）温度 清洁程序中不同步骤的最佳温度范围会有所不同，初始清洁剂典型的温度为室温，目的是最大限度地去除变性或降解产物和稀释产物。清洁剂经过加热以提高效果，最终清洁浆可采用高温以加快干燥速率和提高任何工艺残留及清洁剂残留的溶解性。

四、能力训练

（一）操作条件

① 人员：操作员需要经过生产区更衣程序和净化区后进入操作间。

② 设备、器具：压片机、无菌棉签、无菌容器等。

③ 清洁用品：清洁毛巾、纯化水等

④ 资料：《中华人民共和国药典》（2020 年版）、《药品生产质量管理规范》、压片机清洁标准操作规程、附件 1 学习任务书、附件 2 压片机清洁验证方案、附件 3 压片机清洁验证记录。

⑤ 环境：D 级洁净区，温度 18 ～ 26℃，相对湿度 45% ～ 65%，一般照明的照明值不低于 300lx，药物制剂一体化工作站。

（二）安全及注意事项

1. 压片岗位清洁操作应严格按照标准操作规程进行。

2. 验证中各项操作应与验证生产工艺要求保持一致。

3. 穿戴洁净服进入相应洁净区。

4. 设备操作安全、水电安全、消防安全。

（三）操作过程

工作环节	工作内容	操作方法及说明	质量标准
下达生产指令	任务书解读	现场交流法	（1）正确解读本次生产任务的要求 （2）具有交往与合作的能力
制订岗位工作计划	压片机清洁验证方案的制订	资料查阅法；岗位工作计划的编制	（1）岗位工作计划全面合理，明确压片机清洁验证流程 （2）具有自主学习、自我管理、信息检索能力和实践意识
生产前工作环境、设备情况、工器具状态的确认	生产前工作环境确认	（1）检查温度、湿度、压差。生产前工作环境要求（温度、湿度、压差）：D级洁净区，温度18～26℃，相对湿度45%～65%，压差应不低于10Pa （2）检查清场合格证，检查操作室地面，工具是否干净、卫生、齐全 （3）确保生产区域没有上批遗留的产品、文件或与本批生产无关的物料	（1）温、湿度符合生产要求 （2）具有交往与合作的能力
	生产前设备情况确认	Zp-35B旋转式压片机	（1）能按照工艺要求，完成生产所需设备的准备，达到实施生产的环境设备要求 （2）具备交往与合作能力和安全意识
	生产前工器具状态确认	无菌手套、扳手、螺丝刀、清洁工具、清洁毛巾、取样器、容量瓶等	工器具状态标识牌
实施计划	关键部位的确定	根据设备结构、设备与物料接触的表面积以及实际生产经验确定关键取样部位	最难清洗的部位即为关键部位
	参照检测对象的选择	根据主药成分在水中的溶解性、清洁难易程度确定参照检测对象	溶解度最小的成分、难以清洁的成分即可作为参照检测对象
	取样、检测	按照确定的取样点，进行取样，检测微生物、残留物	检测结果符合微生物限度、残留物限度要求
验证报告	压片机清洁验证报告形成	根据各项验证数据，形成本系统能否达到生产要求的报告	符合验证报告要求

【问题情境】

参与清洁验证的人员是否需要进行相关的培训？

解答：从事相关清洁验证的人员的组成和组织情况是确保清洁验证有效实施的首要条件。对于参与清洁验证的相关人员，特别是与清洁验证相关设备清洁的操作人员，必须对相关的清洁操作规程进行严格培训。取样操作人员应是企业的QA或QC人员，要求接受过清洁验证方案培训，熟悉取样位置和取样方法，能解释取样过程中的要求和程序的基本原理，应定期再培训和并通过考核，避免出现因操作不当对样品造成污染。

五、学习结果评价

序号	评价内容	评价标准	评价结果(是/否)
1	任务书解读	(1)正确解读本次生产任务的要求 (2)具有交往与合作的能力	
2	纯化水系统验证方案的制订	(1)岗位工作计划全面合理,明确纯化水系统验证流程 (2)具有自主学习、自我管理、信息检索能力和实践意识	
3	生产前工作环境确认	(1)能确认生产前工作环境 (2)具有语言表达能力	
4	生产前设备情况确认	(1)能正确确认设备的情况 (2)具有质量为本意识	
5	生产前工器具状态确认	(1)能正确识别生产前工器具的状态 (2)具有GMP管理意识和质量为本意识	
6	关键部位的确定	(1)设备结构熟悉、生产经验丰富,确认关键部位合理 (2)思维逻辑清晰	
7	参照检测对象的选择	(1)选择参照检测对象依据合理 (2)具有严谨的工作态度	
8	取样、检测	(1)取样操作规范 (2)检测方法合理,结果准确 (3)具有责任意识、风险意识	
9	压片机清洁验证报告形成	(1)按照工艺要求进行 (2)各项检测数据真实、有效 (3)具有实事求是的工作态度	

六、课后作业

在取样环节,如果擦拭取样和淋洗水取样两种取样方法都采用,应先采用哪种取样方法?

二维码C-1-4

项目C-2 生产工艺优化

任务C-2-1 能进行颗粒剂生产工艺优化

一、核心概念

1. 生产工艺优化

生产工艺优化是对原有的工艺流程进行重组或改进，以达到提高运行效率、严格控制工艺参数的目的。对药品生产工艺的优化可以提高制药生产过程中的生产效率，降低成本，增加收益。

2. 变更

变更是指即将准备上市或已获准上市的药品在生产、质量控制、使用条件等诸多方面提出的涉及来源、方法、控制条件等方面的变化。变化包括药品生产、质量控制、产品使用等整个药品生命周期内任何与原来不同的规定和做法。

3. 微小变更

对药品的安全性、有效性或质量可控性产生影响的可能性为微小的变更称为微小变更。此类变更由企业自己控制，不需要经过药品监督管理部门备案或批准。

二、学习目标

1. 能根据工艺优化任务要求，进行沟通交流，完成关键信息的识读，明确生产工艺优化任务要求，具备理解与表达和解决问题能力。

2. 能查阅相关资料，自主进行信息检索和处理，充分了解产品工艺，理清影响工艺的关键参数，完成生产工艺优化方案的制订，确保生产工艺优化方案的可行性，具备分析问题、归纳总结、创新思维、市场意识。

3. 能依据生产工艺优化方案，完成所需物料、设备的核对，符合各品种生产所需要求，具备统筹协调能力。

4. 能开展小试生产和验证生产，分析处理生产过程中的问题，及时调整方案，正确填写记录，确保方案进行，具备交往与合作、自我管理能力和环保意识。

5. 能按照试生产和验证结果进行数据分析，完成工艺稳定性的评估，符合工艺参数的设定标准，具有时间意识、成本意识。

6. 能按照工艺变更和验证管理的相关要求，完成优化后的工艺规程审批，确保产品按新工艺流程进行生产，具有效益意识。

三、基本知识

（一）颗粒剂生产工艺流程

湿法制粒工艺：原辅料—粉碎—过筛—混合—制软材—制湿颗粒—干燥—整粒—终混—（包衣）。

干法制粒工艺：原辅料—粉碎—过筛—混合—干法制颗粒—终混—（包衣）。

（二）颗粒剂生产工艺关键步骤

1. 混合

混合是颗粒剂制备的重要工艺过程，其目的在于使药物各组分在散剂中分散均匀，色泽一致，以保证剂量准确，用药安全有效。

（1）混合方法　目前常用混合方法有搅拌混合、研磨混合及过筛混合。通常用前两种方法混合后，再过筛混合，以确保混合的均匀性。

（2）混合过程　固体粉末的混合是粉末在外力的作用下，固体颗粒在空间上的重新分布。混乱无序的分布称之为随机混合，很难达到颗粒尺度下的完美混合。依照观测尺度的增加，以每一份特定大小的样品中的各个组分的含量是一致为检测目标，认为在宏观上获得了均匀程度足够的粉末。

混合的初始阶段，首先发生膨胀。混合粉末在运动之前，各个粒子可能按照不同的形式堆叠，粒子间的空间位阻却让粒子无法移动。在外力作用下，粒子克服重力或粒子间的相互作用力脱离紧密的堆叠形式，在粒子接触面发生移动，粒子与粒子之间发生分离，形成空隙，使得整个粉体发生膨胀，体积增大。混合过程中，以混合桶为例，处于混合桶中的混合粉末在桶壁作用力和自身重力的作用下发生运动而实现混合。粉末团随着坡度运动、粉末碰撞摩擦进一步分散。随着混合时间增长，粉末混合程度逐渐提升。

（3）混合机理　针对不同的粒子运动形式，可以将混合机理通常分为对流混合、剪切混合或扩散混合。

对流混合：固体粒子群在机械转动的作用下产生较大的位移而进行的总体混

合，称为对流混合。例如在旋转的混合桶中，粉末到达一定高度因为重力成堆滚落至下方；或者在搅拌式混合设备中，桨叶带动粉末成片移动。在混合的初始阶段，不同种类的粒子界限分明，这种对流混合是最为常见的方式。

剪切混合：由于粒子群内部力的作用结果产生滑动面，破坏粒子群的团聚状态而进行的局部混合，称为剪切混合。伴随粒子的对流，不同速度的粒子形成的移动界面，在这些界面上，不同界面的粒子产生摩擦，这能够使不同的粒子团整体发生形状改变。一般的旋转混合桶，设备内表面和重力诱发的剪切作用较弱，相互作用力较强的粒子团只能以整体形式进行运动，难以混合均匀。

扩散混合：由于粒子的无规则运动，在相邻粒子间发生相互交换位置而进行的局部混合，称为扩散混合。粒子需要能够克服粒子间的相互作用力发生运动，否则该粒子只能以粒子团形式运动。因而扩散运动的距离很短，混合速度较慢。

（4）提升混合作用的方式　在设备中加入挡板；使用切刀，利用旋转的桨叶或切刀提供足够的剪切作用，促使粒子团的形变，增加粒子与粒子，粒子与设备表面的碰撞，进而提高混合效率；在外力作用下，增加单个粒子运动概率，使用振荡筛和整粒机，促使粒子通过筛网，破坏粒子结团，促进粒子发生相对位移，极大地提高混合效率。对原料药物进行粉碎，也能提升混合效果。但需注意长时间或过强的剪切作用可能影响混合均匀性，使粒子发生分离或者破坏已有的粒子。

2. 制粒

制粒是颗粒剂制备的核心环节。制粒的优点主要是改善物料的流动性；防止片剂各种成分因粒度、密度的差异在混合过程中产生离析等；避免或者减少粉尘及微生物的污染；调整松密度，改善溶出与崩解时限。制粒方法一般包括湿法制粒和干法制粒。

（1）湿法制粒　湿法制粒系指混合均匀的药物和辅料加入润湿剂或黏合剂制成颗粒的方法。湿法制粒的方法主要分为两步湿法制粒、流化喷雾制粒法、滚转制粒法和喷雾干燥制粒法。

①两步湿法制粒：主要包括制软材、制湿颗粒、湿颗粒干燥等几个过程。

制软材：将原料、辅料细粉置于混合机中，加适量润湿剂或黏合剂，使用混合机混匀即成软材。软材的干湿程度应适宜，生产中多凭经验掌握，以"用手紧握能成团而不黏手，用手指轻压能裂开"为度。

制湿颗粒：软材置于颗粒机的不锈钢料斗中，其下部装有六条绕轴往复转动的六角形棱柱，棱柱之下有筛网，通过固定器固定并紧靠棱柱，当棱柱做往复运动时，将软材压、搓过筛孔而成湿颗粒。少量生产时可用手将软材握成团块，用手掌轻轻压过筛网即得。

湿颗粒干燥：湿颗粒制成后，应立即干燥，以免结块或受压变形。干燥温度一般根据原料的性质而定，以 50 ～ 60℃为宜。

② 流化喷雾制粒法：流化喷雾制粒法是指将粉末的沸腾混合、黏结剂的喷雾制粒和热风干燥等工序在一套设备中完成，又称一步制粒法。其主要过程是混合均匀的原料、辅料被投放到密闭的容器内，在热气流作用下形成流化状态并实现粉体的再次混合及加热；然后连续喷入黏合剂，粉体互相凝聚成颗粒。与两步湿法制粒相比，流化喷雾制粒法简化了操作工序和设备，便于生产过程的自动化，减少了粉尘飞扬损失和交叉污染，有利于劳动保护。主要工艺参数是热风温度及风速、黏合剂温度、喷雾快慢及蠕动泵的转速等。此制法适用于对湿和热比较稳定的药物制粒。本法对密度差悬殊的物料制粒不太理想。

③ 滚转制粒法：滚转制粒法是指物料混合均匀后，加入一定的润湿剂或黏合剂，在转动、摇动、搅拌作用下使药粉聚结成粒的方法。滚转颗粒的特点就是润湿黏合成粒。主要适用于中药浸膏及黏性强的药物制粒，多用于药丸的生产。

④ 喷雾干燥制粒法：喷雾干燥制粒法是将物料溶液或混悬液喷雾置于干燥室内，在热气流的作用下使雾滴中的水分迅速蒸发直接获得球状干燥细颗粒的方法。喷雾干燥制粒法的特点：由液体直接得到固体粉末颗粒，雾滴比表面积大，干燥速度快，干燥物料的温度较低，适用于热敏性物料的处理；所得颗粒多为中空球状粒子，具有良好的溶解性、分散性和流动性；设备费用高、能耗大、操作费用高；黏性大的料液易黏壁。

（2）干法制粒 干法制粒指不用润湿剂或液态黏合剂而制成颗粒的方法，可分为滚压法和重压法。主要是将药粉压制成大片，并将其破碎成颗粒。其特点是物料不经过湿和热的处理，适用于对湿、热敏感的药物。

（三）微小变更

1.微小变更的情形

依照《已上市化学药品药学变更研究技术指导原则》对制剂生产工艺变更的相关要求，制剂生产工艺微小变更的情形主要包括但不限于以下情况。

（1）增加新的生产过程控制方法、制订更严格的质控标准（包括原料药内控标准/制剂中间体内控标准或生产过程控制），以更好地控制药品生产和保证药品质量。如果上述变更是因为制剂生产过程中出现工艺缺陷或稳定性问题而进行的，应按照重大变更进行申报。

（2）变更普通口服固体制剂的混合时间（粉末混合、颗粒混合）和干燥时间；变更溶液型制剂的混合时间。

（3）变更片剂的硬度，但变更前后的药物溶出行为没有改变。

（4）变更溶液型制剂或用于单元操作的溶液（如制粒溶液）中的组分（原料药除外）加入顺序、非无菌半固体制剂的水相配制时或油相配制时辅料的加入顺序。

（5）非无菌条件下物料前处理增加过筛步骤，以除去结块。

（6）去除或减少之前用于补偿生产损耗而造成的制剂生产批的处方过量投料。

（7）采用终端灭菌工艺生产的无菌制剂，变更过滤步骤的工艺参数。

（8）普通口服片剂、胶囊剂或栓剂形状、尺寸的微小变化，但变更前后的药物溶出行为没有改变。例如，片剂边缘或表面弧度的轻微调整。

（9）变更普通口服固体制剂、栓剂的印记。这种变更包括在片剂、胶囊剂或栓剂表面增加、删除或修改印字、标记等，但功能性刻痕除外。

（10）相同设计和工作原理的生产设备替代另一种设备。

2. 研究验证工作

依照《已上市化学药品药学变更研究技术指导原则》对制剂生产工艺变更的相关要求，制剂生产工艺微小变更后应开展相应的研究验证工作，包括：

（1）说明变更的具体情况和原因，对变更后的工艺进行研究。

（2）对变更后一批样品进行检验，应符合质量标准的规定。

（3）对变更后首批样品进行长期稳定性考察，并在年报中报告该批样品的长期稳定性试验数据。

四、能力训练

（一）操作条件

① 人员：操作员需要经过生产区更衣程序和净化区后进入操作间。

② 设备、器具：粉碎机、振荡筛、槽型混合机、自动料斗提升混合机、三维运动混合机、高速搅拌混合制粒机、摇摆式制粒机、热风循环烘箱、整粒机、袋包机、外包机、多媒体设备等。

③ 原辅料：乙酰水杨酸粉末、淀粉等。

④ 资料：《中华人民共和国药典》（2020年版）、《药品生产质量管理规范》、生产工艺、操作方法、生产操作规程、学习任务书（附件1）、变更审批表（附件2）、风险评估与实施计划可行性审批表（附件3）、变更计划与执行追踪表（附件4）、变更实施评估表（附件5）、变更实施总结表（附件6）等。

⑤ 环境：D级洁净区，温度18～26℃，相对湿度45%～65%，一般照明的照明值不低于300lx，药物制剂一体化工作站。

（二）安全及注意事项

1. 生产岗位应加强通风，尽量降低粉尘浓度。

2. 生产过程中所有物料均应有标识，防止发生混药。

3. 穿戴洁净服进入相应洁净区。

4. 按设备清洁要求进行清洁。

5. 设备操作安全、水电安全、消防安全。

（三）操作过程

工作环节	工作内容	操作方法及说明	质量标准
生产工艺优化任务的接收	准确识读工作任务,明确生产工艺优化任务要求	现场交流法,按要求准确填写变更审批表	(1)正确解读变更审批表的相关内容等 (2)具有交往与合作的能力
生产工艺优化方案的制订及风险评估	编写风险评估、实施计划可行性评估	资料查阅法;按要求填写风险评估与实施计划可行性审批表	(1)风险评估合理,实施计划可行 (2)具有自主学习、自我管理、信息检索与处理能力和实践意识
生产前工作环境、设备情况、工器具状态的确认	生产前工作环境确认	检查温度、湿度、压差。生产前工作环境要求(温度、湿度、压差):D级洁净区,温度18~26℃,相对湿度45%~65%,压差应不低于10Pa 检查清场合格证,检查操作室地面,工具是否干净、卫生、齐全;确保生产区域没有上批遗留的产品、文件或与本批生产无关的物料	(1)符合生产要求 (2)具有交往与合作能力
	生产前设备情况确认	确认生产设备的运行状态,检查状态标识牌、清场合格证;检查电子天平的校验有效期	(1)能按照操作规程,完成生产所需设备的准备,达到实施生产的环境设备要求 (2)具备交往与合作能力和安全意识
	生产前工器具状态确认	运输车、无菌手套、物料铲、物料桶、物料袋、标准筛、扳手、螺丝刀、清洁工具、清洁毛巾、称量勺、取样器、称量瓶、电子秤、负压称量罩、标准筛的状态标识确认	能正确判断工器具状态标识牌
小试生产及验证生产的进行	小试生产准备	(1)领取并准确称量已预处理完成的原辅料 (2)填写变更计划与执行追踪表	(1)原辅料称量准确、记录填写完整 (2)具有良好的GMP管理意识 (3)按照变更指导原则开展工作
	小试生产开展	(1)按照生产工艺优化方案,开展小试生产 (2)准确记录结果,填写生产记录 (3)填写变更计划与执行追踪表 (4)(如需)联系QC,开展结果检验	(1)具有良好的GMP管理意识 (2)按照变更指导原则开展工作 (3)小试结果记录准确分析合理到位
	验证生产	参照任务C-1-3	参照任务C-1-3
	清洁清场	(1)按照清洁标准操作规程完成清场工作 (2)准确填写清场记录	(1)场地清洁、工具和设备清洁到位 (2)记录填写准确 (3)具有GMP管理意识
工艺稳定性的评估	开展工艺稳定性评估	完成变更实施评估表	(1)表格填写真实、准确 (2)变更后工艺具有可实施性
优化后生产工艺的报批	开展变更实施总结并报批	完成变更实施总结表	(1)规范完成变更工作 (2)工艺批准后变更关闭

【问题情境一】

我国现行 GMP 对工艺优化管理的总体要求是怎么样的?

解答: 企业应当建立变更控制系统,对所有影响产品质量的变更进行评估和管理。需要经药品监督管理部门批准的变更应当在得到批准后方可实施。

【问题情境二】

在医药生产企业中哪些环节的变更需要按照 GMP 要求实施? 由哪个部门主要负责?

解答: 应当建立操作规程,规定原辅料、包装材料、质量标准、检验方法、操作规程、厂房、设施、设备、仪器、生产工艺和计算机软件变更的申请、评估、审核、批准和实施。质量管理部门应当指定专人负责变更控制。

【问题情境三】

企业应如何评估生产工艺的改变造成的潜在影响?

解答: 变更都应当评估其对产品质量的潜在影响。企业可以根据变更的性质、范围、对产品质量潜在影响的程度将变更分类(如主要、次要变更)。判断变更所需的验证、额外的检验以及稳定性考察应当有科学依据。

五、学习结果评价

序号	评价内容	评价标准	评价结果(是/否)
1	准确识读工作任务,明确生产工艺优化任务要求	(1)正确解读变更审批表的相关内容等 (2)具有交往与合作的能力	
2	编写风险评估、实施计划可行性评估	(1)风险评估合理,实施计划可行 (2)具有自主学习、自我管理、信息检索与处理能力和实践意识	
3	生产前工作环境确认	(1)符合生产要求 (2)具有交往与合作能力	
4	生产前设备情况确认	(1)能按照操作规程,完成生产所需设备的准备,达到实施生产的环境设备要求 (2)具备交往与合作能力和安全意识	
5	生产前工器具状态确认	工器具状态标识牌	
6	小试生产准备	(1)原辅料称量准确、记录填写完整 (2)具有良好的 GMP 管理意识 (3)按照变更指导原则开展工作	
7	小试生产开展	(1)具有良好的 GMP 管理意识 (2)按照变更指导原则开展工作 (3)小试结果记录准确、分析合理到位	
8	验证生产	参照任务 C-1-3	

序号	评价内容	评价标准	评价结果(是/否)
9	清洁清场	(1)场地清洁、工具和设备清洁到位 (2)记录填写准确 (3)具有GMP管理意识	
10	开展工艺稳定性评估	(1)表格填写真实、准确 (2)变更后工艺具有可实施性	
11	开展变更实施总结并报批	(1)规范完成变更工作 (2)工艺批准后变更关闭	

六、课后作业

1. 什么是变更?

2. 生产工艺优化与变更的关系是怎样的?

二维码C-2-1

任务C-2-2 能进行硬胶囊剂生产工艺优化

一、核心概念

1. 制剂生产工艺变更

制剂生产工艺变更主要包括变更制剂生产过程及工艺参数、变更原料药内控标准/制剂中间体内控标准或生产过程控制、变更制剂生产设备等。制剂生产工艺发生变更后,需进行相应的研究工作,评估变更对药品安全性、有效性和质量可控性的影响。研究工作宜根据以下方面综合进行:变更对制剂的影响程度;制剂生产工艺的复杂难易;制剂剂型等。

2. 中等变更

对药品安全性、有效性或质量可控性产生影响的可能性为中等的变更属于中等变更。中等变更需要通过相应的研究工作证明变更对产品安全性、有效性和质量可控制不产生影响。这类变更企业要根据《药品注册管理办法》和其他相关要求,报药品监督管理部门备案。

二、学习目标

1. 能根据工艺优化任务要求,进行沟通交流,完成关键信息的识读,明确生产工艺优化任务要求,具备理解与表达和解决问题能力。

2. 能查阅相关资料，自主进行信息检索和处理，充分了解产品工艺，理清影响工艺的关键参数，完成生产工艺优化方案的制订，确保生产工艺优化方案的可行性，具备分析问题、归纳总结的能力以及创新思维、市场意识。

3. 能依据生产工艺优化方案，完成所需物料、设备的核对，符合各品种生产所需要求，具备统筹协调能力。

4. 能开展小试生产和验证生产，分析处理生产过程中的问题，及时调整方案，正确填写记录，确保方案进行，具备交往与合作、自我管理能力和环保意识。

5. 能按照试生产和验证结果进行数据分析，完成工艺稳定性的评估，符合工艺参数的设定标准，具有时间意识、成本意识。

6. 能按照工艺变更和验证管理的相关要求，完成优化后的工艺规程审批，确保产品按新工艺流程进行生产，具有效益意识。

三、基本知识

（一）硬胶囊剂生产工艺流程

湿法制粒工艺：原辅料—粉碎—过筛—混合—制软材—制湿颗粒—干燥—整粒—终混—（包衣）。

干法制粒工艺：原辅料—粉碎—过筛—混合—干法制颗粒—终混—（包衣）。

微丸工艺：空白丸芯—备料—称量—制丸、烘干、过筛—终混—（包衣）。

按上述工艺制得的产品填充入胶囊壳，再经包装、检验等环节，即为硬胶囊剂生产工艺流程。

（二）硬胶囊剂生产工艺关键步骤

1. 混合

见"任务 C-2-1 能进行颗粒剂生产工艺优化"。

2. 制粒

见"任务 C-2-1 能进行颗粒剂生产工艺优化"。

3. 胶囊填充

领取所需经检验合格的空心胶囊及合格的混合颗粒（混合小丸），根据装量差异要求，按工艺要求与设备操作规程设置胶囊机参数，调试机器试生产，检测装量，装量差异合格后，方可正式生产。填充过程中，监测粒重及粒重差异、外观质量，保证产品质量。胶囊经抛光机抛光后，得合格的胶囊。

（1）空胶囊的选用　我国药用明胶硬胶囊共分 8 个型号，常用的是 0～5 号，号数越大，容积越小。一般根据药物的堆密度与重量选用适当号码的空胶囊。常用空硬胶囊号数与容积的关系如下。

空胶囊的规格（号）	0	1	2	3	4	5
近似容积/mL	0.75	0.55	0.40	0.30	0.25	0.15

（2）硬胶囊的内容物

① 药物为粉末时　当主药剂量小于所选用胶充填量的1/2时，常需加入淀粉类、聚乙烯吡咯烷酮（PVP）等稀释剂。当主药为粉末或针状结晶、引湿性药物时，流动性差给填充操作带来困难，常加入微粉硅胶或滑石粉等润滑剂，以改善其流动性。

② 药物为颗粒时　许多胶囊剂是将药物制成颗粒、小丸后再充填入胶囊壳内。以浸膏为原料的中药颗粒剂，引湿性强，富含黏液质及多糖类物质，可加入无水乳糖、微晶纤维素、预胶化淀粉等辅料以改善引湿性。

③ 药物为液体半固体时　往硬胶囊内充填液体药物，需要解决液体从囊帽与囊体接合处的泄漏问题，一般采用增加充填物黏度的方法，可加入增稠剂如酸性衍生物使液体变为非流动性软材，然后装入胶囊中。在填充药物的过程中，要经常检查胶囊的装量差异，应符合《中国药典》（2020年版）的相关规定。

（3）胶囊填充工艺常见问题及解决方法　见"任务C-3-3 能解决胶囊剂生产过程中出现的工艺问题"。

（三）中等变更

1. 中等变更的情形

依照《已上市化学药品药学变更研究技术指导原则》对制剂生产工艺变更的相关要求，制剂生产工艺中等变更的情形主要包括但不限于以下情况。

（1）变更不影响制剂关键质量属性的工艺参数。

（2）变更质控标准（包括原料药内控标准/制剂中间体内控标准或生产过程控制）的分析方法，但不降低制剂的质量控制水平。

（3）普通口服片剂、胶囊剂或栓剂形状、尺寸的显著变化，但变更前后的药物溶出行为没有改变。例如，圆形改为异形等。

（4）不同设计和工作原理的生产设备替代另一种设备。

（5）普通口服固体制剂包衣液中的有机溶剂改为水。

（6）对于无菌制剂，包括以下情形：①采用终端灭菌工艺生产的无菌制剂，取消中间过程的滤过环节，或变更过滤器的材料和孔径；②变更除菌过滤过程的滤过参数（包括流速、压力、时间，或体积，但孔径不变），且超出原批准范围的；③从单一过滤器改为两个无菌级过滤器串联。

2. 研究验证工作

依照《已上市化学药品药学变更研究技术指导原则》对制剂生产工艺变更的相关要求，制剂生产工艺中等变更后应开展相应的研究验证工作，包括以下情况。

（1）说明变更的具体情况和原因，对变更后的工艺进行研究和/或验证。对于无菌制剂，如变更可能影响无菌保障水平的，还需进行无菌/灭菌工艺验证。

（2）提供变更后一批样品的批生产记录。

（3）对变更前后的样品进行质量对比研究，变更前后样品的溶出曲线、杂质谱、关键理化性质应保持一致，并符合相关指导原则的要求。

（4）对变更后 1～3 批样品进行检验，应符合质量标准的规定。

（5）对变更后一批样品进行加速及长期稳定性考察，申请时提供不少于 3 个月的稳定性研究资料，并与变更前产品的稳定性情况进行比较。变更后样品的稳定性应不低于变更前。

四、能力训练

（一）操作条件

① 人员：操作员需要经过生产区更衣程序和净化区后进入操作间。

② 设备、器具：粉碎机、振荡筛、槽型混合机、自动料斗提升混合机、三维运动混合机、高速搅拌混合制粒机、摇摆式制粒机、热风循环烘箱、整粒机、全自动硬胶囊填充机、铝塑泡罩包装机、外包机、多媒体设备等。

③ 原辅料：乙酰水杨酸颗粒、空胶囊壳等。

④ 资料：《中华人民共和国药典》（2020 年版）、《药品生产质量管理规范》、生产工艺、操作方法、生产操作规程、学习任务书（附件 1）、变更审批表（附件 2）、风险评估与实施计划可行性审批表（附件 3）、变更计划与执行追踪表（附件 4）、变更实施评估表（附件 5）、变更实施总结表（附件 6）等。

⑤ 环境：D 级洁净区，温度 18～26℃，相对湿度 45%～65%，一般照明的照明值不低于 300lx，药物制剂一体化工作站。

（二）安全及注意事项

1. 生产岗位应加强通风，尽量降低粉尘浓度。

2. 生产过程中所有物料均应有标识，防止发生混药。

3. 穿戴洁净服进入相应洁净区。

4. 按设备清洁要求进行清洁。

5. 设备操作安全、水电安全、消防安全。

（三）操作过程

工作环节	工作内容	操作方法及说明	质量标准
生产工艺优化任务的接收	准确识读工作任务,明确生产工艺优化任务要求	现场交流法,按要求准确填写变更审批表	(1)正确解读变更审批表的相关内容等 (2)具有交往与合作的能力
生产工艺优化方案的制订及风险评估	编写风险评估、实施计划可行性评估	资料查阅法;按要求填写风险评估与实施计划可行性审批表	(1)风险评估合理,实施计划可行 (2)具有自主学习、自我管理、信息检索与处理能力和实践意识
生产前工作环境、设备情况、工器具状态的确认	生产前工作环境确认	检查温度、湿度、压差。生产前工作环境要求(温度、湿度、压差):D级洁净区,温度18~26℃,相对湿度45%~65%,压差应不低于10Pa 检查清场合格证,检查操作室地面,工具是否干净、卫生、齐全;确保生产区域没有上批遗留的产品、文件或与本批生产无关的物料	(1)符合生产要求 (2)具有交往与合作能力
	生产前设备情况确认	确认生产设备的运行状态,检查状态标识牌、清场合格证;检查电子天平的校验有效期	(1)能按照操作规程,完成生产所需设备的准备,达到实施生产的环境设备要求 (2)具备交往与合作能力和安全意识
	生产前工器具状态确认	运输车、无菌手套、物料铲、物料桶、物料袋、标准筛、扳手、螺丝刀、清洁工具、清洁毛巾、称量勺、取样器、称量瓶、电子秤、负压称量罩、标准筛的状态标识确认	能正确判断工器具状态标识牌
小试生产及验证生产的进行	小试生产准备	(1)领取并准确称量已预处理完成的原辅料 (2)填写变更计划与执行追踪表	(1)原辅料称量准确、记录填写完整 (2)具有良好的GMP管理意识 (3)按照变更指导原则开展工作
	小试生产开展	(1)按照生产工艺优化方案,开展小试生产 (2)准确记录结果,填写生产记录 (3)填写变更计划与执行追踪表 (4)(如需)联系QC,开展结果检验	(1)具有良好的GMP管理意识 (2)按照变更指导原则开展工作 (3)小试结果记录准确分析合理到位
	验证生产	参照任务C-1-3	参照任务C-1-3
	清洁清场	(1)按照清洁标准操作规程完成清场工作 (2)准确填写清场记录	(1)场地清洁、工具和设备清洁到位 (2)记录填写准确 (3)具有GMP管理意识
工艺稳定性的评估	开展工艺稳定性评估	完成变更实施评估表	(1)表格填写真实、准确 (2)变更后工艺具有可实施性
优化后生产工艺的报批	开展变更实施总结并报批	完成变更实施总结表	(1)规范完成变更工作 (2)工艺批准后变更关闭

【问题情境一】

依据《已上市化学药品药学变更研究技术指导原则》除制剂生产工艺变更外，还有哪些变更属于该原则指导和管理的范围？

解答： 涵盖的变更情形包括：制剂处方中辅料的变更、原料药和制剂生产工艺变更、生产场地变更、生产批量变更、制剂所用原料药的供应商变更、注册标准变更、包装材料和容器变更、有效期和贮藏条件变更、增加规格，并列举了每种变更情形下的重大变更、中等变更、微小变更，以及需进行的研究验证工作。

【问题情境二】

与产品质量有关的变更应该如何实施？

解答： 与产品质量有关的变更由申请部门提出后，应当经评估、制订实施计划并明确实施职责，最终由质量管理部门审核批准。变更实施应当有相应的完整记录。

【问题情境三】

改变原辅料、与药品直接接触的包装材料、生产工艺、主要生产设备以及其他影响药品质量的主要因素时除按变更要求实施外，还应进行哪些工作？

解答： 改变原辅料、与药品直接接触的包装材料、生产工艺、主要生产设备以及其他影响药品质量的主要因素时，还应当对变更实施后最初至少三个批次的药品质量进行评估。如果变更可能影响药品的有效期，则质量评估还应当包括对变更实施后生产的药品进行稳定性考察。

五、学习结果评价

序号	评价内容	评价标准	评价结果(是/否)
1	准确识读工作任务，明确生产工艺优化任务要求	（1）正确解读变更审批表的相关内容等 （2）具有交往与合作的能力	
2	编写风险评估、实施计划可行性评估	（1）风险评估合理，实施计划可行 （2）具有自主学习、自我管理、信息检索与处理能力和实践意识	
3	生产前工作环境确认	（1）符合生产要求 （2）具有交往与合作能力	
4	生产前设备情况确认	（1）能按照操作规程，完成生产所需设备的准备，达到实施生产的环境设备要求 （2）具备交往与合作能力和安全意识	
5	生产前工器具状态确认	能正确判断工器具状态标识牌	
6	小试生产准备	（1）原辅料称量准确，记录填写完整 （2）具有良好的GMP管理意识 （3）按照变更指导原则开展工作	
7	小试生产开展	（1）具有良好的GMP管理意识 （2）按照变更指导原则开展工作 （3）小试结果记录准确、分析合理到位	

序号	评价内容	评价标准	评价结果(是/否)
8	验证生产	参照 C-1-3	
9	清洁清场	(1)场地清洁、工具和设备清洁到位 (2)记录填写准确 (3)具有 GMP 管理意识	
10	开展工艺稳定性评估	(1)表格填写真实、准确 (2)变更后工艺具有可实施性	
11	开展变更实施总结并报批	(1)规范完成变更工作 (2)工艺批准后变更关闭	

六、课后作业

1. 什么是中等变更?

2. 中等变更的情形有哪些?

二维码C-2-2

任务C-2-3　能进行片剂生产工艺优化

一、核心概念

1. 重大变更

对药品的安全性、有效性或质量可控性产生影响的可能性为重大变更。重大变更需要通过系列的研究工作证明对产品安全性、有效性和质量可控性没有产生负面影响。这类变更必须按照相关法规要求报药监局批准。

2. 关联变更

药品某一项变更往往不是独立发生的。例如,批量变更往往同时伴随生产设备及生产工艺的变更,处方变更可能伴随或引发药品注册标准变更,增加规格可能会调整处方等。将一项变更伴随或引发其他变更称之为关联变更。

二、学习目标

1. 能根据工艺优化任务要求,进行沟通交流,完成关键信息的识读,明确生产工艺优化任务要求,具备理解与表达和解决问题能力。

2. 能查阅相关资料,自主进行信息检索和处理,充分了解产品工艺,理清影响工艺的关键参数,完成生产工艺优化方案的制订,确保生产工艺优化方案的可行性,具备分析问题、归纳总结能力以及创新思维、市场意识。

3. 能依据生产工艺优化方案，完成所需物料、设备的核对，符合各品种生产所需要求，具备统筹协调能力。

4. 能开展小试生产和验证生产，分析处理生产过程中的问题，及时调整方案，正确填写记录，确保方案进行，具备交往与合作、自我管理能力和环保意识。

5. 能按照试生产和验证结果进行数据分析，完成工艺稳定性的评估，符合工艺参数的设定标准，具有时间意识、成本意识。

6. 能按照工艺变更和验证管理的相关要求，完成优化后的工艺规程审批，确保产品按新工艺流程进行生产，具有效益意识。

三、基本知识

（一）片剂生产工艺流程

湿法制粒压片工艺：原辅料—粉碎—过筛—混合—制软材—制湿颗粒—干燥—整粒—总混—压片—包衣—内包装—外包装。

干法制粒压片工艺：原辅料—粉碎—过筛—混合—干法制颗粒—整粒—总混—压片—包衣—内包装—外包装。

粉末直接压片工艺：辅料—粉碎—过筛—混合—干法直接压片—包衣—内包装—外包装。

（二）片剂生产工艺关键步骤

1. 混合

见"任务 C-2-1 能进行颗粒剂生产工艺优化"。

2. 制粒

见"任务 C-2-1 能进行颗粒剂生产工艺优化"。

3. 压片

（1）压片的工艺方法　压片是将混合均匀的物料经压片机压制成片剂的过程。一般分为颗粒压片法和粉末直接压片法，其中颗粒压片法应用较多。

① 颗粒压片法：是指混合均匀的原辅料通过制颗粒、整粒、总混后通过压片机压制成片剂的方法。颗粒压片由于颗粒流动性好、耐磨性强、压缩成型性好，压出的片剂圆整美观。

② 粉末直接压片法：系指将药物粉末与适宜的辅料混匀后，不经过制颗粒而直接压片的方法。粉末直接压片法避开了制粒过程，因而具有省时节能、工艺简便、工序少、产品的崩解或溶出较快等突出优点，适用于对湿热不稳定的药物，但也存在粉末流动性差，片重差异大以及压缩成型性差，易松片、裂片等缺点，致使该工艺的应用受到了一定限制。

（2）压片工艺常见问题及解决方法　见"任务 C-3-2 能解决片剂生产过程中出现的工艺问题"。

4. 包衣

（1）包衣的工艺方法　包衣一般是指在片剂（常称为片芯或素片）的外表面均匀地包裹上一定厚度的衣膜。包衣的主要目的是避光、防潮，提高稳定性；遮盖药物不良气味；隔离配伍禁忌成分；包有色衣，增加药物识别；包衣后表面光洁，更加美观；改变药物释放位置及速度，如胃溶、肠溶、缓控释等。包衣片按照包衣层的材料可以分为糖衣片、薄膜包衣片、肠溶衣片等。常用的包衣方法有以下三种。

① 滚转包衣法：亦称锅包衣法，是经典且广泛使用的包衣方法，可用于包糖衣、包薄膜衣以及包肠溶衣等，包括普通滚转包衣法和埋管包衣法。

② 流化包衣法：与流化制粒原理基本相似，是将片芯置于流化床中，通入气流，借急速上升的空气流动力使片芯悬浮于包衣室内，上下翻动处于流化（沸腾）状态，然后将包衣材料的溶液或混悬液以雾化状态喷入流化床，使片芯表面均匀分布一层包衣材料，并通入热空气使之干燥，如此反复包衣，直至达到规定要求。

③ 压制包衣法：一般采用两台压片机联合起来实施压制包衣。两台旋转压片机用单传动轴连接配套使用。包衣时，先用一台压片机将物料压成片芯后，由传递装置将片芯传递到另一台压片机的模孔中，在传递过程中由吸气泵将片外的细粉除去，在片芯到达第二台压片机之前，模孔中已填入部分包衣物料作为底层，然后片芯置于其上，再加入包衣物料填满模孔，进行第二次压制成包衣片。此种包衣方式可以避免水分、高温对药物的不良影响，生产流程短、自动化程度高、劳动条件好，但对压片机械的精度要求较高。

（2）包衣工艺常见问题及解决方法　见"任务 C-3-2 能解决片剂生产过程中出现的工艺问题"。

（三）重大变更

1. 重大变更的情形

依照《已上市化学药品药学变更研究技术指导原则》对制剂生产工艺变更的相关要求，制剂生产工艺重大变更的情形主要包括但不限于以下情况。

（1）制剂生产过程或生产工艺发生根本性变化的，如口服固体制剂由湿法制粒改变为干法制粒，或相反变更；如生产过程干燥方法从烘箱干燥变为流化床干燥或相反变更等。

（2）制剂生产工艺变更可能影响制剂控释或缓释特性的，可能影响制剂（如吸入制剂）体内吸收的，或影响制剂其他关键质量属性的。

（3）放宽或删除已批准的质控标准（包括原料药内控标准/制剂中间体内控

标准或生产过程控制）。

（4）变更制剂生产过程中用于单元操作的溶剂种类［中等变更（5）除外］。例如，制粒溶剂由水改为乙醇。

（5）变更缓控释制剂的形状、尺寸和刻印。

（6）增加或删除片剂的功能性刻痕。

（7）无菌制剂生产过程变更可能影响药品无菌保证水平的情形：①变更产品灭菌工艺，由除菌过滤灭菌工艺变更为终端灭菌工艺或者相反的变更；终端灭菌工艺由残存概率法变更为过度杀灭法或者相反的变更；从干热灭菌、辐射灭菌中的一种灭菌工艺变更为另一种灭菌工艺等；②变更无菌生产工艺中使用的除菌过滤器孔径。

2. 研究验证工作

依照《已上市化学药品药学变更研究技术指导原则》对制剂生产工艺变更的相关要求，制剂生产工艺重大变更后应开展相应的研究验证工作，包括以下情况。

（1）说明变更的具体情况和原因，对变更后的工艺进行研究和／或验证。对于无菌制剂，如变更可能影响无菌保障水平的，还需进行无菌／灭菌工艺验证。

（2）提供变更后一批样品的批生产记录。

（3）对变更前后的样品进行质量对比研究，重点比较变更前后样品的溶出曲线、杂质谱、关键理化性质等，应符合相关指导原则的要求。

（4）对变更后连续生产的三批样品进行检验，应符合质量标准的规定。

（5）对变更后三批样品进行加速及长期稳定性考察，申请时提供 3 ～ 6 个月的稳定性研究资料，并与变更前产品的稳定性情况进行比较，变更后产品的稳定性不低于变更前。

（6）对于治疗窗窄的药物或水难溶性药物的普通口服固体制剂和缓控释制剂，此类变更对药品安全性、有效性和质量可控性均可能产生较显著的影响，一般需考虑进行生物等效性研究。其他制剂，应结合工艺的复杂程度、药物特点以及变更情况等方面综合考虑是否需要进行生物等效性试验。如申请免除生物等效性研究，需进行充分的研究和分析。

四、能力训练

（一）操作条件

① 人员：操作员需要经过生产区更衣程序和净化区后进入操作间。

② 设备、器具：粉碎机、振荡筛、槽型混合机、V 型混合机、三维运动混合机、高速搅拌混合制粒机、摇摆式制粒机、热风循环烘箱、整粒机、压片机、包衣机、泡罩包装机、装盒机、多媒体设备等。

③ 原辅料：乙酰水杨酸粉末、糊精、淀粉等。

④ 资料：《中华人民共和国药典》（2020 年版）、《药品生产质量管理规范》、生产工艺、操作方法、生产操作规程、学习任务书（附件 1）、变更审批表（附件 2）、风险评估与实施计划可行性审批表（附件 3）、变更计划与执行追踪表（附件 4）、变更实施评估表（附件 5）、变更实施总结表（附件 6）等。

⑤ 环境：D 级洁净区，温度 18 ～ 26℃，相对湿度 45% ～ 65%，一般照明的照明值不低于 300lx，药物制剂一体化工作站。

（二）安全及注意事项

1. 生产岗位应加强通风，尽量降低粉尘浓度。
2. 生产过程中所有物料均应有标识，防止发生混药。
3. 穿戴洁净服进入相应洁净区。
4. 按设备清洁要求进行清洁。
5. 设备操作安全、水电安全、消防安全。

（三）操作过程

工作环节	工作内容	操作方法及说明	质量标准
生产工艺优化任务的接收	准确识读工作任务，明确生产工艺优化任务要求	现场交流法，按要求准确填写变更审批表	（1）正确解读变更审批表的相关内容等 （2）具有交往与合作的能力
生产工艺优化方案的制订及风险评估	编写风险评估、实施计划可行性评估	资料查阅法；按要求填写风险评估与实施计划可行性审批表	（1）风险评估合理，实施计划可行 （2）具有自主学习、自我管理、信息检索与处理能力和实践意识
生产前工作环境、设备情况、工器具状态的确认	生产前工作环境确认	检查温度、湿度、压差。生产前工作环境要求（温度、湿度、压差）：D 级洁净区，温度 18～26℃，相对湿度 45%～65%，压差应不低于 10Pa 检查清场合格证，检查操作室地面、工具是否干净、卫生、齐全；确保生产区域没有上批遗留的产品、文件或本批生产无关的物料	（1）符合生产要求 （2）具有交往与合作能力
	生产前设备情况确认	确认生产设备的运行状态，检查状态标识牌、清场合格证；检查电子天平的校验有效期	（1）能按照操作规程，完成生产所需设备的准备，达到实施生产的环境设备要求 （2）具备交往与合作能力和安全意识
	生产前工器具状态确认	运输车、无菌手套、物料铲、物料桶、物料袋、标准筛、扳手、螺丝刀、清洁工具、清洁毛巾、称量勺、取样器、称量瓶、电子秤、负压称量罩、标准筛的状态标识确认	能正确判断工器具状态标识牌

工作环节	工作内容	操作方法及说明	质量标准
小试生产及验证生产的进行	小试生产准备	（1）领取并准确称量已预处理完成的原辅料 （2）填写变更计划与执行追踪表	（1）原辅料称量准确、记录填写完整 （2）具有良好的 GMP 管理意识 （3）按照变更指导原则开展工作
	小试生产开展	（1）按照生产工艺优化方案，开展小试生产 （2）准确记录结果，填写生产记录 （3）填写变更计划与执行追踪表 （4）（如需）联系 QC，开展结果检验	（1）具有良好的 GMP 管理意识 （2）按照变更指导原则开展工作 （3）小试结果记录准确分析合理到位
	验证生产	参照任务 C-1-3	参照任务 C-1-3
	清洁清场	（1）按照清洁标准操作规程完成清场工作 （2）准确填写清场记录	（1）场地清洁、工具和设备清洁到位 （2）记录填写准确 （3）具有 GMP 管理意识
工艺稳定性的评估	开展工艺稳定性评估	完成变更实施评估表	（1）表格填写真实、准确 （2）变更后工艺具有可实施性
优化后生产工艺的报批	开展变更实施总结并报批	完成变更实施总结表	（1）规范完成变更工作 （2）工艺批准后变更关闭

【问题情境一】

片剂辅料供应商的改变是否属于变更管理范畴？如是，应当为何等级的变更？

解答： 辅料供应商的改变属于变更管理范畴。普通口服固体制剂变更辅料的供应商，但是辅料的技术等级不变，辅料的质量不降低，则属于微小变更。

【问题情境二】

改变片剂辅料的技术等级是否属于变更管理范畴？如是，应当为何等级的变更？

解答： 改变片剂辅料的技术等级属于变更管理范畴。普通口服固体制剂辅料的技术等级主要与辅料的质量标准、用途、杂质状况等相关，此变更为中等变更。

【问题情境三】

当药品生产企业和上市持有人不相同时，已上市化学药品变更研究工作的主体应当是谁？

解答： 持有人/登记企业是变更研究的主体。持有人/登记企业应对药品的研发和生产、质量控制、产品的性质等有着全面和准确的了解。当发生变更时，持有人/登记企业应当清楚变更的原因、变更的情况及对药品的影响，针对变更设计并开展相应的研究工作。

五、学习结果评价

序号	评价内容	评价标准	评价结果(是/否)
1	准确识读工作任务，明确生产工艺优化任务要求	（1）正确解读变更审批表的相关内容等 （2）具有交往与合作的能力	
2	编写风险评估、实施计划可行性评估	（1）风险评估合理，实施计划可行 （2）具有自主学习、自我管理、信息检索与处理能力和实践意识	
3	生产前工作环境确认	（1）符合生产要求 （2）具有交往与合作能力	
4	生产前设备情况确认	（1）能按照操作规程，完成生产所需设备的准备，达到实施生产的环境设备要求 （2）具备交往与合作能力和安全意识	
5	生产前工器具状态确认	能正确判断工器具状态标识牌	
6	小试生产准备	（1）原辅料称量准确、记录填写完整 （2）具有良好的 GMP 管理意识 （3）按照变更指导原则开展工作	
7	小试生产开展	（1）具有良好的 GMP 管理意识 （2）按照变更指导原则开展工作 （3）小试结果记录准确、分析合理到位	
8	验证生产	参照任务 C-1-3	
9	清洁清场	（1）场地清洁、工具和设备清洁到位 （2）记录填写准确 （3）具有 GMP 管理意识	
10	开展工艺稳定性评估	（1）表格填写真实、准确 （2）变更后工艺具有可实施性	
11	开展变更实施总结并报批	（1）规范完成变更工作 （2）工艺批准后变更关闭	

六、课后作业

1. 什么是重大变更？
2. 属于制剂生产工艺重大变更的情形有哪些？

二维码C-2-3

任务C-2-4　能进行注射剂生产工艺优化

一、核心概念

生产批量变更

生产批量变更是指在原批准批量［如关键临床试验批、生物等效性试验（BE）批等］基础上扩大或缩小生产批量。生产批量缩小至相关指导原则或技术要求规定的批量以下的不含在内。若变更生产批量的同时，其工艺参数、生产设备等发生变更，需按要求进行关联变更研究。

二、学习目标

1. 能根据工艺优化任务要求，进行沟通交流，完成关键信息的识读，明确生产工艺优化任务要求，具备理解与表达和解决问题能力。

2. 能查阅相关资料，自主进行信息检索和处理，充分了解产品工艺，理清影响工艺的关键参数，完成生产工艺优化方案的制订，确保生产工艺优化方案的可行性，具备分析问题、归纳总结能力以及创新思维、市场意识。

3. 能依据生产工艺优化方案，完成所需物料、设备的核对，符合各品种生产所需要求，具备统筹协调能力。

4. 能开展小试生产和验证生产，分析处理生产过程中的问题，及时调整方案，正确填写记录，确保方案进行，具备交往与合作、自我管理能力和环保意识。

5. 能按照试生产和验证结果进行数据分析，完成工艺稳定性的评估，符合工艺参数的设定标准，具有时间意识、成本意识。

6. 能按照工艺变更和验证管理的相关要求，完成优化后的工艺规程审批，确保产品按新工艺流程进行生产，具有效益意识。

三、基本知识

（一）注射剂生产工艺流程

1. 大容量注射剂生产工艺流程

大容量注射剂生产工艺流程见图 C-2-4-1。

2. 小容量注射剂生产工艺流程

小容量注射剂（安瓿瓶／西林瓶小容量注射剂、冻干粉针剂）生产工艺流程见图 C-2-4-2。

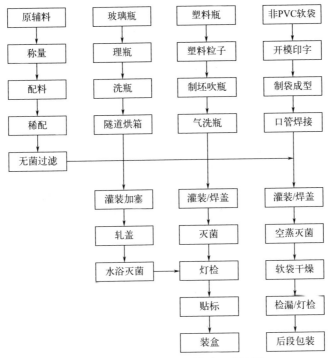

图C-2-4-1　大容量注射剂生产工艺流程

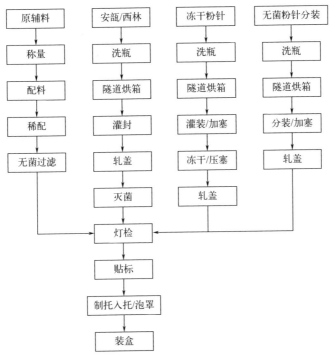

图C-2-4-2　小容量注射剂生产工艺流程

（二）注射剂生产工艺关键步骤

1. 大容量注射剂生产工艺关键步骤

（1）配制　配制方法可以分为浓配-稀配法和一步配制法。

① 浓配-稀配法：指将全部药物用部分处方量的溶剂在浓配罐中溶解，配制成浓溶液，加热或冷藏后过滤到稀配罐中，然后稀释至所需浓度。浓配的重点在于用部分处方量的溶剂将药物全部溶解，溶解的过程常使用加热搅拌或先加热再冷藏等方式。稀配的重点在于确保药液符合预定的质量标准，是一个定容的过程，如有 pH 等要求，也在稀配阶段进行调节。

② 一步配制法：指在同一个配液罐中加入大部分处方量的溶剂，搅拌溶解全部原辅料，然后直接加溶剂至处方量，过滤，得到符合质量标准的溶液。

③ 过滤：在浓配或者稀配过程中，药物成分与溶剂搅拌混合充分溶解之后，都必须要进行循环过滤。由于认识到活性炭的使用对洁净区的潜在污染及微小粒径很难过滤除去，使得现阶段制药行业对活性炭在过去常规工序的认识上有了进步。活性炭吸附热原的功能可以由超滤较好地替代，但在一些注射剂工艺中，活性炭还具有脱色和吸附杂质的作用。因此对于不同的品种和工艺，活性炭使用的取舍要衡量利弊，综合考虑。稀配或一步配制后均采用无菌过滤直接进入灌装工序。

（2）洗瓶　玻璃瓶灌装主要涉及的容器和材料有钠钙玻璃瓶、低硼硅玻璃瓶、中硼硅玻璃瓶、丁基胶塞、铝盖等。玻璃瓶灌装通常包括洗瓶、瓶灭菌（选配）、灌装、胶塞清洗、胶塞灭菌（可选）、加塞、轧盖等工序。玻璃容器的清洗过程能有效去除容器内的污染物。初洗可使用纯化水或注射用水进行淋洗，以去除玻璃容器内外表面附着的污染物。最终淋洗水应符合《中国药典》注射用水的要求。灌装清洗工艺需要关注以下污染物并对其进行控制：①微生物污染水平；②内毒素与热原；③不溶性微粒，即药物在生产或应用中经各种途径污染的微小颗粒杂质，其粒径在 1～50μm，是肉眼不可见、易动性的非代谢性的有害粒子；④可见异物，即在规定条件下目视可观测到的不溶性物质，其粒径或长度通常大于 50μm，一般来自容器生产、包装以及运输的固体微粒物质（如玻璃碎片）；⑤化学污染物，如用于表面处理的多余的化学物质。

（3）干燥灭菌　对于经过清洗的玻璃容器，由传送带送入隧道式烘干机进行烘干灭菌。隧道式烘干机一般使用单向热风通道，采用干热灭菌的方法，对清洗后的玻璃容器进行灭菌和干燥。该工序需要关注和控制的污染为微生物、热原与内毒素、不溶性微粒、可见异物。生产无菌药品所用到的物料容器（如桶、罐）要保持干燥，从清洗到灭菌的时间要尽可能短。灭菌后的容器应有储存时限，储存时限应经过验证。最终清洗后的内包装材料、容器和设备的处理应避免被再次污染。

（4）胶塞清洗和灭菌　药品生产使用丁基胶塞，按胶种分为氯化丁基橡胶塞、溴化丁基橡胶塞；按用途胶塞可分为粉针胶塞、冻干胶塞、输液胶塞、预灌封胶塞等；按是否覆膜分为覆膜丁基橡胶塞和不覆膜丁基橡胶塞。为了减少胶塞和振荡料斗及胶塞和轨道之间的摩擦力，提高胶塞输送的流畅性，提高上机率和压塞率，同时避免胶塞之间的粘连，之前由药厂在清洗胶塞时进行硅化，即在清洗用水（注射用水）中加入硅油使胶塞表面形成硅油乳膜，但是硅化会增加注射液被污染的可能性，并使玻璃瓶颈处产生"挂油"现象。目前普遍采用以下方法：①胶塞出厂前进行表面硅化，到药厂只进行清洗灭菌；②在胶塞生产过程硫化之前硅化，称为固化硅油；③采用覆膜胶塞，不需要硅化。胶塞清洗后采用热压灭菌法进行灭菌。胶塞清洗后到使用前的转运过程中应避免被二次污染。

（5）灌装　按照灌装容器的形式，可分为玻璃瓶灌装、非PVC软袋灌装、塑料容器灌装和吹灌封（BFS）一体化等形式。玻璃瓶灌装分为灌装、压塞、轧盖三个部分。在灌装过程中，灌装精度及其稳定性关系到产品的装量差异，因此应定时进行监测。还需注意对灌装区域洁净环境的定期监测（包括静态条件及动态条件）。玻璃瓶灌装作为大容量注射剂的一种常见灌装技术，它的市场份额正在逐步被非PVC软袋灌装及BFS吹灌封一体化等技术替代。

（6）灭菌　对于大输液产品，应当尽可能采用湿热灭菌方式进行最终灭菌，最终灭菌产品中的微生物存活概率不得高于10^{-6}。采用湿热灭菌方法进行最终灭菌的，首选过度灭菌法，即F0值应大于12；如果药品不能耐受过度灭菌法，则选择灭菌工艺F0值应当大于8。对热不稳定的产品，可采用无菌生产操作或过滤除菌的替代方法。

2.小容量注射剂生产工艺关键步骤（安瓿瓶/西林瓶小容量注射剂、冻干粉针剂）

（1）称量　通常小容量注射剂的原辅料和大容量注射剂的原辅料要求一致，注射剂原料一般要求使用注射级规格，辅料至少使用药用级规格，如果达不到要求，可以进行再精制，以达到注射级要求。注射剂原辅料对微生物限度、内毒素、热原有控制要求。对于不能无菌过滤的液体制剂和无菌粉针直接分装制剂，需使用无菌级原辅料，并按照无菌工艺进行配液（或总混）、无菌灌装（或分装）生产。对于灌装后的产品无法进行最终灭菌的，也需要按照无菌工艺进行无菌灌装（或分装）生产。

产品能够耐受最终灭菌条件的，优先使用最终灭菌工艺，并不得以无菌工艺代替最终灭菌工艺。同时，注射剂原辅料必须在洁净区内进行称量，避免受到环境的污染。根据原辅料的物理特性和生物活性，其称量应在完全独立的区域内完成（独立的气流保护和粉尘捕集）。根据投料环境级别要求或风险评估结果，选择D级、C级或A级称量环境。

无菌药物在A级条件下的灭菌后容器内进行称量，然后在A级洁净级别下转移至药液容器内，其背景环境必须符合B级洁净级别的要求。由于空气中会含有粉尘（来自固体物料）或微粒，可能对人员造成影响，物料的处理过程必须对人员进行防护。无菌物料的称量时，人员着装须符合B级洁净级别的要求。

原辅料称量有两种方法：一种方法是在原辅料仓库附近设置与生产环境相同洁净级别的原辅料处理称量分零室，从仓库取出生产所需原辅物料，按照药品处方和生产批量，对原辅料进行称量、分装，并将分装后的原辅料在双层塑料袋内封口后放置在加盖塑料桶内，按照每批投料量送至生产区的称量室进行复核确认、投料、配液。另一种方法是按照原辅料的包装大小从仓库领出一定数量的原辅料，放置于生产区的原辅料暂存室内。根据批生产指令，从原辅料暂存室取出该批生产所需原辅料，在该生产区称量室内的单向流下选择适当精度的计量装置分别对原辅料进行称量和复核，并将其存放在双层塑料袋内封口后备用。

（2）灌装 对于最终灭菌小容量注射剂，一般灌装封口可以在C级环境下进行，对于高污染风险的最终灭菌产品，一般要求在C级背景下的局部A级环境进行灌装封口。

对于非最终灭菌液体灌装（如冻干粉针类产品），由于无法对灌装后产品进行灭菌处理，该类灌装操作必须在B级背景下的A级环境进行，并且考虑到无菌生产工艺的特殊性，物料转移一般均需要在B级背景下密闭转移，或者在B+A环境下转移。非最终灭菌的药液灌装必须在无菌环境下进行，并且尽量采用自动化灌装系统。

灌装管道、针头使用前用注射用水清洗并灭菌。应选用不脱落微粒的软管。直接接触药液的气体应经过监测并符合要求。使用前确保经无菌过滤处理，其所含不溶性微粒、无菌、无油项目应符合要求。如果使用惰性气体，则纯度应达到规定标准。按无菌操作安装灌装设备（泵组、针头、管路、保护性气体过滤器和药液分配器），检查清洗设备和隧道烘箱（介质压力、温度、规格、速度等参数）；检查A级区的层流装置，单向流保护罩发生故障时，应采取应急措施，防止在灌装过程中产生污染，并适当抽样，将故障发生时生产的产品另外放置，并做好标记，当调查结果证明故障对产品质量未造成质量影响时，方可将故障出现时的产品并入同一批内。

灌装过程中应定时检查装量，出现偏离时应及时调整；控制压塞的质量；根据风险评估的结果，需将灌装生产最开始阶段（调试阶段）的产品适量舍弃。需进行生产过程中悬浮粒子、空气浮游菌、沉降菌、表面微生物（人员、设备、厂房）各项目环境监测；灌装结束灌装机、操作台面、地面、墙壁等厂房设备设施清洁、消毒；操作人员应具备良好的卫生和行为习惯，应控制洁净区内的人员数量（应符合验证的要求）。

（三）制剂生产批量变更

1. 微小变更

（1）变更的情形（包括但不限于以下情形）

① 普通口服固体制剂和非无菌半固体制剂的生产批量变更在关键临床试验批或 BE 批批量的 10 倍以内（包括 10 倍）。

② 非无菌液体制剂的生产批量变更。

③ 采用终端灭菌工艺的制剂，微生物负荷水平不变的前提下，溶液储存时间的增加不超过原批准时限的 50%。

（2）研究验证工作

① 说明批量变更的具体情况和变更的原因，对变更前后生产工艺及生产设备的设计和工作原理进行对比分析，对变更后的批量进行研究和 / 或验证。

② 提供变更后一批样品的批生产记录。

③ 变更前后样品进行对比研究，变更前后样品的溶出曲线、杂质谱、关键理化性质等应保持一致，并符合相关指导原则的要求。

④ 对变更后 1 ~ 3 批样品进行检验，应符合质量标准的规定。

⑤ 对变更后首批样品进行长期稳定性考察，并在年报中报告该批样品的长期稳定性试验数据。

2. 中等变更

（1）变更的情形（包括但不限于以下情形）

① 普通口服固体制剂和非无菌半固体制剂的生产批量变更在关键临床试验批或 BE 批批量的 10 倍以上。

② 采用终端灭菌工艺的制剂，微生物负荷水平不变的前提下，溶液储存时间的增加超过原批准时限的 50%。

③ 采用无菌生产工艺的无菌制剂的批量变更，同时与无菌保障水平相关的步骤的生产时间（包括配液、药液存放、过滤、灌装等）增加。

（2）研究验证工作

① 说明批量变更的具体情况和变更的原因，对变更前后的生产工艺及生产设备的设计及工作原理进行对比分析，对变更后的批量进行研究和 / 或验证。对于无菌制剂，必要时还需进行无菌 / 灭菌工艺验证。

② 提供变更后一批样品的批生产记录。

③ 对变更前后的样品进行质量对比研究，变更前后样品的溶出曲线、杂质谱、关键理化性质等应保持一致，并符合相关指导原则的要求。

④ 对变更后三批样品进行检验，应符合质量标准的规定。

⑤ 对变更后一批样品进行加速及长期稳定性考察，申请时提供不少于 3 个月的稳定性研究资料，并与变更前产品的稳定性情况进行比较，变更后样品的稳

定性不低于变更前。

3. 重大变更

（1）变更的情形包括但不限于以下情形：特殊剂型制剂（如复杂工艺的缓控释制剂及肠溶制剂、透皮给药制剂、脂质体、长效制剂等）的生产批量变更。

（2）研究验证工作

① 说明批量变更的具体情况和原因，对变更前后生产工艺及生产设备的设计及工作原理进行对比分析，对变更后的批量进行研究和 / 或验证。对于无菌制剂，必要时还需进行无菌 / 灭菌工艺验证。

② 提供变更后一批样品的批生产记录。

③ 对变更前后的样品进行质量对比研究，重点比较变更前后样品的溶出曲线、杂质谱、关键理化性质等，应符合相关指导原则的要求。

④ 对变更后连续生产的三批样品进行检验，应符合质量标准的规定。

⑤ 对变更后三批样品进行加速及长期稳定性考察，申请时提供 3 ～ 6 个月的稳定性研究资料，并与变更前产品的稳定性情况进行比较，变更后产品的稳定性不低于变更前。

⑥ 根据变更情况，综合评估是否需要进行生物等效性研究，如申请免除生物等效性研究，需结合工艺的复杂程度、药物特点、批量变更情况、生产设备情况等方面综合考虑，提供充分的依据。

四、能力训练

（一）操作条件

① 人员：操作员需要经过生产区更衣程序和净化区后进入操作间。

② 设备、器具：安瓿洗烘灌封联动机组、浓配稀配罐、湿热灭菌机、制托入托机、泡罩包装机、多媒体设备等。

③ 原辅料：葡萄糖、无菌注射用水等。

④ 资料：《中华人民共和国药典》（现行版）、《药品生产质量管理规范》、生产工艺、操作方法、生产操作规程、学习任务书（附件 1）、变更审批表（附件 2）、风险评估与实施计划可行性审批表（附件 3）、变更计划与执行追踪表（附件 4）、变更实施评估表（附件 5）、变更实施总结表（附件 6）等。

⑤ 环境：C 级洁净区，温度 18 ～ 26℃，相对湿度 45% ～ 65%，一般照明的照明值不低于 300lx，药物制剂一体化工作站。

（二）安全及注意事项

1. 生产过程中所有物料均应有标识，防止发生混药。

2. 穿戴洁净服进入相应洁净区。

3. 按设备清洁要求进行清洁。

4. 设备操作安全、水电安全、消防安全。

（三）操作过程

工作环节	工作内容	操作方法及说明	质量标准
生产工艺优化任务的接收	准确识读工作任务，明确生产工艺优化任务要求	现场交流法，按要求准确填写变更审批表	（1）正确解读变更审批表的相关内容等 （2）具有交往与合作的能力
生产工艺优化方案的制订及风险评估	编写风险评估、实施计划可行性评估	资料查阅法；按要求填写风险评估与实施计划可行性审批表	（1）风险评估合理，实施计划可行 （2）具有自主学习、自我管理、信息检索与处理能力和实践意识
生产前工作环境、设备情况、工器具状态的确认	生产前工作环境确认	检查温度、湿度、压差。生产前工作环境要求（温度、湿度、压差）：C级洁净区，温度18～26℃，相对湿度45%～65%，压差应不低于10Pa 检查清场合格证，检查操作室地面，工具是否干净、卫生、齐全；确保生产区域没有上批遗留的产品、文件或与本批生产无关的物料	（1）符合生产要求 （2）具有交往与合作能力
	生产前设备情况确认	确认生产设备的运行状态，检查状态标识牌、清场合格证；检查电子天平的校验有效期	（1）能按照操作规程，完成生产所需设备的准备，达到实施生产的环境设备要求 （2）具备交往与合作能力和安全意识
	生产前工器具状态确认	运输车、无菌手套、物料铲、物料桶、物料袋、标准筛、扳手、螺丝刀、清洁工具、清洁毛巾、称量勺、取样器、称量瓶、电子秤、负压称量罩、标准筛的状态标识确认	能正确判断工器具状态标识牌
小试生产及验证生产的进行	小试生产准备	（1）领取并准确称量已预处理完成的原辅料 （2）填写变更计划与执行追踪表	（1）原辅料称量准确、记录填写完整 （2）具有良好的GMP管理意识 （3）按照变更指导原则开展工作
	小试生产开展	（1）按照生产工艺优化方案，开展小试生产 （2）准确记录结果，填写生产记录 （3）填写变更计划与执行追踪表 （4）（如需）联系QC，开展结果检验	（1）具有良好的GMP管理意识 （2）按照变更指导原则开展工作 （3）小试结果记录准确分析合理到位
	验证生产	参照任务C-1-3	参照任务C-1-3

工作环节	工作内容	操作方法及说明	质量标准
小试生产及验证生产的进行	清洁清场	(1)按照清洁标准操作规程完成清场工作 (2)准确填写清场记录	(1)场地清洁、工具和设备清洁到位 (2)记录填写准确 (3)具有GMP管理意识
工艺稳定性的评估	开展工艺稳定性评估	完成变更实施评估表	(1)表格填写真实、准确 (2)变更后工艺具有可实施性
优化后生产工艺的报批	开展变更实施总结并报批	完成变更实施总结表	(1)规范完成变更工作 (2)工艺批准后变更关闭

【问题情境一】

改变小容量注射剂每盒支数是否属于变更管理范畴？如是，应当为何等级的变更？

解答：变更原料药及单剂量包装制剂的包装装量，如每袋的克数、每板胶囊的粒数、每盒注射剂的支数等，属于变更包装材料和容器中的微小变更。

【问题情境二】

将葡萄糖注射液由瓶装改为袋装应当属于何种等级的变更？

解答：变更吸入制剂、注射剂、眼用制剂的包装材料和容器的材质和/或类型，如三层共挤输液袋变更为五层共挤输液袋、聚丙烯输液瓶变更为直立式聚丙烯输液袋等，属于变更包装材料和容器中的重大变更。

【问题情境三】

在大容量注射剂生产工艺中，BFS指的是什么？有什么特点？

解答：BFS吹灌封三合一设备，是以塑料粒子（PP或PE颗粒）在同一台设备上完成注塑、吹瓶、灌装、封口等操作。塑料粒子经高温、高压挤出，无菌压缩空气吹瓶成型，可使包装材料实现无菌，在同一工序完成注塑吹瓶、药物灌装、热熔封口等全过程，采用密封操作，暴露于环境中的程度最小，可以大大降低污染风险。

五、学习结果评价

序号	评价内容	评价标准	评价结果(是/否)
1	准确识读工作任务，明确生产工艺优化任务要求	(1)正确解读变更审批表的相关内容等 (2)具有交往与合作的能力	
2	编写风险评估、实施计划可行性评估	(1)风险评估合理，实施计划可行 (2)具有自主学习、自我管理、信息检索与处理能力和实践意识	

序号	评价内容	评价标准	评价结果(是/否)
3	生产前工作环境确认	(1)符合生产要求 (2)具有交往与合作能力	
4	生产前设备情况确认	(1)能按照操作规程,完成生产所需设备的准备,达到实施生产的环境设备要求 (2)具备交往与合作能力和安全意识	
5	生产前工器具状态确认	能正确判断工器具状态标识牌	
6	小试生产准备	(1)原辅料称量准确、记录填写完整 (2)具有良好的GMP管理意识 (3)按照变更指导原则开展工作	
7	小试生产开展	(1)具有良好的GMP管理意识 (2)按照变更指导原则开展工作 (3)小试结果记录准确、分析合理到位	
8	验证生产	参照任务C-1-3	
9	清洁清场	(1)场地清洁、工具和设备清洁到位 (2)记录填写准确 (3)具有GMP管理意识	
10	开展工艺稳定性评估	(1)表格填写真实、准确 (2)变更后工艺具有可实施性	
11	开展变更实施总结并报批	(1)规范完成变更工作 (2)工艺批准后变更关闭	

六、课后作业

1. 什么是生产批量变更?

2. 属于制剂生产批量中度变更的情形有哪些?如何开展验证研究工作?

二维码C-2-4

项目C-3　制剂生产常见问题处理

任务C-3-1　能解决颗粒剂生产过程中出现的工艺问题

一、核心概念

1. 跑料

跑料指当处方中含有微量成分，使用高效湿法混合制粒设备制粒过程中，出现物料粉末飞溢的现象。

2. 成坨

成坨指在湿法制粒过程中，由于物料黏性过强而出现物料成团、黏结在一起的现象。

3. 花粒

花粒指制得的颗粒经干燥后颜色不一致，有深有浅。

4. 颗粒剂中的药物含量不均匀

颗粒剂中的药物含量不均匀指颗粒剂的含量均匀度超过《中国药典》（2020年版）规定限度的现象。

二、学习目标

1. 能正确解读颗粒剂质量问题学习任务书，具备理解与表达、解决问题能力。

2. 能按照颗粒剂的质量要求，制订质量问题排查计划，完成分工，具备自主学习、信息检索与处理、统筹协调能力和质量意识。

3. 能按照颗粒剂生产过程中涉及的设备结构、原理和具体工艺环节，完成问题排查，具有风险意识。

4. 能根据颗粒剂出现的具体问题，制订解决方案，具备自我管理能力、解决问题能力、环保意识、服务意识和创新思维。

5. 能按照颗粒剂的生产质量管理规范等要求，调整设备、工艺等具体参数至符合生产要求，解决存在的问题，具备交往与合作能力、质量意识、风险意识、时间意识和效率意识。

6. 能按照颗粒剂生产过程中出现的工艺问题的解决反馈结果，总结解决颗粒剂生产过程中出现的工艺问题的经验与方法，出具颗粒剂生产工艺问题总结解决报告，具有效益意识。

7. 具备社会主义核心价值观、工匠精神、劳动精神和劳模精神等思政素养。

三、基本知识

1. 跑料的原因

主要是机械因素。高效湿法混合制粒机在设计上主要通过转轴处吹出压缩空气，用以防止物料跑到转轴中去，当吹散的粉末粒度逐渐增强，压缩空气也会随着转速不断增高，此时就会造成设备顶盖附着，这是出现跑料的原因之一；由于制粒过程处于高速搅拌的状态，这是出现跑料现象的原因之二。

2. 成坨的原因

主要是药物因素。一般是因为药物中黏性成分的量大，且辅料中再有糖分加入，就容易出现坨状。

3. 花粒的原因

（1）药物因素

① 物料混合不均匀。

② 着色剂加入不均，导致着色剂与物料混合不均匀。

（2）机械因素

① 设备、容器等卫生清场不彻底。

② 制粒机筛网安装松紧不均匀。

4. 颗粒剂中的药物含量不均匀的原因

主要是药物因素，包括：①小剂量主药用量与辅料用量相差悬殊；②小剂量药物可溶性成分在颗粒间迁移；③主药粒子大小与辅料相差悬殊；④物料粒子的形态复杂或表面粗糙，粒子间的摩擦力较大。

四、能力训练

（一）操作条件

① 人员：技术员承担主体任务，工艺技术岗、设备技术岗、洁净区操作岗、内包装岗、外包装岗等多岗位工作人员协同配合。

② 设备、器具：颗粒机、万分之一分析天平、灭菌机，外包装流水线等，温湿度表、称量衡器、筛网、扳手、螺丝刀、清洁工具、药筛、称量瓶、药匙、毛刷、烧杯等，取样勺、取样袋、标签纸、记号笔、物料桶等。

③ 材料：阿司匹林颗粒剂等颗粒剂样品。

④ 资料：《中华人民共和国药典》（2020 年版）、《药品生产质量管理规范》、企业内控标准、生产工艺规程、批生产记录、批包装生产记录、质量检测记录、岗位标准操作规程、设备操作规程、清场标准操作规程、检验标准操作规程等。以及附件 1 学习任务书、附件 2 颗粒剂生产过程中常见工艺问题的工作任务单、附件 3 颗粒剂生产过程中常见工艺问题排查计划安排表、附件 4 颗粒剂生产过程中常见工艺问题产生原因分析表、附件 5 颗粒剂生产过程中常见工艺问题解决方案、附件 6 颗粒剂生产过程中常见工艺问题解决方法总结报告等。

⑤ 环境：D 级洁净区，温度 18～26℃，相对湿度 45%～65%，一般照明的照明值不低于 300lx，药物制剂一体化工作站。

（二）安全及注意事项

1. 排查颗粒剂生产过程中出现的工艺问题时应注意逐一从设备、药物本身性质、工艺流程等方面展开排查，做到认真仔细，关注细节，没有缺漏。

2. 问题排查调整参数后要再次对生产结果进行复核确认，确保问题已解决。

3. 严格按标准操作规程操作制粒机等设备，注意设备操作安全、水电安全、消防安全。

4. 对于运行过程中的设备异常情况要格外关注，制粒机、电子天平等出现设备故障时，应及时断电停机处理。

5. 设备使用后需按清洁要求进行清洁。

（三）操作过程

工作环节	工作内容	操作方法及说明	质量标准
颗粒剂质量问题处理工作任务的接收	颗粒剂质量问题学习任务书解读	工作现场沟通法，填写工作任务单	（1）正确解读颗粒剂质量问题任务书的类型、工期等 （2）具有理解与表达、解决问题能力
颗粒剂质量问题排查计划的制订	《中国药典》（2020 年版）及企业内控质量标准的解析、颗粒剂生产过程中工艺问题的排查内容的分解及排查计划的分工安排	故障树分析法；问题排查计划安排表的编制	（1）明确企业内控质量标准的要求 （2）问题排查计划全面，时间、人员安排合理 （3）具有自主学习、信息检索与处理、统筹协调能力和质量意识

工作环节	工作内容	操作方法及说明	质量标准
颗粒剂质量问题排查计划的实施	依据问题排查计划表依次对生产过程中的工艺问题、生产方法、制剂原辅料、生产设备操作各个环节进行排查,分析问题产生原因	经验判断法、差异限度判别法;颗粒剂生产过程中常见工艺问题产生原因分析表的填写	(1)明确颗粒剂生产工艺规程的环节 (2)明确颗粒剂生产设备的性能、特点 (3)明确不同品种颗粒剂的具体生产需求和生产要求 (4)明确各岗位的工作任务 (5)具有风险意识
颗粒剂质量问题解决方案的制订	根据岗位生产情况及颗粒剂质量问题排查结果制订颗粒剂质量问题解决方案	软材质量判定法、颗粒质量判定法、PBL问题解决法;颗粒剂生产过程中常见工艺问题解决方案的填写	(1)能依据标准操作规程、工艺流程制订合理的问题解决方案 (2)具有自我管理能力、解决问题能力、规则意识、服务意识、创新思维
颗粒剂质量问题解决方案的实施	颗粒机、袋包机等颗粒剂生产包装设备的操作;颗粒剂生产及质量判别	差异限度判别法	(1)调整参数后能成功生产出符合企业内控标准的合格颗粒剂 (2)具有交往与合作能力、质量意识、风险意识、时间意识、效率意识
成品的抽样及颗粒剂质量信息的反馈	批记录的填写;颗粒剂生产常见问题解决方法的总结	抽样法;颗粒剂生产过程中常见工艺问题解决方法总结报告的填写	(1)能完整、及时、准确、真实地填写批记录 (2)能依据颗粒剂常见的工艺问题逐点总结出问题解决方法 (3)具有效益意识

【问题情境一】

某药企在使用高速混合制粒机制粒过程中发现物料局部成坨,请问在制订颗粒剂质量问题排查计划应该从哪些方面展开?

解答: 造成局部成坨的原因主要包括为药物因素,当药物中黏性成分的量大,且辅料中再有糖分加入,就容易出现坨状。在制订排查计划时应主要从药物本身展开。

【问题情境二】

某药企制得的有色颗粒出现了花粒现象,试分析出现该问题的原因及解决办法。

解答: 造成花粒的主要原因可以归纳总结为两点,一是物料混合不均匀;二是着色剂加入的情况,当着色剂与物料混合不均时,也会出现明显的花粒现象。如果是由于物料混合不均造成的花粒,需调整混合时间与混合速度;如果是着色剂加入不均导致的花粒,需调整着色剂加入的方法。

五、学习结果评价

序号	评价内容	评价标准	评价结果（是/否）
1	颗粒剂质量问题处理工作任务的接收	（1）能正确解读颗粒剂质量问题工作任务的类型、工期等 （2）具有理解与表达、解决问题能力	
2	颗粒剂质量问题排查计划的制订	（1）能查阅明确企业内控质量标准的要求，制订全面，时间、人员安排合理的问题排查计划 （2）具有自主学习、信息检索与处理能力、统筹协调能力和质量意识	
3	颗粒剂质量问题排查计划的实施	（1）能从颗粒剂生产工艺规程的环节，颗粒剂生产设备的性能、特点，不同品种颗粒剂的具体生产需求和生产要求，各岗位的工作任务等各方面通盘排查颗粒剂质量问题 （2）具有风险意识	
4	颗粒剂质量问题解决方案的制订	（1）能依据标准操作规程、工艺流程制订合理的问题解决方案 （2）具有自我管理、解决问题能力以及规则意识、服务意识、创新思维	
5	颗粒剂质量问题解决方案的实施	（1）能生产出符合企业内控标准的合格颗粒剂 （2）具有交往与合作能力、质量意识、风险意识、时间意识、效率意识	
6	成品的抽样及颗粒剂质量信息的反馈	（1）能完整、及时、准确、真实地填写批记录 （2）能依据颗粒剂常见的工艺问题逐点总结出问题解决方法 （3）具有效益意识	

六、课后作业

1. 试辨别颗粒剂生产过程中出现的跑料现象。

2. 颗粒剂生产过程中出现"颗粒剂中的药物含量不均匀"工艺问题，应如何排查？

二维码C-3-1

任务C-3-2　能解决片剂生产过程中出现的工艺问题

一、核心概念

1. 松片

松片指片剂硬度不够，受振动后出现破碎、松散的现象。

2. 裂片

裂片指片剂受到振动或经放置时从腰间开裂、顶部或底部脱落一层的现象。腰间开裂称为腰裂，顶部或底部脱落一层称为顶裂。

3. 黏冲

黏冲指片剂表面被冲头黏去一薄层或一小部分，造成片剂表面粗糙不平或出现凹痕的现象。

4. 片重差异超限

片重差异超限指片剂的片重差异超过《中国药典》（2020年版）规定限度的现象。

5. 崩解迟缓

崩解迟缓指片剂的崩解时限超过《中国药典》（2020年版）规定时限的现象。

6. 溶出超限

溶出超限指片剂在规定的时间内未能溶出规定量药物的现象。

7. 片剂中的药物含量不均匀

药物含量不均匀指片剂的含量均匀度超过《中国药典》（2020年版）规定限度的现象。

8. 变色与花斑

变色与花斑指片剂表面颜色改变或出现色泽不一致的斑点的现象。

9. 麻点

麻点指片剂表面产生许多小凹点的现象。

10. 叠片

叠片指两个片剂叠压在一起的现象。

11. 卷边

卷边指冲头和模圈碰撞，使冲头卷边，造成片剂表面出现半圆形的刻痕。

二、学习目标

1. 能正确解读片剂质量问题学习任务书，具备理解与表达、解决问题能力。

2. 能按照片剂的质量要求，制订质量问题排查计划，完成分工，具备自主学习、信息检索与处理、统筹协调能力和质量意识。

3. 能按照片剂生产过程中涉及的设备结构、原理和具体工艺环节，完成问题排查，具有风险意识。

4. 能根据片剂出现的具体问题，制订解决方案，具备自我管理能力、解决问题能力、环保意识、服务意识和创新思维。

5. 能按照片剂的生产质量管理规范等要求，调整设备、工艺等具体参数至符合生产要求，解决存在的问题，具备交往与合作能力、质量意识、风险意识、时间意识和效率意识。

6. 能按照片剂生产过程中出现的工艺问题的解决反馈结果，总结解决片剂生产过程中出现的工艺问题的经验与方法，出具片剂生产工艺问题总结解决报告，具有效益意识。

7. 具备社会主义核心价值观、工匠精神、劳动精神和劳模精神等思政素养。

三、基本知识

1. 松片的原因

（1）药物因素　含纤维性的药物弹性回复性大、可压性差，油性成分含量高的药物可压性差。

（2）颗粒因素　①颗粒含水量少，完全干燥的颗粒弹性变形大，硬度差。②颗粒质松，细粉多，黏合剂或润湿剂选择不当或用量不够。

（3）机械因素　①压力过小或冲头长短不齐使得片剂所受压力不匀，受压小者产生松片。②下冲下降不灵活使模孔中颗粒填充不足。

2. 裂片的原因

（1）药物因素　含纤维性成分、油性成分、易脆碎成分的药物塑性差、结合力弱，易发生裂片。

（2）颗粒因素　①黏合剂选择不当或用量不足。②颗粒过粗、过细，或所含细粉过多。③颗粒过分干燥或含结晶水的药物失去结晶水。

（3）机械因素　①压力过大或车速过快，片剂受压时间短使空气来不及逸出。②冲模不合要求或冲模磨损导致上冲与模圈不吻合或模圈中间直径大于口部直径，造成片剂顶出时裂片。

3. 黏冲的原因

（1）药物因素　药物易吸湿。

（2）颗粒因素　①颗粒太潮。②润滑剂用量不够或混合不匀。

（3）机械因素　冲模表面粗糙、锈蚀，冲头刻字太深或有棱角。

4. 片重差异超限的原因

（1）颗粒因素　①颗粒大小相差悬殊。②颗粒流动性不好。③加料斗内物料时多时少。

（2）机械因素　①加料斗堵塞。②双轨压片机加料器不平衡。③下冲下降不灵活。④冲头、冲模吻合度不高。

5. 崩解迟缓的原因

（1）颗粒因素　①崩解剂崩解能力不足或用量不当。②黏合剂黏性太强或用量过多。③颗粒过粗、过硬。④疏水性润滑剂用量过多。

（2）机械因素　压片压力过大。

6. 溶出超限的原因

主要是药物因素，包括：①药物难溶。②崩解迟缓。

7. 片剂中的药物含量不均匀的原因

主要是药物因素，包括：①片重差异过大。②小剂量药物混合不均匀。③小剂量药物可溶性成分在颗粒之间的迁移。

8. 变色与花斑的原因

（1）药物因素　①易引湿药物在潮湿环境中与金属接触变色。②色差大的物料混合不均匀。

（2）颗粒因素　颗粒过硬。

（3）机械因素　冲油垢过多。

9. 麻点的原因

（1）颗粒因素　①润滑剂和黏合剂用量不当。②颗粒受潮。③颗粒大小不均匀。

（2）机械因素　①冲头表面粗糙或刻字太深、有棱角。②机器异常发热。

10. 叠片的原因

主要是机械因素，包括：①压片机出片调节器调节不当，下冲不能将压好的片剂顶出，饲料器又将颗粒加于模孔重复加压成厚片。②压片时由于黏冲致使片剂黏在上冲，再继续压入已装满颗粒的模孔中而成双片。

11. 卷边的原因

冲头和模圈碰撞，使冲头卷边，造成片剂表面出现半圆形的刻痕。

四、能力训练

（一）操作条件

① 人员：技术员承担主体任务，工艺技术岗、设备技术岗、洁净区操作岗、内包装岗、外包装岗等多岗位工作人员协同配合。

② 设备、器具：颗粒机、包衣机、压片机、筛片机、硬度计、脆碎仪、万分之一分析天平、灭菌机、铝塑泡罩包装机、外包装流水线等，温湿度表、称量衡器、筛网、扳手、螺丝刀、清洁工具、药筛、称量瓶、药匙、毛刷、烧杯等、取样勺、取样袋、标签纸、记号笔、物料桶、片剂硬度测量仪等。

③ 材料：快胃片等片剂样品。

④ 资料：《中华人民共和国药典》（2020年版）、《药品生产质量管理规范》、企业内控标准、生产工艺规程、批生产记录、批包装生产记录、质量检测记录、岗位标准操作规程、设备操作规程、清场标准操作规程、检验标准操作规程等。以及附件1学习任务书、附件2片剂生产过程中常见工艺问题的工作任务单、附件3片剂生产过程中常见工艺问题排查计划安排表、附件4片剂生产过程中常见工艺问题产生原因分析表、附件5片剂生产过程中常见工艺问题解决方案、附件

6 片剂生产过程中常见工艺问题解决方法总结报告等。

⑤ 环境：D 级洁净区，温度 18 ～ 26℃，相对湿度 45% ～ 65%，一般照明的照明值不低于 300lx，药物制剂一体化工作站。

（二）安全及注意事项

1. 排查片剂生产过程中出现的工艺问题时应注意逐一从设备、药物本身性质、中间产品（如颗粒剂）质量等方面展开排查，做到认真仔细，关注细节，没有缺漏。

2. 问题排查调整参数后要再次对生产结果进行复核确认，确保问题已解决。

3. 严格按标准操作规程操作压片机等设备，注意设备操作安全、水电安全、消防安全。

4. 对于运行过程中的设备异常情况要格外关注，压片机、电子天平、硬度仪等出现设备故障时，应及时断电停机处理。

5. 设备使用后需按清洁要求进行清洁。

（三）操作过程

工作环节	工作内容	操作方法及说明	质量标准
片剂质量问题处理工作任务的接收	片剂质量问题学习任务书解读	工作现场沟通法，填写工作任务单	（1）正确解读片剂质量问题任务书的类型、工期等 （2）具有理解与表达、解决问题能力
片剂质量问题排查计划的制订	《中国药典》（2020 年版）及企业内控质量标准的解析、片剂生产过程中工艺问题的排查内容的分解及排查计划的分工安排	故障树分析法；问题排查计划安排表的编制	（1）明确企业内控质量标准的要求 （2）问题排查计划全面，时间、人员安排合理 （3）具有自主学习、信息检索与处理、统筹协调能力和质量意识
片剂质量问题排查计划的实施	依据问题排查计划表依次对生产过程中的工艺问题、生产方法、制剂原辅料、生产设备操作各个环节进行排查，分析问题产生原因	经验判断法、差异限度判别法；片剂生产过程中常见工艺问题产生原因分析表的填写	（1）明确片剂生产工艺规程的环节 （2）明确片剂生产设备的性能、特点 （3）明确不同品种片剂的具体生产需求和生产要求 （4）明确各岗位的工作任务 （5）具有风险意识
片剂质量问题解决方案的制订	根据岗位生产情况及片剂质量问题排查结果制订片剂质量问题解决方案	硬度指压判定法、软材质量判定法、颗粒质量判定法、PBL 问题解决法；片剂生产过程中常见工艺问题解决方案的填写	（1）能依据标准操作规程、工艺流程制订合理的问题解决方案 （2）具有自我管理能力、解决问题能力、规则意识、服务意识、创新思维

续表

工作环节	工作内容	操作方法及说明	质量标准
片剂质量问题解决方案的实施	颗粒机、包衣机、筛片机、压片机、铝塑泡罩包装机等片剂生产包装设备的操作;片剂生产及质量判别	差异限度判别法	(1)调整参数后能成功生产出符合企业内控标准的合格片剂 (2)具有交往与合作能力、质量意识、风险意识、时间意识、效率意识
成品的抽样及片剂质量信息的反馈	批记录的填写;片剂生产常见问题解决方法的总结	抽样法;片剂生产过程中常见工艺问题解决方法总结报告的填写	(1)能完整、及时、准确、真实地填写批记录 (2)能依据片剂常见的工艺问题逐点总结出问题解决方法 (3)具有效益意识

【问题情境一】

某药企在生产片剂时发现有黏冲现象,请问在制订片剂质量问题排查计划应该从哪些方面展开?

解答: 造成黏冲的原因主要包括有药物因素、颗粒因素及机械因素。药物易吸湿、颗粒太潮、润滑剂用量不够或混合不匀、冲模表面粗糙、锈蚀,冲头刻字太深或有棱角都可能造成黏冲。在制订排查计划时应主要从药物本身、颗粒情况及设备情况三方面展开。

【问题情境二】

某药企欲在生产乙酰水杨酸片时采取硬脂酸镁作为常用疏水性润滑剂,结果出现溶出超限,试分析出现该问题的原因。

解答: 硬脂酸镁为疏水性润滑剂,易与颗粒混匀,压片后片面光滑美观,应用最广。用量一般为 0.1% ~ 1%,用量过大时,由于其疏水性,会造成片剂的崩解(或溶出)迟缓。硬脂酸镁不宜用于乙酰水杨酸、某些抗生素药物及多数有机碱盐类药物的片剂,与乙酰水杨酸合用会促使其水解失效,造成溶出超限。

五、学习结果评价

序号	评价内容	评价标准	评价结果(是/否)
1	片剂质量问题处理工作任务的接收	(1)能正确解读片剂质量问题工作任务的类型、工期等 (2)具有理解与表达、解决问题能力	
2	片剂质量问题排查计划的制订	(1)能查阅明确企业内控质量标准的要求,制订全面,时间、人员安排合理的问题排查计划 (2)具有自主学习、信息检索与处理、统筹协调能力和质量意识	

序号	评价内容	评价标准	评价结果（是/否）
3	片剂质量问题排查计划的实施	（1）能从片剂生产工艺规程的环节，片剂生产设备的性能、特点，不同品种片剂的具体生产需求和生产要求，各岗位的工作任务等各方面通盘排查片剂质量问题 （2）具有风险意识	
4	片剂质量问题解决方案的制订	（1）能依据标准操作规程、工艺流程制订合理的问题解决方案 （2）具有自我管理、解决问题能力以及规则意识、服务意识、创新思维	
5	片剂质量问题解决方案的实施	（1）能生产出符合企业内控标准的合格片剂 （2）具有交往与合作能力、质量意识、风险意识、时间意识、效率意识	
6	成品的抽样及片剂质量信息的反馈	（1）能完整、及时、准确、真实地填写批记录 （2）能依据片剂常见的工艺问题逐点总结出问题解决方法 （3）具有效益意识	

六、课后作业

1. 试区别片剂生产过程中出现的松片与裂片现象。

2. 片剂生产过程中出现"溶出超限"工艺问题，应如何排查？

二维码C-3-2

任务C-3-3 能解决胶囊剂生产过程中出现的工艺问题

一、核心概念

1. 胶囊壳倒头

胶囊壳倒头指来自囊斗内的杂乱空心胶囊，经过定向排列装置后，无法实现胶囊都排列成胶囊帽在上并落入到主工作盘上的囊板孔中的状态。

2. 胶囊壳体帽分离不良

胶囊壳无法利用囊板上各孔径的微小差异和真空抽力实现胶囊帽留在上囊板、胶囊体落入下囊板孔中的状态。

3. 胶囊成品推出不良

胶囊成品推出不良指制得的闭合胶囊剂无法从上下模板孔中顶出。

4. 胶囊装量及装量差异不符合要求

硬胶囊生产过程中空心胶囊中内容物的重量不符合企业生产要求及硬胶囊生产过程中空心胶囊中内容物之间的重量差异不符合《中国药典》(2020年版)规定。

二、学习目标

1. 能正确解读胶囊剂质量问题学习任务书，具备理解与表达、解决问题能力。

2. 能按照胶囊剂的质量要求，制订质量问题排查计划，完成分工，具备自主学习、信息检索与处理、统筹协调能力和质量意识。

3. 能按照胶囊剂生产过程中涉及的设备结构、原理和具体工艺环节，完成问题排查，具有风险意识。

4. 能根据胶囊剂出现的具体问题，制订解决方案，具备自我管理能力、解决问题能力、环保意识、服务意识和创新思维。

5. 能按照胶囊剂的生产质量管理规范等要求，调整设备、工艺等具体参数至符合生产要求，解决存在的问题，具备交往与合作能力、质量意识、风险意识、时间意识和效率意识。

6. 能按照胶囊剂生产过程中出现的工艺问题的解决反馈结果，总结解决胶囊剂生产过程中出现的工艺问题的经验与方法，出具胶囊剂生产工艺问题总结解决报告，具有效益意识。

7. 具备社会主义核心价值观、工匠精神、劳动精神和劳模精神等思政素养。

三、基本知识

1. 胶囊壳倒头的原因

（1）机械因素　震动器调节不当。

（2）物料因素　胶囊壳尺寸不合规格。

2. 胶囊壳体帽分离不良的原因

（1）机械因素　①管路堵塞或漏气，真空度达不到要求。②真空吸板不贴模板。③上下囊板错位。④囊板孔中有异物。⑤囊板与囊壳分离器间隙过大。

（2）物料因素　胶囊尺寸不合格，预锁过紧

3. 胶囊成品推出不良的原因

主要是机械因素，包括有异物堵塞出料口、出料口仰角过大、固定出料口螺

钉松动突起、填充胶囊后有静电等。

4. 胶囊装量及装量差异不符合要求的原因

主要是机械因素，胶囊填充机刮粉器与计量盘之间的间隔调高或缩短均能直接影响装量。

四、能力训练

（一）操作条件

① 人员：技术员承担主体任务，工艺技术岗、设备技术岗、洁净区操作岗、内包装岗、外包装岗等多岗位工作人员协同配合。

② 设备、器具：胶囊填充机，万分之一分析天平，外包装流水线等，温湿度表、称量衡器、筛网、扳手、螺丝刀、清洁工具、药筛、称量瓶、药匙、毛刷、烧杯等，取样勺、取样袋、标签纸、记号笔、物料桶等。

③ 材料：胶囊剂及对应胶囊壳。

④ 资料：《中华人民共和国药典》（2020 年版）、《药品生产质量管理规范》（现行版）、企业内控标准、生产工艺规程、批生产记录、批包装生产记录、质量检测记录、岗位标准操作规程、设备操作规程、清场标准操作规程、检验标准操作规程等。以及附件 1 学习任务书、附件 2 胶囊剂生产过程中常见工艺问题的工作任务单、附件 3 胶囊剂生产过程中常见工艺问题排查计划安排表、附件 4 胶囊剂生产过程中常见工艺问题产生原因分析表、附件 5 胶囊剂生产过程中常见工艺问题解决方案、附件 6 胶囊剂生产过程中常见工艺问题解决方法总结报告等。

⑤ 环境：D 级洁净区，温度 18 ～ 26℃，相对湿度 45% ～ 65%，一般照明的照明值不低于 300lx，药物制剂一体化工作站。

（二）安全及注意事项

1. 排查胶囊剂生产过程中出现的工艺问题时应注意逐一从设备、胶囊壳等方面展开排查，做到认真仔细，关注细节，没有缺漏。

2. 问题排查调整参数后要再次对生产结果进行复核确认，确保问题已解决。

3. 严格按标准操作规程操作胶囊填充机等设备，注意设备操作安全、水电安全、消防安全。

4. 对于运行过程中的设备异常情况要格外关注，胶囊填充机、电子天平等出现设备故障时，应及时断电停机处理。

5. 设备使用后需按清洁要求进行清洁。

（三）操作过程

工作环节	工作内容	操作方法及说明	质量标准
胶囊剂质量问题处理工作任务的接收	胶囊剂质量问题学习任务书解读	工作现场沟通法，填写工作任务单	（1）正确解读胶囊剂质量问题任务书的类型、工期等 （2）具有理解与表达、解决问题能力
胶囊剂质量问题排查计划的制订	《中国药典》（2020年版）及企业内控质量标准的解析、胶囊剂生产过程中工艺问题的排查内容的分解及排查计划的分工安排	故障树分析法；问题排查计划安排表的编制	（1）明确企业内控质量标准的要求 （2）问题排查计划全面，时间、人员安排合理 （3）具有自主学习、信息检索与处理、统筹协调能力和质量意识
胶囊剂质量问题排查计划的实施	依据问题排查计划表依次对生产过程中的工艺问题、生产方法、制剂原辅料、生产设备操作各个环节进行排查，分析问题产生原因	经验判断法、差异限度判别法；胶囊剂生产过程中常见工艺问题产生原因分析表的填写	（1）明确胶囊剂生产工艺规程的环节 （2）明确胶囊剂生产设备的性能、特点 （3）明确不同品种胶囊剂的具体生产需求和生产要求 （4）明确各岗位的工作任务 （5）具有风险意识
胶囊剂质量问题解决方案的制订	根据岗位生产情况及胶囊剂质量问题排查结果制订胶囊剂质量问题解决方案	PBL问题解决法；胶囊剂生产过程中常见工艺问题解决方案的填写	（1）能依据标准操作规程、工艺流程制订合理的问题解决方案 （2）具有自我管理能力、解决问题能力、规则意识、服务意识、创新思维
胶囊剂质量问题解决方案的实施	胶囊充填机、铝塑泡罩包装机等胶囊剂生产包装设备的操作；胶囊剂生产及质量判别	差异限度判别法	（1）调整参数后能成功生产出符合企业内控标准的合格胶囊剂 （2）具有交往与合作能力、质量意识、风险意识、时间意识、效率意识
成品的抽样及胶囊剂质量信息的反馈	批记录的填写；胶囊剂生产常见问题解决方法的总结	抽样法；胶囊剂生产过程中常见工艺问题解决方法总结报告的填写	（1）能完整、及时、准确、真实地填写批记录 （2）能依据胶囊剂常见的工艺问题逐点总结出问题解决方法 （3）具有效益意识

【问题情境一】

某药企在生产胶囊剂时发现胶囊壳体帽不分离，请问在制订胶囊剂质量问题排查计划应该从哪些方面展开？

解答：造成胶囊壳体帽不分离的因素有机械因素及物料因素。管路堵塞或漏气、真空度达不到要求，真空吸板不贴模板，上下囊板错位，囊板孔中有异物，囊板与囊壳分离器间隙过大，胶囊尺寸不合格、预锁过紧都可能造成胶囊壳体帽不分离。在制订排查计划时应主要从设备情况及物料情况两方面展开。

【问题情境二】

某药企在生产胶囊剂时发现胶囊的装量不符合要求,试分析出现该问题的原因。

解答: 造成胶囊装量不符合要求的原因主要是机械因素,胶囊填充机刮粉器与计量盘之间的间隔调高或缩短均能直接影响装量。胶囊填充机刮粉器与计量盘之间的间隔应在 0.5mm 处,只要不触到计量盘即可。装量偏低,可以尝试调高其间隔。若装量差异过大,重新调节充填杆。

五、学习结果评价

序号	评价内容	评价标准	评价结果(是/否)
1	胶囊剂质量问题处理工作任务的接收	(1)能正确解读胶囊剂质量问题工作任务的类型、工期等 (2)具有理解与表达、解决问题能力	
2	胶囊剂质量问题排查计划的制订	(1)能查阅明确企业内控质量标准的要求,制订全面,时间、人员安排合理的问题排查计划 (2)具有自主学习、信息检索与处理、统筹协调能力和质量意识	
3	胶囊剂质量问题排查计划的实施	(1)能从胶囊剂生产工艺规程的环节,胶囊剂生产设备的性能、特点,不同品种胶囊剂的具体生产需求和生产要求,各岗位的工作任务等各方面通盘排查胶囊剂质量问题 (2)具有风险意识	
4	胶囊剂质量问题解决方案的制订	(1)能依据标准操作规程、工艺流程制订合理的问题解决方案 (2)具有自我管理、解决问题能力以及规则意识、服务意识、创新思维	
5	胶囊剂质量问题解决方案的实施	(1)能生产出符合企业内控标准的合格胶囊剂 (2)具有交往与合作能力、质量意识、风险意识、时间意识、效率意识	
6	成品的抽样及胶囊剂质量信息的反馈	(1)能完整、及时、准确、真实地填写批记录 (2)能依据胶囊剂常见的工艺问题逐点总结出问题解决方法 (3)具有效益意识	

六、课后作业

1. 试辨别胶囊剂生产过程中出现的胶囊壳倒头现象。

2. 胶囊剂生产过程中出现"胶囊成品推出不良"的工艺问题,应如何排查?

二维码C-3-3

任务C-3-4 能解决注射剂生产过程中出现的工艺问题

一、核心概念

1. 可见异物不合格

注射液按《中国药典》（2020 年版）规定，在规定条件下目视或用自动灯检机检查时观测到粒径或长度大于 50μm 的不溶性异物的现象。

2. 装量不合格

注射液按《中国药典》（2020 年版）装量检查法检查，供试品装量少于其标示装量的现象。装量不合格将导致剂量不准确，从而影响药物的有效性和安全性。

3. 焦头

注射剂灌注时药液黏附在瓶颈内壁，熔封时瓶颈上药液在高温下炭化的现象，是小容量注射剂灌封时最常见的问题。

4. 封口不严

安瓿在熔封时出现封口不严密、有漏气的现象，尤其应注意检查肉眼不可见的微细毛细孔。

5. 尖头

安瓿在熔封后出现顶部带尖的现象。

6. 泡头

安瓿在熔封后出现顶部有明显大泡、容易破碎的现象。

7. 瘪头

安瓿在熔封后出现顶部形成凹陷的现象。

二、学习目标

1. 能正确解读注射剂质量问题学习任务书，具备理解与表达、解决问题能力。

2. 能按照注射剂的质量要求，制订质量问题排查计划，完成分工，具备自主学习、信息检索与处理、统筹协调能力和质量意识。

3. 能按照注射剂生产过程中涉及的设备结构、原理和具体工艺环节，完成问题排查，具有风险意识。

4. 能根据注射剂出现的具体问题，制订解决方案，具备自我管理能力、解决问题能力、环保意识、服务意识和创新思维。

5. 能按照注射剂的生产质量管理规范等要求，调整设备、工艺等具体参数至符合生产要求，解决存在的问题，具备交往与合作能力、质量意识、风险意识、时间意识和效率意识。

6. 能按照注射剂生产过程中出现的工艺问题的解决反馈结果，总结解决注射剂生产过程中出现的工艺问题的经验与方法，出具注射剂生产工艺问题总结解决报告，具有效益意识。

7. 具备社会主义核心价值观、工匠精神、劳动精神和劳模精神等思政素养。

三、基本知识

1. 清洗后安瓿洁净度不够的原因

（1）机械因素　①洗瓶机水汽针头堵塞。②洗瓶机超声波未开启或功率不够。③过滤器滤芯堵塞或泄露。

（2）工艺因素　洗瓶时压缩空气和注射用水的压力不够。

（3）物料因素　安瓿自身洁净度差，污物多，难以清洗。

（4）人员因素　人员操作不当、个人卫生状况不佳等。

2. 烘干后安瓿可见异物不合格的原因

（1）机械因素　①烘箱高效过滤器泄露或堵塞。②烘箱内有未清理的杂质污染。③烘箱内安瓿挤瓶爆裂产生玻屑污染。

（2）工艺因素　烘箱内热分布不均匀，局部温度过高导致安瓿爆裂。

（3）物料因素　清洗后安瓿的清洁度不够。

（4）人员因素　人员操作不当、个人卫生状况不佳等。

3. 烘干后安瓿干燥度不够的原因

（1）机械因素　①烘箱风门未打开或排风故障。②加热管故障。

（2）工艺因素　烘箱干燥温度或时间不够。

（3）物料因素　清洗后安瓿的干燥度不够。

（4）人员因素　人员操作不当。

4. 烘干后安瓿无菌检查不合格的原因

（1）机械因素　①烘箱高效过滤器损坏或泄漏。②加热管故障。③风机故障、压差偏低。

（2）工艺因素　①灭菌温度或时间不够。②烘箱内热分布不均匀，局部温度过低。

（3）物料因素　安瓿本身的洁净度差，污染严重。

（4）人员因素　人员操作不当、个人卫生状况不佳等。

5. 药液含量偏高或偏低的原因

（1）机械因素　配液罐定容不准确。

（2）工艺因素　①投料量计算不准确。②活性炭用量过多、吸附时间过长或使用不当。

（3）物料因素　原料性质不稳定，如易氧化或水解。

（4）人员因素　个人操作不当产生的称量偏差、投料顺序错误、配液罐泄露等。

6. 药液可见异物不合格的原因

（1）机械因素　①过滤器滤芯破损。②过滤器安装不当。

（2）工艺因素　①活性炭用量不够。②活性炭吸附时间不足。

（3）物料因素　①原料纯度不高，含较多杂质。②安瓿玻璃的脆碎度低。

（4）人员因素　个人操作不当、个人卫生状况不佳等。

7. 装量不合格的原因

（1）机械因素　①灌药器装量调节不准确，或灌药器螺丝松动。②计量泵密封不良或灌装泵漏气。③灌装管路安装不当而产生滴漏。④灌装升降架抖动太大。

（2）药物因素　药液黏度大。

（3）人员因素　人员操作不当。

8. 焦头的原因

（1）机械因素　①针头位置不正，针头余滴黏附到安瓿颈壁上。②针头灌药后尖端挂有药液水珠，针头进入安瓿时碰在瓶口上形成焦头。③针头灌药时压药液动作与针头行程配合不好。④药液灌入太猛，冲力过大，导致药液飞溅于安瓿颈部内壁。

（2）人员因素　人员操作不当

9. 封口不严的原因

（1）机械因素　①燃气进气量不足，或燃气与氧气配比不当等导致火焰内焰偏小、温度偏低。②走瓶速度不当，封口时间太短。③火焰喷枪离瓶口过远，加热温度太低。④燃气管路堵塞或火嘴损坏。

（2）人员因素　人员操作不当。

10. 尖头的原因

（1）机械因素　①拉丝钳夹得过早，火候未到而瓶口被强行夹住。②拉丝火焰内焰偏小、温度偏低，瓶口还没被完全烧软就被强行拉断。③火头升起过早，安瓿没有继续受热而变得圆滑。

（2）人员因素　人员操作不当。

11. 泡头的原因

（1）机械因素　①火焰太大而使药液挥发。②预热火头太高。③拉丝钳位置低，钳去玻璃太多，使药液挥发。

（2）人员因素　人员操作不当。

12. 瘪头的原因

（1）机械因素　①瓶口有药液，拉丝后因瓶口液体挥发，压力减少，外界压力大而瓶口倒吸形成平头。②火焰调整不当，回火焰太大，使已经圆好口的瓶口重熔。

（2）人员因素　人员操作不当。

四、能力训练

（一）操作条件

① 人员：技术员承担主体任务，工艺技术岗、设备技术岗、洁净区操作岗、内包装岗、外包装岗等多岗位工作人员协同配合。

② 设备、器具：洗瓶机、隧道式烘箱、拉丝灌封机、灭菌机等，澄明度检查仪、pH计、电子天平、清洁工具、药筛、称量瓶、药匙、毛刷、烧杯等，取样勺、取样袋、标签纸、记号笔、物料桶等。

③ 材料：注射剂样品。

④ 资料：《中华人民共和国药典》（2020年版）、《药品生产质量管理规范》、企业内控标准、生产工艺规程、批生产记录、批包装生产记录、质量检测记录、岗位标准操作规程、设备操作规程、清场标准操作规程、检验标准操作规程等。以及附件1学习任务书、附件2注射剂生产过程中常见工艺问题的工作任务单、附件3注射剂生产过程中常见工艺问题排查计划安排表、附件4注射剂生产过程中常见工艺问题产生原因分析表、附件5注射剂生产过程中常见工艺问题解决方案、附件6注射剂生产过程中常见工艺问题解决方法总结报告等。

⑤ 环境：A级/B级/C级洁净区，温度18～26℃，相对湿度45%～65%，一般照明的照明值不低于300lx，药物制剂一体化工作站。

（二）安全及注意事项

1. 排查注射剂生产过程中出现的工艺问题时应注意逐一从机械、工艺、物料、操作人员等方面展开排查，做到认真仔细，关注细节，没有缺漏。

2. 问题排查调整参数后要再次对生产结果进行复核确认，确保问题已解决。

3. 严格按标准操作规程操作相关设备，注意设备操作安全、水电安全、消防安全。

4. 对于运行过程中的设备异常情况要格外关注，出现设备故障时，应及时断电停机处理。

5. 设备使用后需按清洁要求进行清洁。

（三）操作过程

工作环节	工作内容	操作方法及说明	质量标准
注射剂质量问题处理工作任务的接收	注射剂质量问题学习任务书解读	工作现场沟通法，填写工作任务单	（1）正确解读注射剂质量问题任务书的类型、工期等 （2）具有理解与表达、解决问题能力
注射剂质量问题排查计划的制订	《中国药典》（2020年版）及企业内控质量标准的解析、注射剂生产过程中工艺问题的排查内容的分解及排查计划的分工安排	故障树分析法；问题排查计划安排表的编制	（1）明确企业内控质量标准的要求 （2）问题排查计划全面，时间、人员安排合理 （3）具有自主学习、信息检索与处理、统筹协调能力和质量意识
注射剂质量问题排查计划的实施	依据问题排查计划表依次对生产过程中的工艺问题、生产方法、制剂原辅料、生产设备操作各个环节进行排查，分析问题产生原因	目视判断法；注射剂生产过程中常见工艺问题产生原因分析表的填写	（1）明确注射剂生产工艺规程的环节 （2）明确注射剂生产设备的性能、特点 （3）明确不同品种注射剂的具体生产需求和生产要求 （4）明确各岗位的工作任务 （5）具有风险意识
注射剂质量问题解决方案的制订	根据岗位生产情况及注射剂质量问题排查结果制订注射剂质量问题解决方案	PBL问题解决法；注射剂生产过程中常见工艺问题解决方案的填写	（1）能依据标准操作规程、工艺流程制订合理的问题解决方案 （2）具有自我管理能力、解决问题能力、规则意识、服务意识、创新思维
注射剂质量问题解决方案的实施	洗瓶机、隧道式烘箱、拉丝灌封机、灭菌柜等注射剂生产包装设备的操作；注射剂生产及质量判别	差异限度判别法	（1）调整参数后能成功生产出符合企业内控标准的合格注射剂 （2）具有交往与合作能力、质量意识、风险意识、时间意识、效率意识
成品的抽样及注射剂质量信息的反馈	批记录的填写；注射剂生产常见问题解决方法的总结	抽样法；注射剂生产过程中常见工艺问题解决方法总结报告的填写	（1）能完整、及时、准确、真实地填写批记录 （2）能依据注射剂常见的工艺问题逐点总结出问题解决方法 （3）具有效益意识

【问题情境一】

某药企在生产注射剂对烘干后的安瓿进行无菌检查时发现不合格，请问在制订注射剂质量问题排查计划应该从哪些方面展开？

解答： 造成烘干后安瓿无菌检查不合格的原因主要包括有机械因素、工艺因素、物料因素及人员因素。烘箱高效过滤器损坏或泄漏、加热管故障、风机故障、压差偏低，灭菌温度或时间不够、烘箱内热分布不均匀、局部温度过低，安瓿本身的洁净度差、污染严重，人员操作不当、个人卫生状况不佳等都可能造成这一现象。在制订排查计划时应主要从设备、灭菌工艺、物料情况及人员操作情况四个方面展开。

【问题情境二】

某药企在生产小容量注射剂进行可见异物检查时检测到有玻璃屑，试分析出现该问题的原因。

解答： 玻璃屑的主要来源是安瓿，与安瓿本身的质量密切相关。如安瓿玻璃的脆碎度低，洗灌封时很容易造成安瓿瓶破裂甚至炸裂，碎片溅到周围安瓿，影响其他安瓿瓶的可见异物。

五、学习结果评价

序号	评价内容	评价标准	评价结果(是/否)
1	注射剂质量问题处理工作任务的接收	(1)能正确解读注射剂质量问题工作任务的类型、工期等 (2)具有理解与表达、解决问题能力	
2	注射剂质量问题排查计划的制订	(1)能查阅明确企业内控质量标准的要求，制订全面，时间、人员安排合理的问题排查计划 (2)具有自主学习、信息检索与处理、统筹协调能力和质量意识	
3	注射剂质量问题排查计划的实施	(1)能从注射剂生产工艺规程的环节，注射剂生产设备的性能、特点，不同品种注射剂的具体生产需求和生产要求，各岗位的工作任务等各方面通盘排查片剂质量问题 (2)具有风险意识	
4	注射剂质量问题解决方案的制订	(1)能依据标准操作规程、工艺流程制订合理的问题解决方案 (2)具有自我管理、解决问题能力以及规则意识、服务意识、创新思维	
5	注射剂质量问题解决方案的实施	(1)能生产出符合企业内控标准的合格注射剂 (2)具有交往与合作能力、质量意识、风险意识、时间意识、效率意识	
6	成品的抽样及注射剂质量信息的反馈	(1)能完整、及时、准确、真实地填写批记录 (2)能依据注射剂常见的工艺问题逐点总结出问题解决方法 (3)具有效益意识	

六、课后作业

1. 试区别注射剂生产过程中出现的焦头、尖头、泡头、瘪头的现象。

2. 注射剂生产过程中出现"装量不合格"工艺问题，应如何排查？

二维码C-3-4

任务C-3-5 能解决批间差异性

一、核心概念

批间差异性

批间差异性指同一生产线上经过若干工艺过程连续生产出来的不同批次之间的产品存在差异的现象。

二、学习目标

1. 能正确解读批间差异性质量问题学习任务书，具备理解与表达、解决问题能力。

2. 能按照不同批次间产品出现的具体质量差异，制订质量问题排查计划，完成分工，具备自主学习、信息检索与处理、统筹协调能力和质量意识。

3. 能按照不同品种生产过程中涉及的原料、设备、环境和操作人员，完成问题排查，具有风险意识。

4. 能根据不同批次生产过程中出现的具体问题，制订解决方案，具备自我管理能力、解决问题能力、环保意识、服务意识和创新思维。

5. 能按照生产质量管理规范等要求，调整设备、工艺等具体参数至符合生产要求，解决存在的问题，具备交往与合作能力、质量意识、风险意识、时间意识和效率意识。

6. 能按照不同批次产品生产过程中出现差异性问题的解决反馈结果，总结解决批间差异性的经验与方法，出具批间差异性总结解决报告，具有效益意识。

7. 具备社会主义核心价值观、工匠精神、劳动精神和劳模精神等思政素养。

三、基本知识

批间差异性的原因

（1）物料因素 ①不同供应商提供的同种原辅料，因其原料控制、工艺过程、内控标准不同导致原辅料的理化性质存在差异性。②同一供应商提供的同种原辅料不同型号之间存在差异性。③同一供应商提供的同一型号原辅料不同批次间存在差异性。

（2）机械因素 设备出现故障或损坏，导致其未按预设运行。

（3）工艺因素 药品生产过程中实际的生产参数偏离标准参数，如药品配料过程中实际运用的温度高于标准参考温度。

（4）环境因素 ①生产过程中温湿度出现偏差。②清场没有达到规定的标准和要求。

（5）人员因素 工人操作失误、培训不当等。

四、能力训练

（一）操作条件

① 人员：技术员承担主体任务，工艺技术岗、设备技术岗、洁净区操作岗、内包装岗、外包装岗等多岗位工作人员协同配合。

② 设备、器具：颗粒机、包衣机、压片机、筛片机、硬度计、脆碎仪、万分之一分析天平、灭菌机、铝塑泡罩包装机，外包装流水线等，温湿度表、称量衡器、筛网、扳手、螺丝刀、清洁工具、药筛、称量瓶、药匙、毛刷、烧杯等，取样勺、取样袋、标签纸、记号笔、物料桶、片剂硬度测量仪等。

③ 材料：原辅料、包装材料等。

④ 资料：《中华人民共和国药典》（2020年版）、《药品生产质量管理规范》、企业内控标准、生产工艺规程、批生产记录、批包装生产记录、质量检测记录、岗位标准操作规程、设备操作规程、清场标准操作规程、检验标准操作规程等。以及附件1学习任务书、附件2批间差异性的工作任务单、附件3批间差异性排查计划安排表、附件4批间差异性产生原因分析表、附件5批间差异性解决方案、附件6批间差异性解决方法总结报告等。

⑤ 环境：A～D级洁净区，温度18～26℃，相对湿度45%～65%，一般照明的照明值不低于300lx，药物制剂一体化工作站。

（二）安全及注意事项

1. 排查导致批间差异性的原因时应注意逐一从设备、物料、环境、工艺、人员等方面展开排查，做到认真仔细，关注细节，没有缺漏。

2. 问题排查调整参数后要再次对生产结果进行复核确认，确保问题已解决。

3. 严格按标准操作规程操作设备，注意设备操作安全、水电安全、消防安全。

4. 对于运行过程中的设备异常情况要格外关注，出现设备故障时，应及时断电停机处理。

5. 设备使用后需按清洁要求进行清洁。

（三）操作过程

工作环节	工作内容	操作方法及说明	质量标准
批间差异性处理工作任务的接收	批间差异性学习任务书解读	工作现场沟通法，填写工作任务单	（1）正确解读批间差异性任务的类型、工期等 （2）具有理解与表达、解决问题能力
批间差异性问题排查计划的制订	《中国药典》（2020年版）及企业内控质量标准的解析、批间差异性的排查内容的分解及排查计划的分工安排	故障树分析法；排查计划安排表的编制	（1）明确企业内控质量标准的要求 （2）问题排查计划全面，时间、人员安排合理 （3）具有自主学习、信息检索与处理、统筹协调能力和质量意识
批间差异性排查计划的实施	依据问题排查计划表依次对生产过程中的工艺问题、生产环境、制剂原辅料、生产设备、人员操作各个环节进行排查，分析问题产生原因	经验判断法、差异限度判别法；批间差异性产生原因分析表的填写	（1）明确具体品种生产工艺规程的环节 （2）明确具体品种涉及生产设备的性能、特点 （3）明确具体品种的生产需求和生产要求 （4）明确各岗位的工作任务 （5）具有风险意识
批间差异性解决方案的制订	根据岗位生产情况及批间差异性排查结果制订批间差异性解决方案	硬度指压判定法、软材质量判定法、颗粒质量判定法、PBL问题解决法；批间差异性解决方案的填写	（1）能依据标准操作规程、工艺流程制订合理的问题解决方案 （2）具有自我管理能力、解决问题能力、规则意识、服务意识、创新思维
批间差异性解决方案的实施	颗粒机、包衣机、筛片机、压片机、铝塑泡罩包装机等片剂生产包装设备的操作；不同产品的生产及质量判别	差异限度判别法	（1）调整参数后能成功生产出符合企业内控标准的合格产品 （2）具有交往与合作能力、质量意识、风险意识、时间意识、效率意识
成品的抽样及批间差异性解决信息的反馈	批记录的填写；批间差异性解决方法的总结	抽样法；批间差异性解决方法总结报告的填写	（1）能完整、及时、准确、真实地填写批记录 （2）能依据批间差异性的常见原因逐点总结出问题解决方法 （3）具有效益意识

【问题情境一】

某药企在长期生产某一主营产品时，因供应商之间的价格差异较大，为降低成本，新增加原料供应商。在生产过程中产品更换原料供应商后出现了分散性不符合要求的现象，请问在制订批间差异性排查计划应该从哪些方面展开？

解答： 造成批间差异性的原因主要包括物料因素、机械因素、工艺因素、环境因素、人员因素。根据情境描述，在新增原料供应商后出现了产品分散性不符合要求的情况，因此在制订排查计划时应主要从物料方面展开。可考虑查询原料进厂报告及厂检报告，并对原料的质量指标进行对比分析；其次对不同厂家的原料进行粒度、晶型对比，分析质量区别。

【问题情境二】

某药企欲在同一生产线长期生产某品种包衣片时，因生产量大、人员紧缺，新调一批经培训的员工进入包衣岗位。在生产过程中出现了不同批次间包衣不均的现象。试分析出现该问题的原因。

解答： 造成批间差异性的原因主要包括物料因素、机械因素、工艺因素、环境因素、人员因素。根据情境描述，在新增经培训的员工进入包衣岗位后出现了包衣不均的现象，考虑可能是由人员因素导致，一是对新员工的培训不到位，二是进入新岗位的员工不熟悉工艺流程及标准导致的操作失误。

五、学习结果评价

序号	评价内容	评价标准	评价结果(是/否)
1	批间差异性处理工作任务的接收	（1）能正确解读批间差异性工作任务单的类型、工期等 （2）具有理解与表达、解决问题能力	
2	批间差异性排查计划的制订	（1）能查阅明确企业内控质量标准的要求，制订全面的时间、人员安排合理的问题排查计划 （2）具有自主学习、信息检索与处理、统筹协调能力和质量意识	
3	批间差异性计划的实施	（1）能从不同品种生产工艺规程的环节，生产设备的性能、特点，不同品种产品的具体生产需求和生产要求，各岗位的工作任务等各方面通盘排查片剂质量问题 （2）具有风险意识	
4	批间差异性解决方案的制订	（1）能依据标准操作规程、工艺流程制订合理的问题解决方案 （2）具有自我管理、解决问题能力以及规则意识、服务意识、创新思维	
5	批间差异性解决方案的实施	（1）能生产出符合企业内控标准的合格产品 （2）具有交往与合作能力、质量意识、风险意识、时间意识、效率意识	
6	成品的抽样及批间差异性解决信息的反馈	（1）能完整、及时、准确、真实地填写批记录 （2）能依据批间差异性常见的原因逐点总结出问题解决方法 （3）具有效益意识	

六、课后作业

1. 试简述可能导致批间差异性的因素。

2. 某企业在某生产线上生产同一品种颗粒剂的过程中，不同批次间的颗粒剂含水量出现差异，应如何排查？

二维码C-3-5

模块D

生产管理与培训

项目D-1 药品生产文件管理

任务D-1-1 能管理工艺文件

一、核心概念

1. 文件

药品生产质量管理规范所指的文件包括质量标准、工艺规程、操作规程、记录、报告等。

2. 工艺规程

为生产特定数量的成品而制订的一个或一套文件，包括生产处方、生产操作要求和包装操作要求，规定原辅料和包装材料的数量、工艺参数和条件、加工说明（包括中间控制）、注意事项等内容。

3. 标准

标准是指生产和经营管理过程中预先制订的书面要求，主要指技术标准、管理标准和操作标准等。

4. 记录

记录是指反映实际生产和经营活动中执行标准情况的结果，如报表、台账、生产操作记录等。

二、学习目标

1. 能正确解读地塞米松磷酸钠注射液学习任务书，具有自主学习、合作与交往的能力。

2. 能按照地塞米松磷酸钠注射液的工艺规程编制要求，完成参与文件制订人员的分工，具有信息检索与处理、统筹协调的能力。

3. 能按照地塞米松磷酸钠注射液的工艺规程编制要求，完成文件编制前的准备工作，具有自主学习、自我管理的能力。

4. 能按照地塞米松磷酸钠注射液的工艺规程编制要求，完成地塞米松磷酸钠注射液工艺规程的文件编制，并将文件分发，具有理解与表达、信息检索与处理、统筹协调、解决问题的能力，具备风险意识、时间意识、规则意识。

5. 能按照文件发放要求，完成文件的签发，具有风险意识、时间意识。

6. 能按照文件管理要求，完成合格品的交付，具有自我管理、交往与合作的能力。

7. 具备社会主义核心价值观、工匠精神、劳动精神和劳模精神等思政素养。

三、基本知识

1. 文件类型

按照《药品生产质量管理规范》（GMP）的要求，药品生产管理的文件按属性分为标准性文件和记录（凭证、卡）两大类。

（1）标准性文件

① 技术标准文件：技术标准文件是指国家、地方、行业及企业所颁布和制订的技术性规范、准则、规定、办法、标准和程序等书面要求。包括生产工艺，物料（原料、辅料、包装材料）与产品（中间产品、成品）的质量标准，如《中国药典》（2020年版）规定的地塞米松磷酸钠注射液的质量标准。

② 管理标准文件：管理标准文件是指企业为了行使生产计划、指挥、控制等管理职能，使之标准化、规范化而制订的制度、规定、标准、办法等书面要求，如操作人员的卫生制度。

③ 操作标准文件：操作标准文件是指经过批准用来指导设备操作、维护与清洁、验证、环境控制、取样和检验等药品生产活动的通用性文件，如检验操作规程。

（2）记录　记录类文件是反映实际生产活动中执行标准情况的实施结果，如批生产记录。凭证是表示物料、物件、设备、房间等状态的单、证、卡、牌等，如产品合格证。

2. 药品生产文件编制

（1）药品生产文件编制注意事项　文件是质量保证系统的基本要素，因此企业在编制药品生产文件时要注意以下要求。

① 文件应具规范性，文件标题应明确，能清楚陈述文件的性质，确切标明文件的性质，以便与其他文件相区别。文件的文字应当确切、清晰、易懂，不能模棱两可，编写顺序有逻辑性。

② 文件内容要做到合法性，符合国家对医药行业的有关法律、法规、法令及GMP的要求，不得与药事管理的相关法规相抵触。

③ 文件要具有可操作性，文件规定的内容要适合企业的实际情况，企业经过努力是可以达到的。

④ 各类文件应有统一性，便于识别其文本、类别的系统编码和日期、该文件的使用方法、使用人等，便于文件的查找。文件表头、术语、符号、代号、尺寸、打印字体、格式等要求统一，文件与文件之间相关内容统一。

⑤ 如需在文件上记录或填写有关数据，应当留有填写数据的足够空格；在文件各项内容之间，也要有适当的空隙；每项标题内容应准确。

⑥ 为了保证文件的严肃与准确性，文件的制订、审查、批准均应在文件上签字。文件不得使用手抄本，应按要求统一使用打印本，以防差错。

⑦ 文件中各种工艺技术参数和技术经济定额的质量单位，均应按国家规定采用国际计量单位。

⑧ 原辅料、中药材、成品名称应用《中华人民共和国药典》（2020年版）或国家食品药品监督管理部门批准的法定名，适当附注商品名或其他通用别名。

⑨ 文件应具改进性，在使用过程中不断完善、健全文件系统，定期对文件进行复审、修订。

⑩ 文件如需记录，栏目要齐全、有足够的书写空间；每项操作均需有操作者签名，关键操作还应有复核者签名。

（2）文件的格式与编码

① 文件的格式：药品生产企业的文件系统中，各类文件应有统一的格式，一般文件格式由文件眉头和正文内容组成。文件眉头包括文件标题、文件编号、起草人及部门、审核人、批准人、日期、分发部门。正文内容在文件眉头下方编写，可根据文件需要列上目的、应用范围、责任人、内容等。

② 文件编码：常采用编码、流水号、版本号相结合的方法进行，具体如下：

a. 性质分类码：管理标准文件（SMP）；操作标准文件（SOP）；技术标准文件（STP）；记录（SRP）。

b. 文件类别代码：企业管理类（AM）；人员管理类（PM）；卫生管理类（SM）；质量管理类（QM）；质量标准类（QS）；生产管理类（PM）；工艺规程类（PP）；设备管理类（EM）；物料管理类（WM）；销售管理类（MM）；工艺验证（PV）；设备验证（EV）；清洁验证（CV）。

c. 流水号：指文件序列号，由001～999组成，各部门可自行编号。

d. 版本号：由00～99组成，如首版为00，第二版为01。

（3）文件编写人员

① 文件起草人员：文件的起草主要由文件使用部门负责，起草人员为来自生产技术部门、质量管理部门、销售部门的业务与相关管理人员。

② 文件审核人员：文件草稿拟定完毕后根据文件的重要程度，由相关部门进行审核。

③ 文件批准人员：普通文件由相应职能部门批准，报 QA 备案；重要文件需由 QA 负责人批准文件；文件如涉及生产线，则需由总工程师或企业技术领导批准。

（4）文件编写步骤

① 在文件起草领导机构的统一领导和协调下，由文件使用部门挑选有相应的学历和资历、对文件相应岗位工作有深刻研究的人员起草，以保证文件内容的准确性、可操作性。

② 起草工作完成以后，由文件起草或颁发部门组织文件使用人员及管理人员进行审稿，以保证文件内容的全面性。

③ 根据审稿所提出的意见和建议，文件起草人进行修订。

④ 修改后的文件由文件起草部门负责人审阅，再交质量管理负责人审核。文件审核参照文件编写的基本原则，做到文件内容之间不相悖或不冲突。

⑤ 部门内部文件由部门负责人批准，不同部门使用的文件由企业负责人批准（或其授权委托人）批准，按规定的日期宣布生效。

⑥ 在修订文件时，不论内容如何变化文件题目不变；无论是修改或是废除都必须执行与起草过程相同的程序，质量管理人员负责将修订后的文件发送至有关部门，并收回被废除的文件，使旧文件不得在生产现场出现。

3. 文件使用管理

（1）文件发放　文件经批准人签字后方可颁发，并在执行之日前发至相关人员或部门。文件的印制应由专人负责，其他人员不得随意复印。原版文件复制时不得产生任何差错，复制的文件应当清晰可辨。文件发放时，按要求发放，并履行签发手续。分发、使用的文件应当为批准的现行版本，已撤销的或旧版文件除留档备查外，不得在工作现场出现。

（2）文件培训　文件在执行之日前应对文件使用者进行专题培训，可由文件编制人、审定人、批准人之一进行培训，以保证所有使用者掌握如何使用文件。

（3）文件执行检查　新文件开始执行阶段，相关管理人员应特别注意监督检查执行情况，以保证文件执行的有效性。任何人不得随意改动文件，对文件的任何改动必须经批准人批准并签字。

（4）文件审核、修订　药品生产企业应定期组织技术、质量管理部门和相关的业务部门复审文件，一般每 2 年复审文件 1 次，并做好记录。文件修订后，应当按照规定管理，防止旧版文件的误用。

（5）文件保管与归档　文件应当分类存放、条理分明，便于查阅。批记录应当由质量管理部门负责管理，至少保存至药品有效期后一年。质量标准、工艺规程、操作规程、稳定性考察、确认、验证、变更等其他重要文件应当长期保存。

（6）文件回收与销毁　一旦新文件生效，原文件自动失效，须立即回收。回收文件时应按发放记录回收，一份也不能少，并履行签发手续。回收的文件，档案室必须留存 1～2 份备查，必要时，质量管理部门可考虑留档 1 份，其余文件在清点数量后应全部销毁，由监销人监督并做销毁记录。

四、能力训练

（一）操作条件

① 人员：生产工艺技术员、生产部负责人、质量负责人等。

② 设备、器具：文件夹、订书机、订书针、WPS Office 软件或 Microsoft Office、A4 打印纸、笔、打印机、计算机、投影仪、注射剂洗烘灌封联动线等。

③ 原辅料：地塞米松磷酸钠注射液。

④ 资料：《中华人民共和国药典》（2020 年版）、《药品生产质量管理规范》、生产工艺规程目录、设备说明书、附件 1 学习任务书、附件 2 文件编制、附件 3 文件发放记录表等。

⑤ 环境：药物制剂一体化工作站。

（二）安全及注意事项

1. 检查文件是否有效，且版本为最新。

2. 检查文件是否具有规范性、合法性、可操作性、统一性。

3. 相关文件关联无误。

4. 人员安全、水电安全、消防安全。

（三）操作过程

工作环节	工作内容	操作方法及说明	质量标准
下达工作任务	学习任务书解读	现场交流法，整理文件编写所需资料	（1）资料齐全 （2）具有自主学习、合作与交往的能力
制订岗位工作计划	制剂工艺规程编制内容和要点的确定，文件的分发的要求	资料查阅法；文件编制、文件发放记录表	（1）岗位工作计划全面合理，明确文件编制内容，文件分发要求 （2）具有信息检索与处理、统筹协调的能力

工作环节	工作内容	操作方法及说明	质量标准
工作环境、设备情况、工器具状态的确认	工作环境确认	文件起草人、审核人、批准人所在工作区域确认	(1)满足普通工作环境 (2)具有自我管理能力
	工作前设备情况确认	注射剂洗烘灌封联动线等确认	(1)能快速查阅到注射剂洗烘灌封联动线等文件编制所需内容 (2)具有自主学习的能力
	生产前工器具状态确认	文件夹、订书机、订书针、WPS Office软件或Microsoft Office、A4打印纸、笔、打印机、计算机等工器具确认	工器具能正常使用
实施计划	文件编制	(1)生产工艺技术员起草文件 (2)生产部门负责人审核文件 (3)质量负责人批准文件	(1)文件适用范围合理 (2)责任人分工明确 (3)具有理解与表达、信息检索与处理、统筹协调、解决问题的能力
	文件分发	专人负责分发文件并履行签发手续	(1)分发无误并有签发手续 (2)具有风险意识、时间意识
	清场	"6S"概念	(1)一体化工作站干净,工器具摆放整齐 (2)具有规则意识
合格品的交付	交付合格品	(1)交接合格品 (2)填写交接记录	(1)合格品应符合文件管理要求 (2)完成合格品的交接,具有自我管理、交往与合作的能力

【问题情境一】

小王在培训班接到一份编号为SMP-SM001-00的文件,根据此文件编号,应对小王作哪方面的培训?

解答:SMP为管理标准文件,SM为卫生管理类,001为流水号,00为版本号,要对小王作卫生管理工作规程的培训。

【问题情境二】

某制药企业挑选小张完成某注射剂生产工艺规程的起草,小张参照基准工艺规程进行起草,应包括哪些内容?

解答:应包括药品名称(包括化学名、国际非专利药品名称、商品名等);产品处方(列出所生产药品中每种原料、辅料的数量和规格、每批产品数量);批准生产的日期、批准文号;用法与用量、作用用途、注意事项;原料质量标准及检验方法;生产操作程序;半成品质量标准及检验方法;成品质量标准及检验方法;包装材料、成品容器等质量标准及检验方法;成品及半成品的储存条件等。

【问题情境三】

某制药企业的某注射剂生产工艺规程已使用 5 年，应如何处理？

解答： 一般情况下，生产工艺规程每 5 年修订 1 次。文件管理部门负责检查文件修订后是否引进其他相关文件的变更，并进行及时修订。任何文件修订或变更，必须详细记录，以便追踪检查。

五、学习结果评价

序号	评价内容	评价标准	评价结果(是/否)
1	学习任务书解读	（1）能解读任务书，解读文件编制相关的人员、操作规程等 （2）具有交往与合作和自主学习能力	
2	制剂工艺规程编制内容和要点的确定，文件的分发的要求	（1）能明确制剂工艺规程编制内容 （2）能明确文件的分发步骤 （3）具有信息检索和信息处理能力	
3	工作环境确认	（1）能确认文件起草人、审核人、批准人所在工作区域的环境要求 （2）具有语言表达能力	
4	工作前设备情况确认	（1）能确认注射剂洗烘灌封联动线等的设备生产能力等 （2）具备质量意识	
5	生产前工器具状态确认	（1）能确认文件编写所需的 WPS Office 软件或 Microsoft Office、计算机、打印机等能正常使用 （2）具有统筹协调能力	
6	文件编制	（1）能挑选合格人员进行文件的起草、相关部门负责人进行文件审核、批准等 （2）能提出编制文件的相关规定和要求 （3）具有理解与表达、信息检索与处理、统筹协调、解决问题的能力	
7	文件分发	（1）能正确分发文件并履行签发手续 （2）具有风险意识、时间意识	
8	清场	（1）能对一体化工作站进行清场 （2）具有规则意识	
9	交付合格品	（1）能准确交付合格品 （2）具有自我管理能力、交往与合作的能力	

六、课后作业

1. 在文件编码工作中应遵循哪些原则？
2. 制剂工艺规程编写的内容至少应当包括哪些内容？

二维码D-1-1

任务D-1-2 能管理SOP文件

一、核心概念

1. SOP

经批准用来指导设备操作、维护与清洁、验证、环境控制、取样和检验等药品生产活动的通用性文件，也称标准操作规程。

2. 文件的修订

原文件的题目不变，不论内容修改多少均称为修订。

二、学习目标

1. 能正确解读头孢拉定胶囊生产标准操作规程学习任务书，具有自主学习、合作与交往的能力。

2. 能按照头孢拉定胶囊生产标准操作规程的文件修订要求，完成参与文件修订人员的分工，具有信息检索与处理、统筹协调的能力。

3. 能按照头孢拉定胶囊生产标准操作规程的文件修订要求，完成文件修订前的准备工作，具有自主学习、自我管理的能力。

4. 能按照头孢拉定胶囊生产标准操作规程的文件修订要求，完成头孢拉定胶囊生产标准操作规程的文件修订，具有理解与表达、信息检索与处理、统筹协调、解决问题的能力，具备风险意识、时间意识、诚实守信。

5. 能按照文件审核、批准要求完成修订文件的审核、批准，具有质量意识、风险意识。

6. 能按照文件管理要求，完成合格品的交付，具有自我管理、交往与合作的能力。

7. 具备社会主义核心价值观、工匠精神、劳动精神和劳模精神等思政素养。

三、基本知识

1. 文件需要修订的条件

当出现下列情况时应考虑对文件进行修订。

（1）法定标准或其他依据的文件更新版本导致标准有所改变。

（2）新设备、新工艺、新厂房的投入使用。

（3）经各项验证后，认为有必要修订的内容。

（4）物料供应商变更，认为有必要修订标准文件。

（5）产品用户意见或验证的结果说明应修订文件。

（6）已执行的文件一般情况下应至少两年复审一次，经复审发现文件在运行中有问题或处方、生产工艺、设备条件发生改变或出现（1）现象的应对文件进行修订。

2. 文件修订的程序

（1）文件修订由原文件制订部门负责。

（2）文件的修订程序

由修订部门填写文件修订申请表（见附件2），写明修订文件名称、编码、修订原因，经质量管理部门批准后按文件制订程序修订（见任务 D-1-1 文件编写步骤）。

（3）有关部门在收到修订后的文件时应交回印有"文件受控副本"字样的原文件，原文件不得再在现场出现。

3. SOP 的修订

SOP 的修订期限一般不超过两年，如有变动时须及时修订，修订稿的起草、审核、批准程序与制订时相同。操作规程的内容应当包括：题目、编号、版本号、分发部门、生效日期、颁发部门以及制订人、审核人、批准人的签名并注明日期、标题、正文及变更历史。

四、能力训练

（一）操作条件

① 人员：生产工艺技术员、生产部负责人、质量负责人等。

② 设备、器具：文件夹、订书机、订书针、WPS Office 软件或 Microsoft Office、A4 打印纸、笔、打印机、计算机、投影仪、头孢拉定胶囊生产线等。

③ 原辅料：头孢拉定胶囊剂。

④ 资料：《中华人民共和国药典》（2020 年版）、《药品生产质量管理规范》、头孢拉定胶囊生产标准操作规程、设备说明书、附件 1 学习任务书、附件 2 文件修订申请表、附件 3 ×× 型槽形混合机标准操作规程等。

⑤ 环境：药物制剂一体化工作站。

（二）安全及注意事项

1. 检查文件的修订程序是否正确，且符合 GMP 规定。

2. 检查文件是否有效，且版本为最新。

3. 相关文件关联无误。

4. 人员安全、水电安全、消防安全。

（三）操作过程

工作环节	工作内容	操作方法及说明	质量标准
下达工作任务	学习任务书解读	现场交流法，整理文件修订所需资料	（1）资料齐全 （2）具有自主学习、合作与交往的能力
制订岗位工作计划	文件修订内容和要点的确定	资料查阅法；文件的修订	（1）岗位工作计划全面合理，明确文件修订内容，生成修订后的文件 （2）具有信息检索与处理、统筹协调的能力
工作环境、设备情况、工器具状态的确认	工作环境确认	文件修订人（起草人）、审核人、批准人所在工作区域	（1）满足普通工作环境 （2）具有自我管理能力
	工作前设备情况确认	头孢拉定胶囊生产线等	（1）能快速查阅到文件修订内容 （2）具有自主学习的能力
	生产前工器具状态确认	文件夹、订书机、订书针、WPS Office 软件或 Microsoft Office、A4 打印纸、笔、打印机、计算机等工器具确认	工器具能正常使用
实施计划	文件修订	（1）生产工艺技术员修订文件 （2）生产部门负责人审核文件 （3）质量负责人批准文件	（1）文件修订程序正确 （2）责任人分工明确 （3）具有理解与表达、信息检索与处理、统筹协调、解决问题的能力
	清场	"6S"概念	（1）一体化工作站干净，工器具摆放整齐 （2）具有规则意识
合格品的交付	交付合格品	（1）交接合格品 （2）填写交接记录	（1）合格品应符合文件管理要求 （2）完成合格品的交接，具有自我管理、交往与合作的能力

【问题情境一】

小王是某药品生产企业的车间技术员，现需要编写 SOP，应遵循哪些原则？

解答： ① 所有生产相关记录与生产有关的制造、检验文件中的操作均以 SOP 的形式描述

② 对 SOP 的每一个步骤的表述应清晰、简明、准确，同时，要求文件形式完整，整个公司内部的 SOP 类文件必须保持一致。

③ SOP 编制人员必须是熟悉所描述程序的技术人员或管理人员，SOP 编写完成后必须经各个相关部门或相关操作者讨论后，并经该部门负责人审核、经各主管副厂长批准后才能颁布执行。

【问题情境二】

某制药企业对已使用 2 年的标准操作规程进行修订，对此类的文件管理有何要求？

解答： 文件管理部门应负责检查文件修订后是否引起其他相关文件的变更，并进行及时修订。任何文件修订或变更，必须详细记录，以便追踪检查。任何人均可以提出修订文件的申请。由原文件批准人评价变更文件的必要性与可能性，

若同意变更，则可启动文件修订程序，修订程序与文件制订程序相同，但生产工艺变更、主要原辅料变更、新设备的应用等，需先进行验证，重大工艺改革需先经过鉴定。

【问题情境三】

某制药企业的操作工在查阅××设备标准操作规程时发现其内容与实际设备操作有不相符的地方，应如何处理？

解答： 第一，向车间班长、车间主任等逐级报告；第二，组织该车间操作人员开会研讨，证实××设备标准操作规程是否与实际情况不符；第三，根据实际情况并按文件修订程序对文件进行修订；第四，由本部门的部长审核，经公司主管该项工作的副厂长或厂长签字批准；第五，将原文件留存，新文件发至相关责任部门。

五、学习结果评价

序号	评价内容	评价标准	评价结果(是/否)
1	学习任务书解读	（1）能解读任务书，解读文件修订相关的人员、操作规程等 （2）具有交往与合作和自主学习能力	
2	文件修订内容和要点的确定	（1）能明确文件修订内容 （2）能明确文件的修订程序 （3）具有信息检索和信息处理能力	
3	工作环境确认	（1）能确认文件修订人(起草人)、审核人、批准人所在工作区域的环境要求 （2）具有语言表达能力	
4	工作前设备情况确认	（1）能确认头孢拉定胶囊生产线等的设备生产能力等 （2）具备质量意识	
5	生产前工器具状态确认	（1）能确认文件修订所需的 WPS Office 软件或 Microsoft Office、计算机、打印机等能正常使用 （2）具有统筹协调能力	
6	文件修订	（1）能确认文件的修订人进行文件的修订、相关部门负责人进行文件审核、批准等 （2）能提出文件修订的相关规定和要求 （3）具有理解与表达、信息检索与处理、统筹协调、解决问题的能力	
7	清场	（1）能对一体化工作站进行清场 （2）具有规则意识	
8	交付合格品	（1）能准确交付合格品 （2）具有自我管理能力、交往与合作的能力	

六、课后作业

1. 当出现哪几种情况时通常应考虑对文件进行修订？
2. 请以 × × 检验操作规程为例，编制出其表头内容。

二维码D-1-2

任务D-1-3 能管理设备文件

一、核心概念

设备管理

设备管理包括选型设计、购入或加工、安装、调试、校准、运行、使用、检修、维护、保养、调拨，到鉴定、报废的全过程管理。

二、学习目标

1. 能正确解读压片机维修保养标准操作规程学习任务书，具有自主学习、合作与交往的能力。

2. 能按照压片机维修保养标准操作规程的文件要求，完成制订压片机维护内容计划，具有信息检索与处理、统筹协调的能力。

3. 能按照压片机维修保养标准操作规程的文件要求，完成维修保养前的准备工作，具有自主学习、自我管理的能力，具备诚实守信的品质。

4. 能按照压片机维修保养标准操作规程的文件要求，完成年度维护计划、月维护计划，具有理解与表达、信息检索与处理、统筹协调、解决问题的能力，具备风险意识、时间意识。

5. 能按照文件审核、批准要求完成文件的审核、批准，具有质量意识、风险意识。

6. 能按照文件管理要求，完成合格品的交付，具有自我管理、交往与合作的能力。

7. 具备社会主义核心价值观、工匠精神、劳动精神和劳模精神等思政素养。

三、基本知识

1. 设备文件管理

（1）设备文件分类

① 一般设备文件：指设备的档案资料、技术文献、合同协议、备品备件清

单等相关文件。

② 序列号文件：指设备的序列号、标识牌等相关信息。

③ 工艺文件：指设备的调试运行指南、操作规程、安全注意事项、维护保养资料、应急预案等相关文件。

（2）设备文件管理

① 将收集齐全的设备文件建立完整的设备档案。

② 设备文件应分类、注册登记、编制索引，不得遗失和错装。

③ 凡是涉及设备的说明书、图样、技改资料、验证资料、维修记录等，均应建档、存档，并由专人统一妥善保管。

④ 设备技术资料（设备开箱资料、设备安装资料、设备维护保养记录）不得擅自外借传阅。如需查阅设备技术资料者，须经有关部门或主管领导批准，查阅者登记后，方可查阅。

⑤ 设备技术资料（设备开箱资料、设备安装资料、设备维护保养记录）如有遗失，应及时报告，妥善处理。

⑥ 因工作需要，设备说明书可复制，原件应存档。

2. 设备维护保养

（1）设备维护分类

① 日常保养：主要内容是清洁、润滑、紧固松动的零件，检查零件、部件的完整性。

② 一级保养：普遍地进行拧紧、清洁、润滑、紧固，此外，还需对设备进行部分调整。

③ 二级保养：内部清洁、润滑、局部解体检查和调整。

④ 三级保养：对设备主体部分进行解体检查和调整工作，对主要零部件的磨损情况进行测量、鉴定和记录，对达到规定磨损限度的零件加以更换。

其中日常保养和一级保养一般由操作工人承担。二级保养和三级保养在操作工的参加下，一般由专职保养维修工人承担。

（2）设备维护记录　设备维护保养记录均需要记录与存档，记录应按 GMP 文件要求进行管理和保存，具备可追溯性。维护记录通常包括设备的使用日志以及专门详细记录维修活动的维修工单和维修记录。

设备使用日志是一个简要的概括性文件，只需要简要记录所执行的活动以及参考文件编号即可，无须重复记录详细内容，但应确保可以通过设备日志的记录追溯到相关文件或记录。关键设备应具备使用日志，用于记录所有的操作活动。

记录填写应符合生产记录填写的有关规定，书写规范，字迹清楚，语句简练、准确，无漏填或差错。如因差错需重新填写时，作废的单元应保留，注明作废原因，由注明人签名并填写日期，不得撕掉造成缺页。

（3）设备维护保养主要内容　设备的维护保养标准操作规程一般包括日常保养、设备润滑和检修周期。

① 日常保养：又称日常维护，是指操作人员对所操作设备每日（班）必须进行的保养。日常维护可归纳为清洁、润滑、调整、紧固和防腐蚀。

② 设备润滑：设备需要进行润滑，它的润滑面和润滑点应按时加油、换油，油质符合要求，油壶、油杯、油枪齐全，油毡、油管清洁，油窗、油痕醒目，油道畅通。经常对设备的运动部件和配套部件进行调整，使设备的部件与部件之间的匹配合理，不松不散，符合设备原来规定的匹配精度和安装标准。

③ 检修周期：预防性维修包括小修、中修、大修，应根据设备结构性能特点制订不同设备的检修周期。

四、能力训练

（一）操作条件

① 人员：设备工程部的专业人员、设备工程部负责人、生产部负责人、质量负责人等。

② 设备、器具：文件夹、订书机、订书针、WPS Office 软件或 Microsoft Office、A4 打印纸、笔、打印机、计算机、投影仪、××型旋转式压片机等。

③ 原辅料：无。

④ 资料：《中华人民共和国药典》（2020年版）、《药品生产质量管理规范》、压片机维修保养标准操作规程、设备说明书、附件1学习任务书、附件2××旋转式压片机维护保养SOP、附件3××型旋转式压片机维护内容计划、附件4××型旋转式压片机年度维护计划表、附件5××型旋转式压片机月维护计划表、附件6××型旋转式压片机维护保养记录表等。

⑤ 环境：药物制剂一体化工作站。

（二）安全及注意事项

1. 强化文件化的设备管理系统，按照GMP文件的要求进行管理和存档，并且应定期回顾以确保更新的状态。

2. 关键设备应具备使用日志，用于记录所有的操作活动。

3. 对本岗位范围内的闲置、封存设备应定期进行维护保养。

4. 人员安全、水电安全、消防安全。

（三）操作过程

工作环节	工作内容	操作方法及说明	质量标准
下达工作任务	学习任务书解读	现场交流法，整理设备维修保养计划所需资料	（1）资料齐全 （2）具有自主学习、合作与交往的能力
制订岗位工作计划	设备维修保养计划内容和要点的确定	资料查阅法；设备维修保养计划设定，包括维护方式和维护周期	（1）岗位工作计划全面合理，明确设备维护方式和维护周期 （2）具有信息检索与处理、统筹协调的能力
工作环境、设备情况、工器具状态的确认	工作环境确认	文件起草人、审核人、批准人所在工作区域	（1）满足普通工作环境 （2）具有自我管理能力
	工作前设备情况确认	旋转式压片机	（1）能快速查阅到设备维修保养内容 （2）具有自主学习的能力
	生产前工器具状态确认	文件夹、订书机、订书针、WPS Office 软件或 Microsoft Office、A4打印纸、笔、打印机、计算机等工器具确认	工器具能正常使用
实施计划	设备维修保养计划制订	（1）设备工程部门人员起草 （2）工程部负责人审核文件 （3）质量负责人批准文件	（1）设备维修保养计划制订合理 （2）责任人分工明确 （3）具有理解与表达、信息检索与处理、统筹协调、解决问题的能力
	清场	"6S"概念	（1）一体化工作站干净，工器具摆放整齐 （2）具有规则意识
合格品的交付	交付合格品	（1）交接合格品 （2）填写交接记录	（1）合格品应符合文件管理要求 （2）完成合格品的交接，具有自我管理、交往与合作的能力

【问题情境一】

小张是一名制药企业的设备管理员，负责设备的基础管理工作，现需整理设备使用记录，应包括哪些？

解答：设备运行记录；设备周期、点记录；设备润滑记录；设备维修保养记录；设备故障分析记录；设备事故报告表。

【问题情境二】

某药品生产车间出现压片机未按照批准的维护计划执行情况，应如何处理？

解答：应根据偏差或异常事件的处理流程进行适当的调查、评估，并在必要时采取适当的纠正或预防措施。

【问题情境三】

设备维修工单是维修部门实施维修活动的过程文件，该文件记录的内容包括哪些？

解答：该文件记录了维修工作的原因、计划安排、执行时间、部件消耗、设备状况参数等维修过程中发生的详尽信息。

五、学习结果评价

序号	评价内容	评价标准	评价结果(是/否)
1	学习任务书解读	(1)能解读任务书,解读压片机维修保养标准操作规程等 (2)具有交往与合作和自主学习能力	
2	设备维修保养计划内容和要点的确定	(1)能明确设备维护方式 (2)能明确设备维护周期 (3)具有信息检索和信息处理能力	
3	工作环境确认	(1)能确认文件起草人、审核人、批准人所在工作区域的环境要求 (2)具有语言表达能力	
4	工作前设备情况确认	(1)能确认旋转式压片机能正常运行 (2)具备质量意识	
5	生产前工器具状态确认	(1)能确认文件修订所需的 WPS Office 软件或 Microsoft Office、计算机、打印机等能正常使用 (2)具有统筹协调能力	
6	设备维修保养计划制订	(1)能确认文件起草,相关部门负责人进行文件审核、批准等 (2)能将文件内容相关联 (3)具有理解与表达、信息检索与处理、统筹协调、解决问题的能力	
7	清场	(1)能对一体化工作站进行清场 (2)具有规则意识	
8	交付合格品	(1)能准确交付合格品 (2)具有自我管理能力、交往与合作的能力	

六、课后作业

1. 造成设备故障的原因有哪些?
2. 设备的维护和维修应建立哪些文件?

二维码D-1-3

任务D-1-4　能管理人员文件

一、核心概念

1. 关键人员

关键人员是指在药品生产与质量管理工作中,对企业的生产质量管理起关键作用、负主要责任的人员,至少包括企业负责人、生产管理负责人、质量管理负责人、质量受权人，并且应当是全职人员。

2. 一般人员

企业为完成日常的生产、质量管理工作，除关键人员外，还需配备足够数量的一般人员，GMP 对其资质无严格限定，企业可根据具体情况确定他们的学历和实践经验，但必须接受必要的培训，包括上岗前培训和继续培训。

3. 人员净化

人是在药品生产过程中的主要污染源之一，为防止人员在操作过程中对药品产生污染，人员在进入洁净室之前，必须采取净化措施，如洗手、风淋、消毒、穿洁净服等，这些措施即为人员净化。

4. 更衣

按照 GMP 要求，进入不同洁净区前按要求更换工作服或无菌操作服。

5. 污染

污染是指在生产、取样、包装或重新包装、贮存或运输等操作过程中，原辅料、中间产品、待包装产品、成品受到具有化学或微生物特性的杂质或异物的不利影响。

二、学习目标

1. 能正确解读替硝唑氯化钠注射液工艺规程文件学习任务书，具有自主学习、合作与交往的能力。

2. 能按照替硝唑氯化钠注射液工艺规程文件的要求，完成三批验证生产任务的梳理，具有信息检索与处理、统筹协调的能力。

3. 能按照替硝唑氯化钠注射液的实训设备生产能力，完成生产计划的拟定，具有自主学习、自我管理的能力，具有时间意识。

4. 能按照替硝唑氯化钠注射液生产计划的要求，完成对车间操作人员的工作安排，并组织人员完成生产任务，具有理解与表达、信息检索与处理、统筹协调、解决问题的能力，具备风险意识、时间意识，诚实守信。

5. 能按照替硝唑氯化钠注射液工艺规程和岗位操作规程，开展生产前注意事项培训，具有质量意识、风险意识。

6. 能按照文件管理要求，完成合格品的交付，具有自我管理、交往与合作的能力。

7. 具备社会主义核心价值观、工匠精神、劳动精神和劳模精神等思政素养。

三、基本知识

1. 岗位定员管理

职能部门有定岗、定员要求。各级人员都要符合 GMP 的要求，企业应配备有足够数量与药品生产相适应的、具有专业知识和生产经验、有组织能力的管理人员和技术人员，包括一定数量的注册执业药师或执业中药师。

对一些必须持有资格证书上岗要求的专业技术人员，企业应对资格证书进行审查，符合要求的人员方可从事该专业工作。

关键人员应当为企业的全职人员，至少应当包括企业负责人、生产管理负责人、质量管理负责人和质量授权人。在GMP中对他们的专业、学历、资质、专业知识和解决生产、质量工作中实际问题的能力都有要求。因此，企业聘用前应制订人员聘用标准、考核办法等，聘用时要对人员进行全面的考核。

2. 档案管理

人员档案包括以下几方面。

（1）人员档案　包括人事档案、健康档案、培训档案等。

（2）人事档案　包括履历表、各种证书复印件、各项人事考核记录、合同等。

（3）健康档案　包括人员健康档案表、人员体检表等。

（4）培训档案　包括个人培训记录、考试卷、上岗证等。

3. 培训管理

（1）企业应当指定部门或专人负责培训管理工作，应当有经生产管理负责人或质量管理负责人审核或批准的培训方案或计划，培训记录应当予以保存。

（2）与药品生产、质量相关的所有人员都应当经过培训，培训的内容应当与岗位的要求相适应。如对生产实训操作进行培训，则应培训包括生产操作、设备操作、清洁操作、各种记录凭证的填写等培训内容；员工的继续教育培训包括药政法规及国家有关政策、新制定下发的文件等。

（3）高风险操作区（如高活性、高毒性、传染性及高致敏性物料的生产区）的工作人员应当接受专门的培训。

4. 人员卫生管理

人体产生和散发污染物的形式多种多样，应采取合理的、有效的措施，达到个人卫生要求，防止或减少人对药品的污染。人员卫生涵盖内容包括：人员从事生产操作时的着装、个人卫生、行为准则、手部清洗与消毒、人员健康要求及相关培训。

四、能力训练

（一）操作条件

① 人员：生产部负责人、操作员工等。

② 设备、器具：文件夹、订书机、订书针、WPS Office 软件或 Microsoft

Office、A4 打印纸、笔、打印机、计算机、投影仪、替硝唑氯化钠注射液生产线等。

③ 原辅料：替硝唑氯化钠注射液。

④ 资料：《中华人民共和国药典》(2020 年版)、《药品生产质量管理规范》、替硝唑氯化钠注射液工艺规程和岗位操作规程、设备说明书、附件 1 学习任务书、附件 2 生产部参与验证人员的职责、附件 3 生产部参与验证人员的确认、附件 4 人员培训。

⑤ 环境：药物制剂一体化工作站。

（二）安全及注意事项

1. 参与验证的人员，应熟悉 GMP 法规、工艺等要求；在验证实施之前，应参与有关验证内容实施的培训，并有记录和签字；参与验证的人员，应包括质量、技术、生产、设备方面的人才，突出团队优势。

2. 根据公司职责，验证小组负责人、各部门参与验证审核人员、质量验证专员及质量负责人应当是进行验证实施的协调人，一旦验证过程中出现偏离或资源不足时，各部门经理及质量负责人应当担起协调的角色，快速协调资源配置到位，确保验证的顺利实施完成。必要时报企业负责人，以保证验证的顺利实施。

3. 验证过程涉及取样检验，取样应具代表性。同时，取样量应满足检验需要，并考虑复验的可能性。

4. 人员安全、水电安全、消防安全。

（三）操作过程

工作环节	工作内容	操作方法及说明	质量标准
下达工作任务	学习任务书解读	现场交流法，整理工艺规程、操作规程文件	（1）资料齐全 （2）具有自主学习、合作与交往的能力
制订岗位工作计划	生产任务的梳理	资料查阅法；完成三批验证生产任务的梳理	（1）岗位工作计划全面合理，明确三批验证的具体生产任务 （2）具有信息检索与处理、统筹协调的能力
工作环境、设备情况、工器具状态的确认	工作环境确认	生产部负责人、操作员工所在工作区域	（1）满足车间工作环境 （2）具有自我管理能力
	工作前设备情况确认	替硝唑氯化钠注射液生产线等	（1）能快速查阅到文件内容 （2）具有自主学习的能力
	生产前工器具状态确认	文件夹、订书机、订书针、WPS Office 软件或 Microsoft Office、A4 打印纸、笔、打印机、计算机等工器具确认	工器具能正常使用

续表

工作环节	工作内容	操作方法及说明	质量标准
实施计划	生产计划拟定	（1）生产部参与验证人员的职责 （2）生产部参与验证人员的确认 （3）人员培训	（1）职责正确 （2）人员培训到位 （3）具有理解与表达、信息检索与处理、统筹协调、解决问题的能力
	清场	"6S"概念	（1）一体化工作站干净，工器具摆放整齐 （2）具有规则意识
合格品的交付	交付合格品	（1）交接合格品 （2）填写交接记录	（1）合格品应符合文件管理要求 （2）完成合格品的交接，具有自我管理、交往与合作的能力

【问题情境一】

某药品生产企业因人事调动要重新确立一名生产管理负责人，应具备哪些资质？

解答： 生产管理负责人应当至少具有药学或相关专业本科学历（或中级专业技术职称或执业药师资格），具有至少三年从事药品生产和质量管理的实践经验，其中至少有一年的药品生产管理经验，接受过与所生产产品相关的专业知识培训。

【问题情境二】

某制药企业对一车间的操作员工进行了专门培训，专门培训主要是指什么？

解答： 专门培训主要是指职业危害、个人职业安全防护、应急处理等方面的知识和工作技能的培训。

【问题情境三】

某注射剂生产车间一操作工人需进入B级洁净区，在更衣时不慎将无菌服掉落在地，应如何处理？

解答： 已经落地的无菌服已被污染，不得再穿上进入注射剂车间。应将此洁净服装入原袋中，挂贴"待清洗"标示或放入"待清洗"整理箱内。该操作工需重新进行手部消毒，另取新的无菌服，按人员进入B级洁净区的标准操作规程进行更衣、消毒后再进入注射剂车间。

五、学习结果评价

序号	评价内容	评价标准	评价结果(是/否)
1	学习任务书解读	（1）能解读任务书，解读文件工艺规程、操作规程等 （2）具有交往与合作和自主学习能力	
2	生产任务的梳理	（1）能明确三批验证生产任务 （2）具有信息检索和信息处理能力	

序号	评价内容	评价标准	评价结果（是/否）
3	工作环境确认	（1）能确认生产部负责人、操作员工所在工作区域的环境要求 （2）具有语言表达能力	
4	工作前设备情况确认	（1）能确认替硝唑氯化钠注射液生产线等的设备生产能力 （2）具备质量意识	
5	生产前工器具状态确认	（1）能确认文件修订所需的 WPS Office 软件或 Microsoft Office、计算机、打印机等能正常使用 （2）具有统筹协调能力	
6	生产计划拟定	（1）生产部参与验证人员的职责 （2）生产部参与验证人员的确认 （3）人员培训 （4）具有理解与表达、信息检索与处理、统筹协调、解决问题的能力	
7	清场	（1）能对一体化工作站进行清场 （2）具有规则意识	
8	交付合格品	（1）能准确交付合格品 （2）具有自我管理能力、交往与合作的能力	

六、课后作业

1. 制药企业中生产管理负责人的主要职责有哪些？

2. 某制药企业一操作员工发现自己有明显病症，请问他该如何处理？

二维码D-1-4

项目D-2　制剂技术与培训指导

任务D-2-1　能完成入职培训

一、核心概念

1. 入职培训

入职培训是指员工刚进入组织后接受的培训，是员工从组织外部融入组织内部、成为组织一员的过程。

2. 培训计划

培训计划是按照一定的逻辑顺序排列的记录，它是从组织的战略出发，在全面、客观的培训需求分析基础上做出的对培训时间、培训地点、培训者、培训对象、培训方式和培训内容等的预先系统设定。

二、学习目标

1. 能正确解读新进人员培训任务单，具备自主学习、信息检索与处理能力。

2. 能按照新进人员实际情况，制订培训计划，具有创新思维，具备理解与表达、统筹协调能力和效率意识。

3. 能按照新进人员培训计划要求，完成培训前的准备工作，具备责任意识和时间意识。

4. 能按照新进人员培训计划要求，完成新进人员的培训工作，具备理解与表达、交往与合作能力，具备自我管理、解决问题能力，具备环保意识、GMP 意识、安全意识、"6S" 管理意识。

5. 能按照培训计划，完成新进人员中期考核和不定期考核，具有质量意识。

6. 能按照培训计划和企业用人要求，完成新进人员终期综合考核，具有责任意识。

7. 具备社会主义核心价值观、工匠精神、劳动精神和劳模精神等思政素养。

三、基本知识

1. 新员工入职培训的目的

（1）降低员工流失率 企业的培训工作做得越好，新员工越愿意留下来为企业工作，从而使得企业在获得自己所需要的人才同时，也节约了多次培训的成本和二次招聘的费用。

（2）减少新员工适应岗位的时间 为使新员工尽快适应工作，以便节省时间，降低工作中的失误率，就可以通过安排培训活动把新员工需要的工作以及公司的规章制度等都告诉新员工，从而使公司效率能得到相应提高。

（3）展现清晰的职位特征及组织对个人的期望 企业要告知新员工自己所在职位的工作内容，以及企业对他的期望，起到激发其工作热情的作用。

（4）增强企业的稳定程度 积极有效的新员工入职培训可以降低企业的人员流失率，使新员工对企业产生信赖感，愿意为企业的发展贡献出自己的力量。

（5）使新员工融入企业文化 企业文化本身包括了理念文化、制度文化、行为文化和物质文化等方面的内容，它是公司员工长期积累并得到大家认可的价值观和行为体系。将公司的文化传授给新员工，可以使他们对公司的各个方面都有一个较全面的了解，快速融入公司。

2. 新员工入职培训的内容

（1）岗位知识培训 包括企业的发展状况、规章制度、组织结构、人员构成、基本礼仪、职位说明等。基本知识培训有利于理解概念，增强对新环境的适应能力。新员工只要听一次讲座或看一本书，就可能获得相应知识，简单易行，但学后容易忘记。如果培训仅停留在这一层次上，效果是难以保证的。

（2）技能培训 包括业务知识与技能、业务流程培训。因为抽象的书本知识不可能立即适应具体的操作。即使新员工进入企业时就已拥有了优异的工作技能，他们也必须通过培训了解本企业运作中的一些差别。

（3）素质培训 包括企业价值观、企业文化、人际关系方面。这是入职培训的最高层次。员工有了正确的价值观和良好的思维习惯，工作起来就能得心应手，彻底地融入企业经营活动中，同时还能为企业树立良好的社会形象，另外自身也会得到很好的发展。

3. 常用的培训方法

（1）讲授法 这是最基本的培训方法，就是讲师按准备好的讲义、课件向学员进行讲授的一种方法。

（2）演示法 就是讲师将某项技能操作的方法向学员进行演示，以便让学员从操作方法上可以掌握。

（3）角色扮演法 就是讲师安排 2～3 名学员扮演不同的角色完成某项活动，学员可以进行点评，从中学习的过程。

（4）小组讨论法　就是讲师设置某个问题，各个小组进行讨论的一种方法。

（5）游戏法　在培训的开场，为了活跃气氛，讲师可以采用游戏。讲解某个知识点的时候，讲师也可以采用游戏的方式进行展示。

（6）案例分析法　这是运用非常多的培训方法，就是讲师提前设计好一些案例分析内容，并引导学员进行讨论、分析。

（7）操作法　针对一些技能型的培训内容，这是最合适的一种培训方法。

4. 培训计划实施的相关知识

（1）明确任务、要求、组织责任，确定培训人员要求及数量，明确报名手续。

（2）根据培训的目的和要求，选择培训内容、培训项目。

（3）制订培训方法　培训方法主要包括课堂讲授法、演示法、角色扮演法、案例分析法、现场实操法等。不同的培训项目应选择适合的培训方法，或采用几种培训方法相结合的方式。

（4）根据培训对象、培训费用等具体情况，选择适合人员担任培训教师。

（5）做好培训准备工作，包括培训场所、设备、环境准备及安全保障等。

（6）安排培训课表，明确培训地点、时间和培训项目。

四、能力训练

（一）操作条件

① 人员：理论与实操讲授由公司管理与技术人员及一线优秀操作人员担当，新进人员经考核合格后方可上岗。

② 设备、器具：对应岗位所需的生产操作设备、多媒体设备等。

③ 原辅料：对应岗位所需的原辅料，视情况而定。

④ 资料：《中华人民共和国药典》（2020年版）、《药品生产质量管理规范》、培训任务单、培训计划表、培训大纲、各岗位相关的管理文件、附件1培训任务单、附件2培训计划的具体内容、附件3模块化课程的培训大纲、附件4指导质量考核标准的评分细则等。

⑤ 环境：药物制剂一体化工作站。

（二）安全及注意事项

1. 培训过程中应注意个体差异，适时检验新进人员掌握情况，从而更好地达到培训目的。

2. 各岗位操作注意事项应详细讲述，如颗粒剂生产岗位应加强通风，尽量降低粉尘浓度。

3. 培训过程中应按各岗位操作要求严格执行一切生产操作活动。

4. 培训过程中注意设备操作安全、水电安全、消防安全。

5. 培训结束后按清场要求完成设备、场地的清场工作；培训用仪器、设备及时归位。

（三）操作过程

工作环节	工作内容	操作方法及说明	质量标准
下达入职培训任务	入职培训任务单解读	现场交流法,明确培训任务	（1）正确解读入职培训任务单的培训内容、培训时间、考核方式等 （2）具有交往与合作的能力
制订入职培训计划	入职培训要点及所需的设备材料	资料查阅法,培训计划的编制	（1）入职培训计划全面合理,明确培训要点和质量标准 （2）具有自主学习、自我管理、信息检索与处理能力和实践意识
培训前工作环境、设备情况、工器具状态的确认	培训前工作环境确认	根据各岗位要求检查,如颗粒剂生产,应检查温度、湿度、压差。生产前工作环境要求（温度、湿度、压差）:D级洁净区,温度18~26℃,相对湿度45%~65%,压差应不低于10Pa 检查清场合格证,检查操作室地面,工具是否干净、卫生、齐全;确保生产区域没有上批遗留的产品、文件或与本批生产无关的物料 培训场地能容纳所需培训的新进人员,光照明亮,并配备相应的多媒体教学设备及空气调节器等设施	（1）培训场地符合各岗位生产要求 （2）具有交往与合作能力
	培训前设备情况确认	根据各岗位要求进行确认。如使用高速搅拌制粒工艺进行颗粒剂生产时,应确认粉碎机、振荡筛、槽型混合机、自动料斗提升混合机、三维运动混合机、高速湿法混合制粒机、摇摆式制粒机、热风循环烘箱、整粒机、袋包机、外包装生产线的状态标识牌、清场合格证;检查电子天平、快速水分测定仪、减压干燥器的校验有效期 检查多媒体设备、音响等是否能正常运行	（1）能按照培训计划的要求,完成培训所需设备的准备,达到实施培训的环境设备要求 （2）具备交往与合作能力和安全意识
	培训前工器具状态确认	根据各岗位要求进行确认。如使用高速搅拌制粒工艺进行颗粒剂生产时,应进行运输车、无菌手套、物料铲、物料桶、物料袋、标准筛、扳手、螺丝刀、清洁工具、清洁毛巾、称量勺、取样器、称量瓶、电子秤、负压称量罩、标准筛的状态标识确认	（1）能正确识别工器具状态标识牌 （2）具有责任意识

工作环节	工作内容	操作方法及说明	质量标准
实施计划	理论讲授	讲述各岗位操作时所需掌握的理论知识,如在讲述使用高速搅拌制粒工艺进行颗粒剂生产时,应讲解颗粒剂、湿法制粒、黏合剂、高速搅拌制粒的概念,湿法制粒的常用辅料、制粒的目的、颗粒剂的特点等理论知识	(1)根据各岗位视情况而定 (2)具备自主学习、理解与表达、信息检索与处理能力
	实操演示	演示各岗位操作时所需掌握的实践技能,如在培训使用高速搅拌制粒工艺进行颗粒剂生产时,应演示原辅料的准确称量,原辅料的粉碎、过筛、混合,颗粒剂的制粒、干燥、整粒、总混、包装,清洁清场,质检等项目	(1)根据各岗位视情况而定 (2)具备GMP意识、成本意识,具备理解与表达能力
	中期考核+不定期考核	在理论与实操讲述与演示过后,可进行中期考核或随机抽取若干名学员进行考核,检验掌握情况,因材施教	(1)理论测试或实操某一模块演示,检验是否掌握,能按要求完成操作 (2)具备时间意识、交往与合作能力
终期综合考核	进行终期综合考核考核	(1)采用理论+实操的方式进行终期综合考核 (2)按要求整理培训资料并存档	(1)能按要求完成各岗位的考核任务,入职后能独立完成岗位工作 (2)具备效率意识与创新思维

【问题情境一】

在给新进人员培训如何使用高速搅拌制粒工艺进行颗粒剂生产时,可给学员培训哪些内容,从而让新进人员能迅速适应岗位要求,投入工作?

解答: 在给新进人员培训使用高速搅拌制粒工艺进行颗粒剂生产时,可给学员培训一些核心概念,如颗粒剂、湿法制粒、黏合剂、高速搅拌制粒的定义;湿法制粒的常用辅料、制粒的目的、颗粒剂的特点;粉碎过筛、混合、称量的操作流程和要点及注意事项;操作过程中所需的各种设备及操作要点;还需讲解GMP相关知识以及岗位操作要点等。

【问题情境二】

在给新进人员培训如何使用高速搅拌制粒工艺进行颗粒剂生产时,部分学员表示操作演示部分有些内容未能跟上,不能很好的理解,针对这一现象应如何操作?

解答: 在演示过程中可适当放慢速度,为使培训对象看清楚演示的内容,要适当放慢示范速度,这样才能收到好的效果;分解演示,将操作过程分为几个步骤来演示,先做什么、后做什么,分步演示,如高速湿法混合制粒机的参数设置、高速湿法混合制粒机的使用方法等;重复演示,一次演示不一定能使培训对象理解,如有必要,要重复演示;重点演示,对关键操作重点演示,如颗粒的粒度大小调整等;边演示边讲解,在演示时,要讲清楚操作的意义、特点、步骤和注意事项，并指导学生观察，讲解过程中，语言要生动、简练、恰当。

【问题情境三】

按照培训计划，今日应给新进人员讲解湿法制粒所需的相关设备，为给学员营造更直观的学习环境，培训小组决定将学员带到固体制剂二车间进行现场学习，进入车间，需注意哪些内容？

解答： 应对需要进入 D 级洁净区的新进人员进行理论培训、现场培训，车间管理人员应对需要进入的人员进行现场指导、示范，现场指导、示范的内容主要为更衣及更鞋的程序、洗手设施的使用、消毒设施的使用、更衣的规范性；在进入过程中，应确保两侧的门不得同时打开；在洁净室内走动时，动作宜轻缓，不可奔跑，以免影响层流及产生大量微尘，同时，洁净区的总人数不得超过该洁净区规定的人数，如遇人数较多，可分批带入。

五、学习结果评价

序号	评价内容	评价标准	评价结果(是/否)
1	入职培训任务单解读	（1）能解读培训任务单，解读任务的培训时间、考核方式等内容 （2）具有信息分析和自主学习能力	
2	入职培训要点及所需的设备材料	（1）能编制培训计划、培训大纲等 （2）具有信息检索与处理能力	
3	培训前工作环境确认	（1）能确认生产前工作环境 （2）具有交往与合作能力	
4	培训前设备情况确认	（1）能正确确认设备的情况 （2）具有质量为本意识	
5	培训前工器具状态确认	（1）能正确识别生产前工器具的状态 （2）具有 GMP 管理意识和质量为本意识	
6	理论讲授	（1）能讲授各岗位操作所需的理论知识 （2）具有理解与表达能力	
7	实操演示	（1）能演示各岗位操作时所需掌握的实践技能 （2）具有 GMP 意识	
8	中期考核＋不定期考核	（1）能在培训中期或任意时间完成考核，掌握所需的理论知识与实践技能 （2）具备时间意识和交往与合作能力	
9	进行终期综合考核考核	（1）能在培训结束后按要求完成各岗位的考核任务，入职后能独立完成岗位工作 （2）具备效率意识与创新思维	

六、课后作业

1. 为更好的达到培训效果，除上述举例的培训方法外，还可以使用哪些培训方法？

2. 培训过程中遇高速搅拌混合制粒机出现故障，应如何处理？

二维码D-2-1

任务D-2-2　能完成岗位培训与指导

一、核心概念

岗位培训

岗位培训是指对从业人员进行以提高本岗位需要的工作能力或生产技能为重点的教育活动。

二、学习目标

1. 能正确解读组内人员培训与指导任务单，具备自主学习、信息检索与处理能力。

2. 能按照组内人员实际情况，制订培训计划，具有创新思维，具备理解与表达、统筹协调能力和效率意识。

3. 能按照培训计划要求，完成培训前的准备工作，具备责任意识和时间意识。

4. 能按照培训计划要求，完成组内人员的培训与指导工作，具备理解与表达、交往与合作能力，具备自我管理、解决问题能力，具备环保意识、GMP意识、安全意识、"6S"管理意识。

5. 能按照培训计划，完成组内人员中期考核和不定期考核，具有质量意识。

6. 能按照培训计划和企业用人要求，完成组内人员终期综合考核，具有责任意识。

7. 具备社会主义核心价值观、工匠精神、劳动精神和劳模精神等思政素养。

三、基本知识

1.培训讲义的编写原则

（1）培训内容应符合培训目标要求，适当结合新技术、新工艺、新材料、新设备的生产应用，内容由深入浅，具有条理性和系统性。

（2）结合本职业在生产技术和质量方面存在的问题进行分析，并提出解决的方法。

（3）培训讲义的文字叙述应生动，能吸引学员的注意力。

2.培训讲义的编写步骤

（1）明确培训的等级、内容、目标和要求。

（2）认真研究，理解培训内容和有关技术资料，确定培训的方法、时间、场地等。

（3）根据培训内容和要求，编写培训讲义的教学顺序、内容以及所需的教具、工具、器材等。

3. 培训讲义编写格式

（1）标题　应包括培训时间、培训地点、培训对象、培训方式、培训场地或培训教室。

（2）培训名称、培训目的　培训名称反映本次培训的工作任务，培训目的是学员通过培训所获得的知识点和技能点的目标。

（3）培训内容　应把培训所涉及的知识点和技能点的全部内容一一列出。

（4）培训材料和仪器　对培训所用的材料要写清其来源及规格、浓度、配制方法和配制人。对实验仪器要写明其生产厂家、型号、生产序号等常用指标。

（5）岗位职责和标准操作规程　要按照 GMP 制定的具体岗位的职责和标准操作规程进行培训。

（6）培训记录及结果　将培训中的操作步骤、数据进行如实规范记录，培训结束后进行整理、计算和分析，得出相应的结果。最常用图表法来表示结果，这样可使结果清楚明了。

（7）总结讨论　是对整个培训过程、培训结果的总结、分析。对得到的正常结果和出现的异常现象以及教师提出的思考题的探讨、研究，得出结论。

（8）培训考核　一般分为理论知识考核和岗位技能操作考核两部分内容，根据不同培训目标按一定比例出题进行笔试和现场操作考核。

4. 案例分析

案例分析法又称为案例分析或案例研讨法，是一种体验式指导方法。案例分析法是指以实际工作中出现的问题作为案例，交给学员研究、分析、评价所采取的行动，指出正确的行为，并提出其他可能的处理方式，以此培养学员们的分析能力、判断能力、解决问题及执行业务能力等。

四、能力训练

（一）操作条件

① 人员：主要由公司技术主管、班组长等对组内人员完成培训和考核。

② 设备、器具：多媒体设备、会议室、压片机、工具箱（含装拆和紧固工具等）、毛巾（清洁和抹布用）、油壶、毛刷、签字笔、洁净服、物料铲、物料桶、物料袋等。

③ 原辅料：淀粉、微晶纤维素、糊精、糖粉、乳糖等。

④ 资料：《药品生产质量管理规范》、企业内部人员培训标准、考勤表、企业内部培训资料、理论考题、压片机使用说明书、压片机操作 SOP、压片机日常检定与维护 SOP、考核记录表、附件 1 培训任务单、附件 2 培训计划的具体内容、

附件 3 模块化课程的培训大纲、附件 4 指导质量考核标准的评分细则、附件 5 片剂制备培训讲义等。

⑤ 环境：药物制剂一体化工作站。

（二）安全及注意事项

1. 培训过程中应注意个体差异，适时检验组内人员掌握情况，从而更好地达到培训目的。

2. 岗位操作注意事项应详细讲述，如严禁女生将长发裸露在外，防止卷入机器。

3. 培训过程中应按各岗位操作要求严格执行一切生产操作活动。

4. 培训过程中注意设备操作安全、水电安全、消防安全。

5. 培训结束后按清场要求完成设备、场地的清场工作；培训用仪器、设备及时归位。

（三）操作过程

工作环节	工作内容	操作方法及说明	质量标准
下达组内人员培训任务	组内人员培训任务单解读	现场交流法,明确培训任务	(1)正确解读培训任务单的培训内容、培训时间、考核方式等 (2)具有交往与合作的能力
制订培训计划	组内人员培训要点及所需的设备材料	资料查阅法,培训计划的编制	(1)培训计划全面合理,明确培训要点和质量标准 (2)具有自主学习、自我管理、信息检索与处理能力和实践意识
培训前工作环境、设备情况、工器具状态的确认	培训前工作环境确认	应检查温度、湿度、压差。生产前工作环境要求(温度、湿度、压差): D级洁净区,温度18~26℃,相对湿度45%~65%,压差应不低于10Pa 检查清场合格证,检查操作室地面,工具是否干净、卫生、齐全;确保生产区域没有上批遗留的产品、文件或与本批生产无关的物料 培训场地能容纳所需培训的所有人员,光照明亮,并配备相应的多媒体教学设备及空气调节器等设施	(1)培训场地符合各岗位生产要求 (2)具有交往与合作能力
	培训前设备情况确认	应确认旋转式压片机、筛片机、硬度仪、脆碎仪的状态标识牌、清场合格证;检查电子天平有效期 检查多媒体设备、音响等是否能正常运行	(1)能按照培训计划的要求,完成培训所需设备的准备,达到实施培训的环境设备要求 (2)具备交往与合作能力和安全意识

工作环节	工作内容	操作方法及说明	质量标准
培训前工作环境、设备情况、工器具状态的确认	培训前工器具状态确认	应进行工具箱(含装拆和紧固工具等)、毛巾(清洁和抹布用)、油壶、毛刷、洁净服、物料铲、物料桶、物料袋等的状态标识确认	(1)能正确识别工器具状态标识牌 (2)具有责任意识
实施计划	理论讲授	应讲解片剂、黏合剂、直接混合压片等的概念,以及片剂的常用辅料、片剂的特点、压片机的使用原理等理论知识	(1)掌握运用旋转式压片机进行片剂生产所需要运用的理论知识 (2)具备自主学习、理解与表达、信息检索与处理能力
	实操演示	应演示旋转式压片机、硬度仪、脆碎仪等的使用,以及片剂生产、清洁清场、质检等项目	(1)掌握压片操作流程及注意事项 (2)具备 GMP 意识、成本意识,具备理解与表达能力
	中期考核＋不定期考核	在理论与实操讲述与演示过后,可进行中期考核或随机抽取若干名学员进行考核,检验掌握情况,因材施教	(1)理论测试或实操某一模块演示,检验是否掌握,能按要求完成操作 (2)具备时间意识、交往与合作能力
终期综合考核	进行终期综合考核考核	(1)采用理论＋实操的方式进行终期综合考核 (2)按要求整理培训资料并存档	(1)能按要求完成各岗位的考核任务,入职后能独立完成岗位工作 (2)具备效率意识与创新思维

【问题情境一】

在进行实操演示过程中,出现了叠片的现象,请问该如何处理?

解答: 叠片指两片叠成一片,同于黏冲或上冲卷边等原因致使黏在上冲,此时颗粒填入模孔中又重复压一次成叠片;或由于下冲上升的位置太低,不能及时将片剂顶出,而同时又将颗粒加入模孔内重复加压而成。压成叠片使压片机易受损伤,应解决黏冲的问题和与冲头配套,改进装冲模的精确性,排除压片面故障。

【问题情境二】

在进行个人中期考核时,小红发现小丁在完成压片机装机后直接投入物料开始生产,请问小丁的做法是否正确。

解答: 小丁的做法是错误的。设备安装完成后,应进行空车试机运行,检查设备是否能正常运行,如若不能正常运行,直接投入物料,将造成浪费,严重时,还可造成设备故障。

【问题情境三】

实操演示结束后，发现本批次片剂出现油斑的现象，请问该如何处理？

解答： 出现这种情况一般是压片时油污由上冲落入颗粒中产生油斑，需清除油污，并在上冲套上橡皮圈防止油污落入。

五、学习结果评价

序号	评价内容	评价标准	评价结果(是/否)
1	组内人员培训任务单解读	（1）能解读培训任务单，解读任务的培训时间、考核方式等内容 （2）具有信息分析和自主学习能力	
2	培训要点及所需的设备材料	（1）能编制培训计划、培训大纲等 （2）具有信息检索与处理能力	
3	培训前工作环境确认	（1）能确认生产前工作环境 （2）具有交往与合作能力	
4	培训前设备情况确认	（1）能正确确认设备的情况 （2）具有质量为本意识	
5	培训前工器具状态确认	（1）能正确识别生产前工器具的状态 （2）具有GMP管理意识和质量为本意识	
6	理论讲授	（1）能讲授使用旋转式压片机进行片剂生产时所需的理论知识 （2）具有理解与表达能力	
7	实操演示	（1）能演示使用旋转式压片机进行片剂生产时所掌握的各项技能 （2）具有GMP意识	
8	中期考核+不定期考核	（1）能在培训中期或任意时间完成考核，掌握所需的理论知识与实践技能 （2）具备时间意识和交往与合作能力	
9	进行终期综合考核考核	（1）能在培训结束后按要求完成各岗位的考核任务，能独立生产出合格的片剂 （2）具备效率意识与创新思维	

六、课后作业

1. 培训结束时，部分学员表示旋转式压片机的操作原理较复杂，一时未掌握，可采取哪些方法来帮助学员们更好的掌握？

2. 培训过程中遇旋转式压片机出现故障，应如何处理？

二维码D-2-2

任务D-2-3　能完成工艺培训与指导

一、核心概念

工艺

工艺是指利用工具和设备对原材料、半成品进行技术处理，使之成为产品的方法。

二、学习目标

1. 能正确解读车间人员工艺培训任务单，具备自主学习、信息检索与处理能力。

2. 能按照车间人员实际情况，制订培训计划，具有创新思维，具备理解与表达、统筹协调能力和效率意识。

3. 能按照车间人员工艺培训计划要求，完成培训前的准备工作，具备责任意识和时间意识。

4. 能按照车间人员工艺培训计划要求，完成车间人员工艺培训工作，具备理解与表达、交往与合作能力，具备自我管理、解决问题能力，具备环保意识、GMP 意识、安全意识、"6S"管理意识。

5. 能按照车间人员工艺培训计划，完成车间人员中期考核和不定期考核，具有质量意识。

6. 能按照车间人员工艺培训计划和企业用人要求，完成车间人员终期综合考核，具有责任意识。

7. 具备社会主义核心价值观、工匠精神、劳动精神和劳模精神等思政素养。

三、基本知识

1. 工作指导

由岗位技术能手、车间主管或班组长对生产人员进行一对一的指导。

2. 实物示教法

指教师通过实物的操作演示，实现对学员技能操作步骤和要领掌握情况的检查、纠错修正，并演示正确操作方法的一种教学方法。

3. 糖衣包衣时常见的问题及解决措施

（1）衣层色泽不均匀或产生花斑　色素如靛蓝、胭脂红等含有盐类杂质易产生片衣花斑及吸潮而加速片剂的破坏；包粉层时，撒粉不匀或不按操作规程、温度过高可造成粉层不平，片面上出现凸起和凹陷，上色浆时凹陷部分和凸出部分附着色浆不均匀造成花斑；色衣层干燥掌握不好，粉底层潮湿，在包色层后水分外渗造成深浅不匀的花斑；加入色浆过量过少或衣层干燥太快、片面着色不匀等都可出现花斑。

已发生花斑、色浅的品种，可以用有色糖浆多包几次，并注意控制温度；色深品种或花斑严重者洗片后返工，具体操作为：先用热水清洗掉蜡粉及适量的糖层，再快速用95%乙醇过一遍，视情况包混浆或直接上净糖层后再上色、打光。

（2）片面裂纹或麻点

① 包粉衣层到糖衣层过程中滑石粉减量过快。粉衣层和糖衣层、色衣层的含滑石粉量逐渐由高向低过渡，使粉衣层、糖衣层和色衣层之间热胀冷缩的变化程度比较接近。

② 温度太高，干燥过快，析出糖的结晶使片面留有裂缝。宜控制干燥温度与干燥程度。

③ 包色衣层时有色糖浆加入0.5%甘油。适量浓度甘油能起防冻作用，增加片衣湿润性，防止蔗糖在干寒气候条件下以微小结晶析出。

④ 适当增加粉衣层明胶用量（明胶用量为8%），以增强糖衣片粉衣层凝聚力，使之大于素片受热胀冷缩因素影响产生的膨胀力或收缩力从而降低裂片。

⑤ 酸性药物与滑石粉中的碳酸盐反应。对于酸性药物应使用不含碳酸盐的滑石粉，或不使用滑石粉。

4. 薄膜衣包衣时常见的问题及解决措施

（1）碎片粘连或剥落　喷浆太快，未能及时干燥，违反了溶剂蒸发平衡原则而使片相互粘连。出现个别粘连情况时，将粘连者剔除后适当降低包衣液喷量，提高热风温度，加快锅的转速等；对于普遍出现的情况，需洗除、剥落、干燥后重新包衣。

（2）起皱或"橘皮"现象　干燥不当、包衣液喷雾压力低而使喷出的液滴形成的衣膜尚未铺展均匀即被干燥，造成衣膜出现波纹。应控制蒸发速率，提高喷雾压力，遵守层层干燥，层层上衣原则。

（3）起泡或桥接　片面产生气泡或刻字片上的衣膜标志模糊，表明膜材料与片心之间的附着力下降，留有空间，前者称为起泡，后者称为桥接。解决措施为改进包衣浆配方，提高衣膜与片心表面的黏着力，亦可适当加入增塑剂提高衣膜的塑性；包衣时放慢包衣喷速，降低干燥温度，延长干燥时间，同时应注意控制好热风温度。

（4）色斑或起霜　色斑是可溶性着色剂在干燥过程中迁移到表面而不均匀分布引起的斑纹；起霜是有些增塑剂或组成中有色物在干燥过程中迁移到包衣表面，呈灰暗色且不均匀的现象。多数是由于热风湿度过高、喷程过长、雾化效果差引起的。此时应适当降低温度，缓慢干燥；缩短喷程，提高雾化效果。

有色物料在包衣浆中分布不均匀，亦会出现色斑现象。应充分混匀后包衣。

（5）出汗　出汗是衣膜表面有液滴或呈油状薄膜。如因包衣溶液的配方不当，应重新调整配方予以克服；如因包衣速度过快（即喷速太快）、雾化气压低、热风温度忽高忽低、片床温度太低、包衣液固含量太高等，应调节包衣喷速和雾化气压、控制好片床温度、降低包衣液固含量。

5. 包衣设备常见故障的判断与处理

（1）拖轮、卡轮及磨损　螺丝脱落和轴承坏死造成卡轮，表面尼龙磨损造成滚轮跳动。应及时检修更换拖轮。

（2）喷枪支架下挂　在长期的使用中，安装有喷枪支架的圆门门轴出现了倾斜，造成整个喷枪支架下挂，影响喷枪和药品表面的距离。而且，由于喷枪支架倾斜导致圆门不能有效关闭，直接影响包衣机腔体内的负压。应及时检修更换圆门的门轴，调整喷枪支架。

（3）喷枪堵塞　喷枪或喷枪气路设计上存在缺陷。在操作过程中应及时清枪或更换喷枪。

（4）喷枪脉冲　一般由蠕动泵引起。可增加蠕动泵出口的管路长度、增加调节结构等措施解决。

四、能力训练

（一）操作条件

① 人员：实操演示应由公司管理与技术人员、一线优秀操作人员或班组长担当，包衣岗位工作人员经考核合格后方可上岗。

② 设备、器具：多媒体设备、包衣机、电子天平等。

③ 原辅料：空白片剂、微丸、羟丙基甲基纤维素、邻苯二甲酸醋酸纤维素、乙基纤维素、蔗糖等。

④ 资料：《中国药典》（2020年版）、《药品生产质量管理规范》、企业内控标准、生产记录表、质量记录表、质量检验反馈单、设备使用记录表、包衣岗位标准操作规程、混合充填岗位标准操作规程、清场操作规程、包衣岗位检验操作规程、培训指令单、培训计划、培训教材、附件1培训任务单、附件2培训计划的具体内容、附件3模块化课程的培训大纲、附件4指导质量考核标准的评分细则、附件5片剂包衣培训讲义等。

⑤ 环境：药物制剂一体化工作站。

（二）安全及注意事项

1. 培训过程中应注意个体差异，适时检验培训对象的掌握情况，从而更好地达到培训目的。

2. 各岗位操作注意事项应详细讲述，如应在指导后使用包衣机，不可盲目调整参数等。

3. 培训过程中应按各岗位操作要求严格执行一切生产操作活动。

4. 培训过程中注意设备操作安全、水电安全、消防安全。

5. 培训结束后按清场要求完成设备、场地的清场工作；培训用仪器、设备及时归位。

（三）操作过程

工作环节	工作内容	操作方法及说明	质量标准
下达车间人员工艺培训任务	车间人员工艺培训任务单解读	现场交流法，明确培训任务	（1）正确解读车间人员工艺培训任务单的培训内容、培训时间、考核方式等 （2）具有交往与合作的能力
制订车间人员工艺培训计划	车间人员工艺培训要点及所需的设备材料	资料查阅法，培训计划的编制	（1）车间人员工艺培训计划全面合理，明确培训要点和质量标准 （2）具有自主学习、自我管理、信息检索与处理能力和实践意识
培训前工作环境、设备情况、工器具状态的确认	培训前工作环境确认	应检查温度、湿度、压差。生产前工作环境要求（温度、湿度、压差）：D级洁净区，温度18～26℃，相对湿度45%～65%，压差应不低于10Pa 检查清场合格证，检查操作室地面，工具是否干净、卫生、齐全；确保生产区域没有上批遗留的产品、文件或与本批生产无关的物料 培训场地能容纳所需培训的新进人员，光照明亮，并配备相应的多媒体教学设备及空气调节器等设施	（1）培训场地符合各岗位生产要求 （2）具有交往与合作能力
	培训前设备情况确认	应确认包衣机的状态标识牌、清场合格证；检查电子天平的校验有效期 检查多媒体设备、音响等是否能正常运行	（1）能按照培训计划的要求，完成培训所需设备的准备，达到实施培训的环境设备要求 （2）具备交往与合作能力和安全意识
	培训前工器具状态确认	根据各岗位要求进行确认。如使用高速搅拌制粒工艺进行颗粒剂生产时，应进行洁净服、物料铲、物料桶、物料袋、筛网、扳手、螺丝刀、清洁工具、清洁毛巾、药匙、称量瓶、药筛、小刷子、镊子的状态标识确认	（1）能正确识别工器具状态标识牌 （2）具有责任意识

工作环节	工作内容	操作方法及说明	质量标准
实施计划	理论讲授	应讲解片剂包衣的目的、包衣方法与设备、包衣工艺、肠溶衣片包衣方法等理论知识	(1)掌握执行包衣任务时所需的理论知识 (2)具备自主学习、理解与表达、信息检索与处理能力
	实操演示	应演示包衣材料的准确称量、包衣机的正确使用、包衣机的参数调整、包衣机的清洁清场等项目	(1)掌握包衣操作流程及注意事项 (2)具备 GMP 意识、成本意识,具备理解与表达能力
	中期考核＋不定期考核	在理论与实操讲述与演示过后,可进行中期考核或随机抽取若干名学员进行考核,检验掌握情况,因材施教	(1)理论测试或实操某一模块演示,检验是否掌握,能按要求完成操作 (2)具备时间意识、交往与合作能力
终期综合考核	进行终期综合考核考核	(1)采用理论＋实操的方式进行终期综合考核 (2)按要求整理培训资料并存档	(1)能按要求完成各岗位的考核任务,入职后能独立完成岗位工作 (2)具备效率意识与创新思维

【问题情境一】

现有一批片剂,需包肠溶衣,请你用滚转包衣法给组内其他学员做演示。

解答: 片芯先包粉衣层,到无棱角时,加入肠溶衣液包肠溶衣到适宜厚度,最后再包数层粉衣层及糖衣层,以免在包装运输过程中肠衣受到损坏。包衣液和撒粉操作最好采用喷雾法,以保证衣层均匀、厚薄一致。应用醋酸纤维素酞酸酯和丙烯酸树脂类包肠溶衣时,也可不包粉衣层而直接包成透明的肠溶薄膜衣。

【问题情境二】

现有一批片剂需用蔗糖为主要包衣物料进行包衣。小何记得班组长在给车间人员进行工艺培训时,讲述了包衣工艺的知识,但小何对该知识点有点遗忘,请帮小何回忆一下该批片剂包衣完成后是糖衣片还是薄膜衣片?

解答: 是糖衣片。糖衣片是指以蔗糖为主要包衣物料的包衣片;而薄膜衣是指在片芯外面包上一层比较稳定的高分子成膜材料,膜层较薄,故称薄膜衣。

【问题情境三】

在培训过程中,班组长给车间人员进行了包衣操作的演示,但发现该批产品出现"出汗"的现象,请大家集思广益,一起在班组长的带领下解决该问题。

解答: 如因包衣溶液的配方不当,应重新调整配方予以克服;如因包衣速度过快(即喷速太快)、雾化气压低、热风温度忽高忽低、片床温度太低、包衣液固含量太高等,应调节包衣喷速和雾化气压、控制好片床温度、降低包衣液固含量。

五、学习结果评价

序号	评价内容	评价标准	评价结果（是/否）
1	车间人员工艺培训任务单解读	（1）能解读培训任务单，解读任务的培训时间、考核方式等内容 （2）具有信息分析和自主学习能力	
2	车间人员工艺培训要点及所需的设备材料	（1）能编制培训计划、培训大纲等 （2）具有信息检索与处理能力	
3	培训前工作环境确认	（1）能确认生产前工作环境 （2）具有交往与合作能力	
4	培训前设备情况确认	（1）能正确确认设备的情况 （2）具有质量为本意识	
5	培训前工器具状态确认	（1）能正确识别生产前工器具的状态 （2）具有GMP管理意识和质量为本意识	
6	理论讲授	（1）能讲授包衣岗位操作所需的理论知识 （2）具有理解与表达能力	
7	实操演示	（1）能演示包衣流程 （2）具有GMP意识	
8	中期考核+不定期考核	（1）能在培训中期或任意时间完成考核，掌握所需的理论知识与实践技能 （2）具备时间意识和交往与合作能力	
9	进行终期综合考核考核	（1）能在培训结束后按要求完成各岗位的考核任务，入职后能独立完成岗位工作 （2）具备效率意识与创新思维	

六、课后作业

1. 简述薄膜衣包衣时常见的问题及解决措施。
2. 培训过程中遇包衣机喷枪支架下挂，应如何处理？

二维码D-2-3

任务D-2-4　能完成综合能力培训与指导

一、核心概念

综合能力

综合能力是指人在思维中把客观对象的各个部分结合成一个有机整体进行考察、认识的技能和本领。

二、学习目标

1. 能正确解读中高级工培训任务单，具备自主学习、信息检索与处理能力。

2. 能按照中高级工实际情况，制订培训计划，具有创新思维，具备理解与表达、统筹协调能力和效率意识。

3. 能按照中高级工培训计划要求，完成培训前的准备工作，具备责任意识和时间意识。

4. 能按照中高级工培训计划要求，完成中高级工的培训工作，具备理解与表达、交往与合作能力，具备自我管理、解决问题能力，具备环保意识、GMP 意识、安全意识、"6S" 管理意识。

5. 能按照中高级工培训计划，完成中高级工中期考核和不定期考核，具有质量意识。

6. 能按照中高级工培训计划和企业用人要求，完成中高级工终期综合考核，具有责任意识。

7. 具备社会主义核心价值观、工匠精神、劳动精神和劳模精神等思政素养。

三、基本知识

1. 指导编写大纲的相关知识

（1）从典型的工作任务出发，基于工作过程，分析中高级工应有的技术水准及能力款项，并从职业知识、职业技能、职业道德三个方面构建指导内容的整体设计框架，提出具体能力单元要素，编写能力单元要素和实作指标项目。

（2）确定单元能力要素和实作指标适用范围。

2. 技能操作指导备课

（1）根据"技能培训指导大纲"，对培训内容有关的材料、资料（工艺流程图）等进行分析研究，以理论知识为指导，层次分明。

（2）依据培训内容，选用合适的培训设备和物料，以保证"技能培训指导"的顺利进行。

（3）按国家职业标准和规范，准确无误地进行演示操作。

（4）依据"中高级工"的素质和以往技能培训指导情况，预测可能出现的问题，做到心中有数，确定指导要点。

3. 实训场地、工具、设备和物料的准备

根据实训项目所需的实训环境条件和实训设备等进行充分的准备，以保证实训训练的正常进行。

（1）培训环境　包括培训场地的空间、培训场地的配套设施、培训环境的整体效果。培训场地的空间是否能容纳所有的学员和所需培训设备；培训场地的配套设施是否齐全，如是否有音响、话筒等电子设备，是否有齐全的后勤保障；培训环境的整体效果是否能够达到培训的需求，比如光线、通风、温度等方面。

（2）培训设备　包括演讲用多媒体设备、实训操作设备、工具、物料等。

4. 示范操作

（1）适当放慢操作速度　为使培训对象看清楚演示的内容，要适当放慢示范速度，这样才能收到好的效果。

（2）分解演示　将操作过程分为几个步骤来演示，先做什么、后做什么，分步演示，如压片机的参数设置、压片机的冲模安装与调试等。

（3）重复演示　一次演示不一定能使培训对象理解，如有必要，要重复演示。

（4）重点演示　对关键操作重点演示，如压片机的片重调节和压力调节等情况。

（5）边演示边讲解　在演示时，要讲清楚操作的意义、特点、步骤和注意事项，并指导学生观察示范过程。讲解过程中，语言要生动、简练、恰当。

四、能力训练

（一）操作条件

① 人员：实操演示应由公司管理与技术人员、一线优秀操作人员或班组长担当。培训结束，参与培训的人员应熟悉 GMP 条款、压片岗位工作流程，熟悉压片机的构造及原理，熟练操作压片机。

② 设备、器具：多媒体设备、电子台秤、硬度计、脆碎仪、分析天平、高速压片机、筛片机等。

③ 原辅料：×× 片颗粒中间品。

④ 资料：《中国药典》（2020 年版）、《药品生产质量管理规范》、企业内控标准、×× 片压片记录、批生产指令单、×× 片生产工艺规程、压片岗位操作规程、×× 片质量检验单、培训指令单、培训计划、培训教材、附件 1 培训任务单、附件 2 培训计划的具体内容、附件 3 模块化课程的培训大纲、附件 4 指导质量考核标准的评分细则、附件 5 片剂制备（中级工）培训讲义等。

⑤ 环境：药物制剂一体化工作站。

（二）安全及注意事项

1. 培训过程中应注意个体差异，适时检验培训对象的掌握情况，从而更好地达到培训目的。

2. 各岗位操作注意事项应详细讲述，如上下冲应区分，防止装反，导致压片机损坏。

3. 培训过程中应按各岗位操作要求严格执行一切生产操作活动，

4. 培训过程中注意设备操作安全、水电安全、消防安全。

5. 培训结束后按清场要求完成设备、场地的清场工作；培训用仪器、设备及时归位。

（三）操作过程

工作环节	工作内容	操作方法及说明	质量标准
下达中高级工培训任务	中高级工培训任务单解读	现场交流法，明确培训任务	（1）正确解读中高级工培训任务单的培训内容、培训时间、考核方式等 （2）具有交往与合作的能力
制订中高级工培训计划	中高级工培训要点及所需的设备材料	资料查阅法，培训计划的编制	（1）中高级工培训计划全面合理，明确培训要点和质量标准 （2）具有自主学习、自我管理、信息检索与处理能力和实践意识
培训前工作环境、设备情况、工器具状态的确认	培训前工作环境确认	应检查温度、湿度、压差。生产前工作环境要求（温度、湿度、压差）：D级洁净区，温度18～26℃，相对湿度45%～65%，压差应不低于10Pa 检查清场合格证，检查操作室地面，工具是否干净、卫生、齐全；确保生产区域没有上批遗留的产品、文件或与本批生产无关的物料 培训场地能容纳所需培训的新进人员，光照明亮，并配备相应的多媒体教学设备及空气调节器等设施	（1）培训场地符合各岗位生产要求 （2）具有交往与合作能力
	培训前设备情况确认	应确认高速压片机、筛片机、硬度仪、脆碎仪的状态标识牌、清场合格证；检查电子天平有效期 检查多媒体设备、音响等是否能正常运行	（1）能按照培训计划的要求，完成培训所需设备的准备，达到实施培训的环境设备要求 （2）具备交往与合作能力和安全意识
	培训前工器具状态确认	应进行工具箱（含装拆和紧固工具等）、毛巾（清洁和抹布用）、油壶、毛刷、洁净服、物料铲、物料桶、物料袋等的状态标识确认	（1）能正确识别工器具状态标识牌 （2）具有责任意识
实施计划	理论讲授	应讲解片剂、黏合剂、崩解剂、填充剂等的概念；片剂的常用辅料、片剂的特点、高速压片机的使用原理等理论知识	（1）掌握执行压片任务时所需的理论知识 （2）具备自主学习、理解与表达、信息检索与处理能力
	实操演示	应演示旋转式压片机、硬度仪、脆碎仪等的使用；片剂生产、清洁清场、质检等项目	（1）掌握压片操作流程及注意事项 （2）具备GMP意识、成本意识，具备理解与表达能力
	中期考核+不定期考核	在理论与实操讲述与演示过后，可进行中期考核或随机抽取若干名学员进行考核，检验掌握情况，因材施教	（1）理论测试或实操某一模块演示，检验是否掌握，能按要求完成操作 （2）具备时间意识、交往与合作能力
终期综合考核	进行终期综合考核考核	（1）采用理论＋实操的方式进行终期综合考核 （2）按要求整理培训资料并存档	（1）能按要求完成各岗位的考核任务，入职后能独立完成岗位工作 （2）具备效率意识与创新思维

【问题情境一】

在实操演示过程中，发现生产出来的片剂有松片的现象，经确认，是该批颗粒含水量偏少导致的。请你结合所学的知识，解决这一问题。

解答：在干燥时应控制适宜的颗粒含水量。若颗粒过分干燥，含水量少，受压时弹性较大，压成的片剂硬度较差而产生松片。通过在颗粒中加入适量乙醇混匀，补充适当水分，重新添加润滑剂混匀后，压片。

【问题情境二】

在进行中期考核时，小红在压片过程中发现片剂转台上有很多的细粉，请分析产生这一现象的原因并给出解决措施。

解答：产生这一现象的原因是加料器底面或刮粉板和转台平面间隙过大。可调整加料器或刮粉板和转台平面的间隙来解决。

【问题情境三】

在实操练习的过程中，小丁发现转台和拦片板轻微摩擦，产生噪声，但小丁手忙脚乱，不知如何解决，请你利用所学知识，帮小丁解决这一问题。

解答：在压片的过程中，转台和拦片板轻微摩擦，产生噪声。这时，只要调整拦片板和转台的间隙即可解决。

五、学习结果评价

序号	评价内容	评价标准	评价结果(是/否)
1	中高级工培训任务单解读	(1)能解读培训任务单,解读任务的培训时间、考核方式等内容 (2)具有信息分析和自主学习能力	
2	中高级工培训要点及所需的设备材料	(1)能编制培训计划、培训大纲等 (2)具有信息检索与处理能力	
3	培训前工作环境确认	(1)能确认生产前工作环境 (2)具有交往与合作能力	
4	培训前设备情况确认	(1)能正确认设备的情况 (2)具有质量为本意识	
5	培训前工器具状态确认	(1)能正确识别生产前工器具的状态 (2)具有GMP管理意识和质量为本意识	
6	理论讲授	(1)能讲授压片岗位操作所需的理论知识 (2)具有理解与表达能力	
7	实操演示	(1)能演示压片流程 (2)具有GMP意识	
8	中期考核+不定期考核	(1)能在培训中期或任意时间完成考核,掌握所需的理论知识与实践技能 (2)具备时间意识和交往与合作能力	
9	进行终期综合考核考核	(1)能在培训结束后按要求完成各岗位的考核任务,入职后能独立完成岗位工作 (2)具备效率意识与创新思维	

六、课后作业

1. 简述片剂产生花斑的原因及解决措施。
2. 压片过程中遇物料流动性差，应如何处理？

二维码D-2-4